W0088560

Kristen Rohlfs

Die Ordnung des Universums

*Eine Einführung
in die Astronomie*

Birkhäuser Verlag
Basel · Boston · Berlin

Die Deutsche Bibliothek – CIP-Einheitsaufnahme

Rohlfs, Kristen:
Die Ordnung des Universums : eine Einführung in die Astronomie / Kristen
Rohlfs. – Basel ; Boston ; Berlin : Birkhäuser, 1992
    ISBN 3-7643-2706-5

Das Werk ist urheberrechtlich geschützt. Die dadurch begründeten Rechte, insbesondere die der Übersetzung, des Nachdrucks, der Entnahme von Abbildun-
gen, der Funksendung, der Wiedergabe auf photomechanischem oder ähnlichem
Wege und der Speicherung in Datenverarbeitungsanlagen bleiben, auch bei nur
auszugsweiser Verwertung, vorbehalten. Die Vergütungsansprüche des § 54,
Abs. 2 UrhG werden durch die «Verwertungsgesellschaft Wort», München, wahrgenommen.

© 1992 Birkhäuser Verlag Basel
Umschlaggestaltung: Zembsch' Werkstatt, München
Printed in Germany
ISBN 3-7643-2706-5

Inhaltsverzeichnis

Daß ich sterblich bin, weiß ich,
und daß meine Tage gezählt sind;
aber wenn ich im Geiste
den vielfach verschlungenen
Kreisbahnen der Gestirne nachspüre,
dann berühre ich mit den Füßen
nicht mehr die Erde:
am Tische des Zeus selbst
labt mich Ambrosia, die Götterspeise.

Epigramm des Claudius Ptolemäus
als Motto für den *Almagest*
(nach der deutschen Übersetzung
von K. Manitius)

Vorwort

Darstellungen der Methoden und Ergebnisse der Astronomie, die
für einen breiteren Leserkreis gedacht sind und die daher auf mathematische und physikalische Details verzichten, wie sie in einem
für Fachleute oder auch Studenten gedachten Text notwendig sind,
haben im deutschen Sprachraum eine lange Tradition. Das große,
wohl unerreichbare Vorbild aus dem vorigen Jahrhundert ist *Der
Kosmos* von *Alexander von Humboldt*, der um die Mitte des neunzehnten Jahrhunderts eine umfassende Darstellung des astronomischen und geographischen Weltbildes seiner Zeit gab und der einen
ungeheuren Erfolg hatte. Aber auch andere, im besten Sinn populäre Darstellungen stammen noch aus dieser Zeit, wie *Littrows Die
Wunder des Himmels* (1834), *Newcomb-Engelmanns Populäre Astronomie* (1881) und nicht zuletzt *Aus fernen Welten* von *Bruno H. Bürgel*
(1910). Besonders das letzte Buch fand im ersten Drittel dieses Jahrhunderts eine weite Verbreitung gerade auch unter den Nicht-Na-
turwissenschaftlern.

   Im vorigen Jahrhundert war der Abstand zwischen dem Fachmann und dem Amateur oder dem klassisch gebildeten Bürger
noch wesentlich geringer als heute, und so konnte der *Kosmos* von
Humboldt noch gleichermaßen für den Fachmann wie den Bil-
dungsbürger von Interesse sein; ein Buch wie das von *Newcomb-
Engelmann* entwickelte sich im Laufe der Jahre und der fortge-
schriebenen Neuauflagen zum Kompendium für Amateurastronomen. *Bürgels Aus fernen Welten* wurde dagegen wegen
seiner humorvollen und plaudernden Art der Darstellung zu einer beliebten Lektüre für all diejenigen, die den Arbeitsmethoden
der Astronomen ferner standen, aber trotzdem die Rolle der
Astronomie für die Erkenntnis und Beschreibung der Welt erkannten. Deshalb hat gerade das Buch von Bürgel eine wichtige
Rolle gespielt, wenn es galt, die Bedeutung der Astronomie sowohl für das tägliche Leben als auch für die geistige Welt ins
Bewußtsein zu rufen.

   In den fünfzig Jahren, die seit der letzten Aktualisierung
dieses Buches durch *Bürgel* vergangen sind, ist in der Welt wie

auch in der Astronomie sehr viel geschehen, so viel, daß es wohl praktisch nicht mehr möglich ist, die alten Darstellungen so zu bearbeiten, daß sie einerseits den modernen Entwicklungen gerecht werden, andererseits aber trotzdem ihr bekanntes Gesicht behalten. Neue Bücher mußten daher an ihre Stelle treten.

Es mag viele Gründe dafür geben, daß der Brückenschlag, den *Bürgel* seinerseits erreichte, heute so viel schwieriger ist, daß er bisher von keinem der vielen Bücher dieser Art, die es heute auf dem Markt gibt, auf wirklich überzeugende Weise erreicht wurde. Sicherlich spielt auch die Tatsache eine Rolle, daß es sich vielfach um Übersetzungen aus dem Englischen bzw. Amerikanischen handelt, die natürlich primär an den Leserkreis der betreffenden Länder gerichtet sind und die deutschen Verhältnisse nicht berücksichtigen konnten. Oft handelt es sich um Sachbücher, die neuentdeckte Fakten und theoretische Erkenntnisse schildern. Dazu gehört dann auch die Einordnung in das Gerüst des Systems, aber meistens ist das nicht die Hauptsache. Dies gilt z.B. auch für die ausgezeichneten und lesenswerten Bücher von *Rudolf Kippenhahn*, der auf besonders humorvolle Art auch komplizierte Zusammenhänge erklären kann.

Das vorliegende Buch legt das Hauptgewicht auf die Einordnung der Beobachtungen und Erkenntnisse der modernen Astrophysik in ein schlüssiges Gesamtbild und auf den Einfluß, den dies auf philosophische Überlegungen hat. Die Darstellung verzichtet auf jegliche Mathematik, auch physikalische Überlegungen werden nur anschaulich dargelegt und verzichten auf formalistische Details. Trotzdem kann das bedeuten, daß die Argumentation recht kompliziert wird, aber das ist wohl angesichts der komplizierten Tatbestände unvermeidlich.

Ich habe versucht, die Darstellung dadurch lebendiger zu gestalten, daß ich etwas ausführlicher die persönlichen Schicksale der Wissenschaftler schildere, die für die betreffenden Entwicklungen besonders wichtig waren. Quellen dafür waren einerseits gängige Werke der Astronomiegeschichte bzw. der Physik- oder Philosophiegeschichte, für aktuellere Geschehnisse sind auch persönliche Gespräche mit den betreffenden Wissenschaftlern selbst oder aber «Astronomenklatsch» die Grundlage. Ich hoffe, daß die Darstellung dadurch etwas weniger schwergewichtig wird.

Selbstverständlich bin ich vielen Personen für Hilfen bei der Abfassung des Textes zu Dank verpflichtet, sei es für die Überlassung von sachlichen Informationen oder Bildmaterial, sei es für viele Anregungen aus inhaltlichen Diskussionen.

Herrn *Prof. Dr. G. König*, Ruhr-Universität Bochum, bin ich dankbar für die Durchsicht des Textes, insbesondere im Hinblick auf wissenschafts- und philosophiehistorische Fragen; Herr *Dr. H. Dürbeck*, Universität Münster, hat viele fachliche und darstellerische Verbesserungen vorgeschlagen, und Herr *Th. Menzel* vom *Birkhäuser Verlag* hat das Buch in jeder Hinsicht hervorragend betreut. Wenn trotz aller Bemühungen Stilungeheuer übriggeblieben sein sollten, liegt die Verantwortung dafür bei mir als dem Autor, wie ich natürlich auch für alle Fehler verantwortlich bin, die unvermeidlicherweise übersehen worden sind. Frau *G. Trosbach* bin ich für die große Geduld und Kunstfertigkeit zu Dank verpflichtet, mit der sie aus den handschriftlichen Zetteln immer wieder ein sauberes Manuskript gezaubert hat.

Ich hoffe, daß die Arbeit all dieser Personen schließlich zu einem Resultat geführt hat, das Ihnen, dem Leser, gefällt. Wenn dies erreicht wurde, dann haben sich alle Mühen gelohnt.

Bochum, Weihnachten 1991

Kapitel 1:
Astronomie in der Welt von heute

Die beiden Kulturen des Charles Snow

In seinem Essay von 1960 über die zwei Kulturen hat *Charles Snow* beschrieben, daß unsere Zivilisation der letzten 200 Jahre in Wahrheit in zwei separate Kulturen zerfällt, die in erstaunlich geringer Wechselwirkung miteinander stehen. Es sind dies eine durch Sprache und Kunst geprägte und eine naturwissenschaftlich dominierte Kultur. Was an künstlerischen, politischen und religiösen Bestrebungen wichtig ist, gehört zur literarischen Kultur und nimmt kaum Notiz von den Motiven und Argumenten der anderen, und es gibt nur sehr wenige Personen, die in beiden Kulturen zu Hause sind. Dabei ist allen klar, daß unsere Lebensumstände und das Schicksal unserer Zivilisation ganz wesentlich von den Resultaten der zweiten Kultur bestimmt werden.

Die Behauptung von Snow ist natürlich nicht unwidersprochen geblieben, und auch er selbst hat sie wohl später modifiziert. Vor allem im deutschsprachigen Raum gibt es zudem andere Traditionen der Kultur- und Zivilisationskritik, da aber die Snowsche Einteilung so schön den Eindruck widerspiegelt, den ein Naturwissenschaftler von seiner Wirkung auf seine Umwelt hat, wollen wir hier von dieser Beschreibung der Situation ausgehen: Die Motive und die Art, wie die Naturwissenschaftler denken, bleiben für die meisten Vertreter der literarischen Kultur unverständlich, und viele interessieren sich noch nicht einmal dafür.

Warum ist das so?

Natürlich ist es nicht ungewöhnlich, daß eine Gruppe, die einen gemeinsamen Ansatz zur Lösung bestimmter Probleme vertritt, auch ein eigenes Begriffs- und Ausdrucksvokabular entwickelt und eine eigene Art hat, Schlußfolgerungen zu ziehen. Man sagt, daß sie ein eigenes Paradigma entwickelt, und dieses kann für einen Außenstehenden durchaus unverständlich erscheinen. Aber wenn sich herausstellt, daß die Ergebnisse dieser Gruppe wichtig für den gesamten Kulturkreis sind, dann geht das Paradigma in den Allgemeinbesitz über, auch wenn die Feinheiten unter Umständen nur den Eingeweihten verständlich sind.

Betrachten wir als Beispiel den Einfluß, welchen die juristische Art zu denken und zu handeln auf unser Leben hat. Wie wichtig ein formalisiertes und allgemein akzeptiertes Rechtssystem ist, hat sich wieder besonders deutlich gezeigt, als die alte Rechtsordnung auf dem Gebiet der ehemaligen DDR plötzlich aufhörte zu existieren, die psychologischen Voraussetzungen für die Anwendung der Ordnung der Bundesrepublik Deutschland aber noch nicht vorhanden waren. Natürlich werden die Details einer Argumentationskette nur von einem Juristen gewürdigt, die Grundzüge sollten aber jedem gebildeten Menschen zugänglich sein, ja, es ist für ihn wichtig, diese zu beherrschen und selbst anwenden zu können, wenn er im täglichen Leben bestehen will.

Wie anders sieht es aus, wenn es um naturwissenschaftliche Grundbegriffe geht! Es scheint ziemlich hoffnungslos zu sein, auch nur zu versuchen, einem Nicht-Naturwissenschaftler den Unterschied zwischen einem inhärent stabilen Kernreaktor wie dem Thorium-Hochtemperatur-Reaktor und einem Reaktor, der nur durch aktive Regelelemente stabil arbeitet, zu erklären. Und dabei ist es wichtig, daß der Jurist, der über die Einsprüche gegen den einen oder den anderen Reaktortyp (oder beide) entscheiden soll, die Grundsätze versteht, auch wenn ihn Gutachter bei seiner Entscheidung unterstützen.

Ein weiteres Beispiel ist die Abwägung der Gefahren und des Nutzens, wenn es um Genexperimente an Pflanzen und Tieren geht. Auch hier sind sicher weder die volle Freigabe noch deren generelle Untersagung angemessene Entscheidungen. Aber wie soll ein Jurist oder irgendein anderer Vertreter der literarischen Kultur ein begründetes Urteil fällen, das weder in unkritischer Zukunftsgläubigkeit alles Machbare für erstrebenswert hält noch aus Furcht und «Betroffenheit» alles unverstandene Neue verteufelt, wenn ihm die Methodik und die Art zu denken und zu argumentieren der naturwissenschaftlichen Kultur nicht verständlich ist? Kommunikation und Wechselwirkung zwischen den beiden Kulturen ist für uns alle notwendig, wenn unser gesellschaftliches System funktionieren soll.

Strukturmodelle als «Denkprothesen»

Wechselwirkungen der beiden Kulturen gibt es, wenn sicher auch nur unvollkommen, in einer Richtung. Naturwissenschaftler und andere Vertreter dieser zweiten Kultur versuchen durchaus, als gebildete Menschen am geistigen Leben der durch Sprache und Kunst geprägten Kultur teilzunehmen. Natürlich gehören sie nur selten zur kulturellen Avantgarde, sondern sind meist das rückständige und konservative Publikum, das viele kulturelle Äußerungen mit Unverständnis quittiert. In der Musik scheint die Barriere leichter überwindbar zu sein, man denke an den Chemiker *Aleksander Borodin* und den Versicherungsmathematiker *Charles Ives*. In der umgekehrten Richtung sind die Schwierigkeiten jedoch noch viel größer. Die praktischen Ergebnisse der Naturwissenschaften werden selbstverständlich angenommen, und manche Vertreter der literarischen Kultur sind auch durchaus an den intellektuellen und begrifflichen Resultaten interessiert. Aber fast nie ist es möglich, die Art der naturwissenschaftlichen Argumentation verständlich zu machen, klarzulegen, warum die theoretischen Aussagen gerade so sind wie vorgebracht und nicht anders.

Dies liegt, so glaube ich, an der Konstruktion von Strukturmodellen im naturwissenschaftlichen Denken, mit denen auf formale Weise operiert wird. Diese Art des Vorgehens bildet eine Art Denkprothese, eine Krücke, mit deren Hilfe man komplizierte Zusammenhänge analysieren kann, die sonst unzugänglich wären.

Ein einfaches Beispiel ist die Darstellung von Zahlen als Dezimalzahl. Wir sind üblicherweise unfähig, etwa drei Zahlen zwischen 10 und 100 im Kopf zu addieren, auf dem Papier ist dies eine Kleinigkeit. Diese Technik ist erst seit einigen hundert Jahren verbreitet, noch im Mittelalter beherrschten nur die Rechenmeister die Kunst der Addition und Multiplikation mehrstelliger Zahlen. Solche Formalisierungen gibt es auch auf anderen Gebieten, z.B. in der Logik. Durch die formale Logik der letzten 100 Jahre war es u.a. möglich, viel kompliziertere Zusammenhänge zu analysieren, als es die auf Aristoteles basierende Logik in über 2000 Jahren konnte.

Natürlich versuchen die höheren Schulen, ihren Schülern die Grundzüge dieses formalen Apparats beizubringen, allerdings zugegebenermaßen oft mit nur geringem Erfolg, wenn man die Methoden betrachtet, die über das reine Zahlenrechnen hinausgehen. Viele, wahrscheinlich die meisten, nehmen von dieser fundamentalen Kulturtechnik nur den Eindruck mit, daß es sich dabei um eine schwierige Zauberkunst handelt.

Durch die zunehmende Spezialisierung in der reformierten Oberstufe mit der Möglichkeit, unbequeme Fachrichtungen weitgehend abzuwählen oder aber die fehlenden Leistungen in Mathematik durch ausreichende Punkte in anderen Fächern zu kompensieren, erreicht eine erschreckend große Zahl von Schülern die Hochschulreife mit nur rudimentären Kenntnissen der Mathematik und ohne eine rechte Einsicht in die naturwissenschaftlichen Methoden. Ohne die mathematischen Methoden ist es aber sehr schwer, einsichtig zu machen, daß die Resultate der naturwissenschaftlichen Grundlagen konsequente Folgerungen der Messungen sind, daß die Interpretationen eine gewisse Zwangsläufigkeit frei von Willkürlichkeit haben. So ist natürlich ein echtes Verständnis vieler naturwissenschaftlicher Resultate nicht möglich.

Astronomie als Brücke

Ein Fachgebiet, das schon immer eine gewisse Vermittlerrolle zwischen beiden Kulturen gespielt hat, ist die Astronomie. Das hat sicher viele Gründe, und einer davon ist, daß sogar in unserer technisierten Umwelt wesentliche Einflüsse auf das tägliche Leben astronomischen Ursprungs sind. Tag und Nacht, die Bahn der Sonne über den Himmel, die Sichtbarkeit des Mondes und seine Phasen sind nur mit Hilfe der Astronomie verstehbar. Auch die Jahreszeiten, der Wechsel von Sommer und Winter und die Erfahrung, die heute jeder bei einer Flugreise zur südlichen Hemisphäre macht, daß dort die Jahreszeiten den unseren entgegengesetzt sind (also wenn wir hier Sommer haben, dort Winter ist und umgekehrt), haben astronomische Ursachen. Auf die Zeitverschiebung zwischen Europa und den USA stößt uns das Fernsehen fast täglich, und auch dies hängt mit den astronomischen Grundlagen der Zeit zusammen.

Früher, als die Menschen noch in einem viel direkteren Kontakt mit der Natur lebten, und das Licht der Städte nicht den Sternenhimmel so völlig überstrahlte, fielen den Menschen viele weitere astronomische Phänomene auf, wie der jahreszeitliche Wechsel des Sternenhimmels, die Tatsache, daß die Planeten als Wandelsterne ihren Ort am Himmel auf komplizierte, aber regelmäßige Art verändern, und sogar die merkwürdige Erscheinung des Zodiakallichts.

Astronomische Kenntnisse gehörten daher schon immer zum Wissenskanon eines gebildeten Menschen, und sie fanden auch Eingang in die naturphilosophischen Grundlagen jeglicher Philosophie. So war es schon zu Zeiten *Platons* und *Aristoteles'* in der Antike, und es blieb auch so in der Neuzeit. *Kants* erstes größeres wissenschaftliches Werk war seine *Allgemeine Naturgeschichte und Theorie des Himmels*, und auch noch in der ersten Hälfte dieses Jahrhunderts war es für Menschen, die geistige Interessen hatten, fast selbstverständlich, daß sie populäre astronomische Bücher besaßen. So besaß auch mein Vater, ein Pastor, *Bruno H. Bürgels* weitverbreitetes Astronomiebuch *Aus fernen Welten*, das sicher auch auf meine eigene Berufswahl Einfluß gehabt hat.

Es sind aber gewiß nicht solche Gesichtspunkte der Allgemeinbildung, die z.B. *Stegmüller* in seiner vierbändigen Darstellung der Hauptströmungen der Gegenwartsphilosophie veranlaßten, den größten Teil des dritten Bandes der Darstellung der Evolution des Kosmos und des Lebens zu widmen. Es ist vielmehr so, daß die Resultate der Naturwissenschaft unmittelbare Konsequenzen für bestimmte naturphilosophische Grundlagen der Philosophie haben.

Das vorliegende Buch richtet sich daher an solche Leser, die sich dafür interessieren, was die moderne Astronomie für unser Verständnis von der Welt bedeutet. Dabei denke ich vorwiegend an Leser, die im sprachlich-künstlerischen Kulturkreis zu Hause sind, und daher versuche ich, die typisch naturwissenschaftliche Art der Argumentation soweit wie möglich zu vermeiden, Formeln und mathematische Herleitungen fehlen völlig. Das muß aber nicht bedeuten, daß die Darstellung in der Art eines orientalischen Märchens aus Tausendundeiner Nacht einen Zoo exotischer Objekte und Geschehnisse ausbreitet. Vielmehr soll sehr wohl plausibel gemacht werden, wie die beschriebenen Objekte aufgebaut sind und wie wir zu diesen Aussagen kommen. Allerdings ist es unvermeidlich, daß nicht immer die Gründe einsichtig gemacht werden können, warum die eine Theorie einer anderen vorgezogen wird. Hier fehlt dann das mathematische Gerüst.

Die Schwerpunkte der Darstellung in verschiedenen Teilen des Textes sind unterschiedlich. Stehen in den Kapiteln 2 bis 8 die naturwissenschaftlichen Begriffe Materie und Gesetz, Bau und Entwicklung der Sterne und größerer Komplexe, Entwicklung des

Universums und Elemententstehung im Vordergrund, behandelt Kapitel 8 unsere nähere Umgebung, das Planetensystem. Kapitel 9 schließlich beschreibt den Prozeß der astronomischen Forschung und seine materiellen Voraussetzungen in Deutschland etwas näher.

Natürlich ist es vermessen zu glauben, die Trennung zwischen den beiden Kulturen überwinden zu können. Aber vielleicht ist es zulässig zu hoffen, ein wenig mit an einer Brücke zu bauen, die das gegenseitige Verständnis der beiden Kulturen erleichtert. Sicher sind aber auch die Begeisterung für das schöne und faszinierende Fach Astronomie und die aufregenden neuen Forschungsergebnisse der letzten 40 Jahre sowie der Wunsch, diese Resultate anderen verständlich mitzuteilen, ein Hauptgrund für die Abfassung dieses Textes gewesen.

Kapitel 2:
Der Stoff, aus dem der Himmel ist

Gesetz und Himmelsstoff

Für die meisten Menschen gehört der Anblick eines tiefdunklen Himmels, der von Myriaden von Sternen übersät ist und über den sich das matt leuchtende Band der Milchstraße erstreckt, nicht mehr zu den alltäglichen Erfahrungen. Die Lichterflut der Städte und der Leuchtreklamen überstrahlt all dies, und wenn man nachts allein im Auto über die Landstraße fährt, dann zwingt das Scheinwerferlicht die Blicke auf das beleuchtete Band der Straße. Aber gelegentlich wird wohl jeder einmal eine dunkle, sternklare Nacht erlebt haben, wenn kein künstliches Licht die Sterne überstrahlt, so daß die Majestät des Himmelsgewölbes ungestört wirken kann. Und er wird dann von der Vorstellung bewegt, wie klein und unbedeutend wir selbst doch vor der unfaßbaren Größe und Gewaltigkeit des Kosmos sind.

Jedermann weiß heute, daß Sterne ferne Sonnen sind, die in Wahrheit oftmals vielfach heller sind als unsere eigene Sonne, deren Helligkeiten aber wegen ihrer großen Entfernungen so geschwächt sind, daß sie uns nur als schwache Lichtpünktchen erscheinen. Wir wissen, daß der Mond und die Planeten Himmelskörper sind, die ebenso wie die Erde die Sonne umkreisen, und daß sie aus der gleichen Materie wie die Erde bestehen. Und von anderen Lichtflecken, die mit bloßem Auge kaum sichtbar sind, wissen wir, daß es in Wahrheit ferne Welteninseln sind, deren Licht viele Millionen von Jahren unterwegs ist, bis es bei uns auf der Erde eintrifft.

Dies alles wissen wir, wir haben es in der Schule gelernt, in Büchern gelesen, oder aber das Fernsehen hat darüber berichtet. Und doch, gibt es nicht Momente – etwa dann, wenn man den Sternenhimmel mit eigenen Augen sieht –, in denen man sich fragt, woher diese Behauptungen ihre Glaubwürdigkeit beziehen?

Solche Fragen und Zweifel gab es sicher schon immer, sie sind bereits aus den Anfängen der rationalen Weltbeschreibung durch die ionischen Naturphilosophen überliefert. Nur waren natürlich damals die Antworten, die man auf diese Fragen gab, völlig andere als die unseren. Wichtig ist aber, daß man schon damals versuchte, eine vernünftige Erklärung zu geben, die nicht auf der Willkür allmächtiger Götter beruhte, sondern eine verstehbare Welt voraussetzte, und so Ordnung und Gesetzmäßigkeit in den Erscheinungen möglich machte. Die grundlegenden Überzeugungen der griechischen Philosophen über Struktur und Ordnungsprinzipien der Welt wurden von Artistoteles zusammengefaßt und kodifiziert. Seine Grundüberzeugungen haben fast 2000 Jahre lang überdauert und die Gedanken über den Bau und das Zusammenwirken der verschiedenen Bestandteile der Welt bestimmt.

Natürlich kann es hier nicht unsere Aufgabe sein, auch nur die Grundzüge der Weltsicht des *Aristoteles* (384–322 v. Chr.) darzustellen, wir wollen nur hervorheben, daß er den Gegensatz der irdischen und der himmlischen Welt betont, den ursprünglich schon die *Phythagoräer* gelehrt hatten. Entsprechend der Lehre des *Empedokles* (490–430 v. Chr.) aus Agrigent sind alle irdischen Objekte verschiedene Verbindungen der vier Elemente Erde, Wasser, Luft und Feuer, während die Himmelserscheinungen dem Äther, dem fünften, vollkommenen Element (der «quinta essentia»), zugeordnet werden. Während die Ruhe der natürliche Zustand der vier irdischen Elemente ist, so daß ihre Bewegung einen Beweger erfordert, ist der vollkommene Zustand des Äthers der einer ewigen, in sich selbst zurücklaufenden Kreisbewegung.

Uns erscheint eine solche Grundüberzeugung kaum weniger beliebig als die Annahme von Götterwillkür als Begründung für das Weltgeschehen, und doch stellte sie eine wichtige Grundlage für das Weltverständnis dar, deren Gültigkeit im Altertum und Mittelalter unangetastet blieb, denn sie drückte ja eine Grunderfahrung des täglichen Lebens aus.

In den Wechselfällen des täglichen Lebens, im Ablauf des Wetters oder der Jahreszeiten, war es sehr schwer, mehr als ungefähre Regelmäßigkeiten und Periodizitäten zu entdecken. Die Himmelsphänomene waren dagegen genau vorhersagbar und berechenbar, sie mußten daher von den irdischen Geschehnissen wesensverschieden sein. Dies drückte sich am klarsten aus, wenn unterschiedliche Substanzen als Träger der Erscheinungen angenommen wurden. Auf dieser Grundlage konnte *Aristoteles* das gewaltige Gebäude seiner Physik errichten. Sie gab den Rahmen ab, in dem man sowohl die täglichen Erfahrungen befriedigend einordnen (schwere Körper streben nach unten, leichte Körper streben nach oben, ein Körper ohne Antrieb kommt zur Ruhe) wie auch die astronomischen Erscheinungen verstehen und sie sogar vorhersagen konnte. Das letztere galt wenigstens für die späteren Weiterentwicklungen, die schließlich in *Ptolemäus' Almagest* um 140 n. Chr. ihre endgültige Form fanden.

Mit dem Übergang vom heidnischen Altertum zum Christentum verschwand weitgehend das Interesse an naturphilosophischen Fragen. Der Kirchenvater *Augustinus* (354–430) hielt das Studium der Natur für überflüssig, da das Heil der Menschheit in Jesus Christus offenbart worden sei. Trotzdem äußert aber gerade er Überzeugungen über die Rolle von Zeit und Schöpfung, die heute im Hinblick auf neuere kosmologische Theorien von Bedeutung sind.

Während des ganzen Mittelalters blieben die Vorstellungen von einem besonderen Himmelsstoff, der anders ist als die irdische Materie, in der einen oder anderen Form wirksam. Mit *Thomas von Aquino* (1225/27–1274) wurde der christliche Glaube mit dem philosophischen System des *Aristoteles* versöhnt, ja sein System wurde geradezu zum philosophischen Fundament des Glaubens. Dies bedeutete, daß jeder, der die Grundlagen der Aristotelischen Philosophie kritisierte, auch die Grundlagen des christlichen Glaubens in Zweifel zog. Die Elementenlehre war damit fast in die Rolle eines Glaubensdogmas geschlüpft.

Diese Bestärkung der antiken Philosophie war noch während des sogenannten «Hochmittelalters» erfolgt, sie lag aber auch ganz in der Tendenz des Zeitgeistes der Renaissance, die ja eine umfassende «Wiedergeburt» der klassischen antiken Kultur erstrebte. Sie brachte aber auch mit sich, daß unabhängige Gelehrte die kritische Geisteshaltung, die sie aus dem Studium der antiken und islamischen Philosophen gelernt hatten, selbständig auf die allgemein akzeptierten philosophischen Grundlehren anwendeten.

Himmelsmaterie und irdische Eigenschaften

Einer dieser neuen, unruhigen Geister, die es oft nicht an einem Ort aushielten, sondern die in der gesamten damaligen zivilisierten Welt umherreisten, war *Giordano Bruno*. 1548 in Nola in der Nähe von Neapel geboren, wurde er 1565 Dominikaner, verließ

aber nach elf Jahren den Orden, da er der Häresie verdächtigt
wurde. Er war besonders durch spätantike mystische, alchimistische und astrologische Lehren beeinflußt, die dem legendären
Hermes Trismegistos (der Dreifach Größte) zugeschrieben wurden,
vertrat aber auch kompromißlos das Kopernikanische System mit
allen Konsequenzen. Die folgenden 16 Jahre führte er ein unstetes
Leben und bereiste ganz Europa, die protestantischen Länder
eingeschlossen, und hielt Vorlesungen in Paris und Oxford, in
Marburg, Wittenberg und Helmstedt. 1592 wurde er in Venedig
verhaftet, nach Rom gebracht und dort am 17. Februar 1600 auf
dem Campo dei Fiore wegen Häresie, Apostasie und Blasphemie
bei lebendigem Leibe verbrannt.

Bruno hat zahlreiche Bücher verfaßt, ein Teil davon noch auf
Latein, viele aber schon italienisch geschrieben. Sein Stil ist nicht
nüchtern, sondern teils poetisch, teils geradezu hymnisch auf
Wirkung bedacht. Aber er äußerte neue Gedanken und Vorstellungen. Er war fasziniert von der Reform des *Kopernikus*, der die
Erde aus dem Mittelpunkt der Welt rückte und sie zusammen mit
den anderen Planeten um die Sonne kreisen ließ. Aber während
Kopernikus noch daran festhielt, daß die Sterne an der Fixsternsphäre festgeheftet sind, sah *Bruno* die Notwendigkeit einer
solchen Hilfskonstruktion nicht ein. Er verstand die Sterne als
ferne Sonnen, die sich bis hin ins Unendliche erstrecken. Dies ist
das Thema seines Buches *Zwiegespräche vom unendlichen All und
den Welten* von 1584.

In diesem Buch zweifelt er noch eine andere Grundlage des
geozentrischen Weltbildes an. Er behauptet, daß «jeder dieser
Körper, jedes dieser Gestirne, jede dieser Welten … aus dem, was
man hier Erde, Wasser, Luft und Feuer nennt, zusammengesetzt
ist». Die Existenz eines eigenen Himmelsstoffes bestreitet er vehement. Zwar kann er keine «Beweise» hierfür liefern, führt aber ein
Feuerwerk von Plausibilitätsbetrachtungen und rhetorischen
Tricks dafür an.

Es hat sicherlich zahlreiche Gründe persönlicher, politischer
und religiöser Art dafür gegeben, daß *Bruno* schließlich verbrannt
wurde, die oben aufgeführten philosophischen Überlegungen gehörten aber sicher auch dazu. Seine Verurteilung führte dann dazu,
daß seine Überzeugungen als Ketzerei galten, und sein Schicksal
diente dazu, unabhängige Geister daran zu hindern, Überzeugungen öffentlich zu vertreten, die zu weit von der herrschenden Lehre
abwichen. *Giordano Bruno* war nicht der einzige, der in solche Aus-

einandersetzung mit den Lehren des *Aristoteles* verwickelt war, es gab andere mit ähnlichen Zweifeln. Aber während die Diskussionen dieser Humanisten die bekannten alten Argumente polemisch neu interpretierten, brachten *Galilei* und *Kepler* neue, empirische Beobachtungen in die Auseinandersetzung ein.

Am 9. Oktober 1604 leuchtete eine Supernova im Sternbild des «Schlangenträgers» auf, deren Positions- und Helligkeitsentwicklung besonders genau von *Kepler* beobachtet wurde, so daß wir sie heute als die Keplersche Supernova bezeichnen. Doch auch *Galilei* wurde auf sie aufmerksam und untersuchte die Frage, was aus dieser ungewöhnlichen Himmelserscheinung für den schwelenden Konflikt mit der Aristotelischen Elementenlehre zu folgern wäre. Denn dieser Lehre zufolge bestanden Sterne ja aus dem vollkommenen und zeitlich unveränderlichen Äther. Deshalb wurden ja auch Kometen als «Ausdünstungen» der Erdatmosphäre abgetan und zählten nicht zu den Himmelserscheinungen. Da aber der «neue Stern» keine meßbare Parallaxe aufwies, mußte er jenseits der Mondbahn im Bereich der Planetensphären liegen oder sogar zur Fixsternsphäre gehören und somit aus «quinta essentia» bestehen. Diese aber sollte doch zeitlich unveränderlich sein! Ähnliche Überlegungen waren auch schon von *Tycho Brahe* (1546–1601) angestellt worden, als er die Bedeutung der Supernova von 1572 diskutierte. Aber das alte Weltbild war fest in den Köpfen verankert!

Einen weiteren Stoß erhielt die Aristotelische Elementenlehre durch *Galileo Galilei* (1564–1642), als dieser 1609 als einer der ersten das gerade erfundene Teleskop zur systematischen Himmelsbeobachtung einsetzte. Im *Sidereus Nuncius* beschrieb er, was er gesehen hatte. Das Band der Milchstraße, die Sternhaufen der Plejaden und die Praesepe löste er in zahlreiche Einzelsterne auf; er entdeckte, daß Jupiter von vier Monden umkreist wird, er somit ein verkleinertes Abbild des Kopernikanischen Systems bildet. Der Mond schließlich zeigte im Fernrohr nicht die glatte sphärische Gestalt, welche die Vorstellungen der perfekten «quinta essentia» nahelegten, sondern wies Berge und Täler auf, hatte also eine rauhe, unebene Oberfläche, wie die Erde selbst.

Dies alles brachte die Aristotelische Auffassung vom idealen «Himmelsstoff» ins Wanken. Wir sind es gewöhnt, uns über die törichten Vertreter der Aristotelischen Lehre erhaben zu dünken, die sich weigerten, die Evidenz der Fernrohrbilder zur Kenntnis zu nehmen. In diesen ersten Jahren der Anwendung des Teleskops

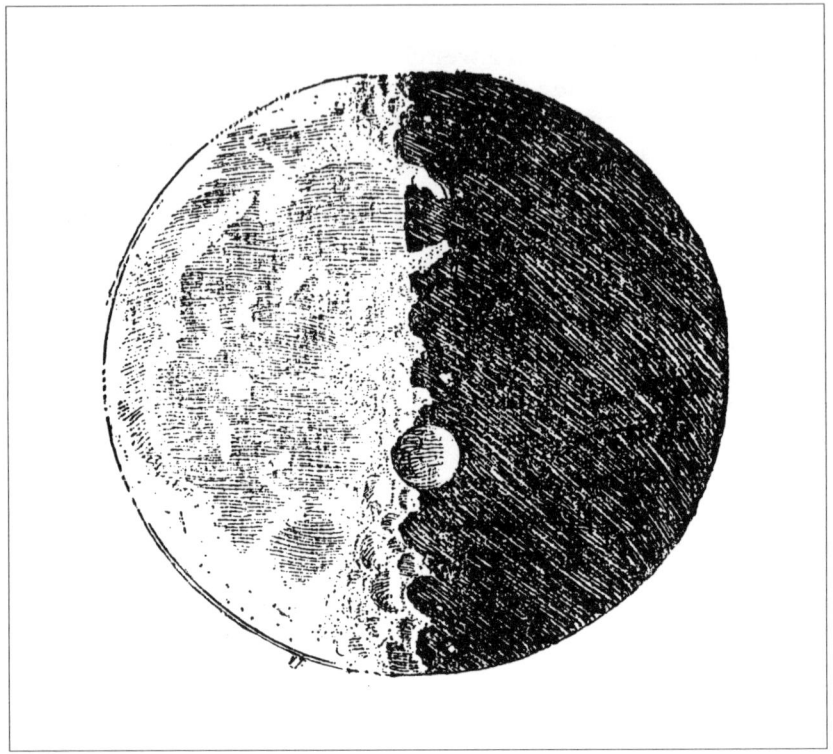

Abb. 1
Mondzeichnung von Galilei aus dem *Sidereus Nuncius*. Die Zeichnungen sind
stark schematisiert und es ist nicht möglich, bestimmte Mondformationen eindeutig zu identifizieren, es wird aber die kraterübersäte Oberfläche des Mondes
deutlich dargestellt.

war aber noch keineswegs geklärt, was gesichertes vergrößertes
Abbild der Wirklichkeit war, und was als Schein und Täuschung
abgetan werden mußte, denn die ersten Teleskope lieferten ja
schlechte und gestörte Bilder mit farbigen Säumen und Reflexen,
und die Theorie des teleskopischen Sehens war noch in den Anfängen.

Die Gravitationstheorie: Das Himmelsgesetz steigt herab zur Erde

Der moderne Massenbegriff der klassischen Physik wurde von
Isaac Newton (1642–1727) entwickelt, aber wichtige Vorarbeiten

dazu und zum Trägheitsgesetz, das ja erst die Bedeutung des Massenbegriffs für die Physik erkennen läßt, stammen von *Johannes Kepler* (1571–1630) und *Galileo Galilei* (1564–1642). Masse hat danach das Bestreben, den einmal erreichten Bewegungszustand beizubehalten: Ruht sie, dann bleibt sie ruhend, eine spontane Bewegung gibt es nicht. Wenn sich aber eine Masse bewegt, dann behält sie diese Bewegung auch bei, bis sie von irgend etwas anderem daran gehindert wird. Bei *Newton* wurde hieraus das volle Trägheitsgesetz und die Definition der Kraft. Diese wurde eingeführt als Ursache der Bewegungsänderung. Einen Unterschied zwischen irdischer und himmlischer Materie gibt es für sie nicht.

Dies gilt in noch auffälligerer Weise für die Gravitationstheorie. Hier bildete die Entdeckung, daß die Anziehungskraft der Erde, wie sie sich durch den freien Fall eines beliebigen Körpers an der Erdoberfläche ausdrückt, am Ort der Mondbahn gerade die richtige Größe hat, um der Zentrifugalkraft des Mondes die Waage zu halten, den Ausgangspunkt für die Aufstellung von *Newtons* Gravitationstheorie. Die irdische Erscheinung des freien Falls und das himmlische Phänomen der Mondbewegung gehorchen den gleichen Gesetzen. Erde und Mond bestehen daher vermutlich aus der gleichen Materie, für einen eigenen Himmelsstoff gibt es keine Notwendigkeit. Nach *Newton* war daher die Aristotelische Elementenlehre schnell überwunden.

Bau und Bewegung des Planetensystems wurden in den nächsten hundert Jahren immer perfekter analysiert, und sogar über deren Entstehung konnten *Kant* und später *Pierre Simon Laplace* (1749–1827) vernünftige Vorstellungen entwickeln, so daß *Laplace* stolz auf Napoleons Frage nach der Rolle Gottes in seinem System antworten konnte: «Sire, diese Hypothese benötige ich nicht.»

Was sich aber in all diesen Untersuchungen bestätigen sollte, war nicht allein die Newtonsche Gravitationsphysik oder die Vorstellungen von Raum und Materie, sondern die Kombination dieser beiden. Legen wir das Newtonsche Gravitationsgesetz zugrunde, dann muß die Materie ganz bestimmte Eigenschaften aufweisen. Ebenso bedingen sich die durch die Quantenmechanik beschriebenen Strahlungsmechanismen der Atome und die daraus folgenden Materieeigenschaften gegenseitig.

Diese gegenseitige Abhängigkeit hat besonders *Henri Poincaré* (1854–1912) in seinen berühmten Büchern *Wissenschaft und Hypothese* von 1902, *Wert der Wissenschaft* von 1905 und *Wissen-*

schaft und Methode von 1909 hervorgehoben. Danach ist es innerhalb gewisser Grenzen willkürlich, welche Form man für das
Gesetz wählt, solange die Eigenschaften des Substrats, auf das
das Gesetz angewendet wird, nur passend modifiziert werden.
Nach *Poincaré* entscheidet man sich dann aus Gründen der
Denkökonomie für die Kombination, die insgesamt das einfach-
ste Bild liefert.

Ignorabimus?

Solche vorsichtige Zurückhaltung in der Extrapolation der beobachteten Materieeigenschaften ist nicht auf die Entwicklungen in
unserem Jahrhundert beschränkt, solche kritischen Bemerkungen
stammen bereits von dem in seiner Zeit führenden Astronomen
Friedrich Wilhelm Bessel (1784–1846) aus dem Jahr 1840. Er betonte
damals, daß die wahre Natur der stellaren Materie dem Astronomen immer verschlossen bleiben würde. Wir sind es gewohnt,
dies als eine der übervorsichtigen Selbstbeschränkungen der Naturwissenschaft anzusehen, die auf der gleichen Linie liegen wie
der «Beweis» des Astronomen *Simon Newcomb* (1835–1909), daß
für Menschen ein Flug mit Geräten, die schwerer als Luft sind,
immer unmöglich bleiben würde. *Bessel* hatte dann ja auch Pech
mit seiner Bemerkung.

Bessel hatte diese Behauptung aufgestellt, als er die merkwürdigen unregelmäßigen Eigenbewegungen des Sirius und des Procyon auf unsichtbare Begleiter zurückführte, deren Massen vergleichbar mit denen von sichtbaren Sternen sind. Die Eigenschaft,
selbstleuchtend zu sein, war nach seiner Meinung für stellare
Massen nicht notwendig, und er meinte, die wahre Natur dieser
Sterne würde dem Naturforscher immer verschlossen bleiben.
Alles, was man zweifelsfrei messen könne, seien die Positionen
und deren zeitliche Veränderungen.

Bessel war nicht allein mit dieser skeptischen und vorsichti-
gen Haltung. Auch der damals sehr einflußreiche französische
Philosoph und Begründer des «Positivismus», *Auguste Comte*
(1798–1857), schrieb in seinem *Cours de Philosophie Positive* 1835:
«Unsere positive Kenntnis der Sterne ist notwendigerweise auf
geometrische und mechanische Phänomene beschränkt, For-
schungsziele physikalischer oder chemischer Art bleiben verschlossen. Der Begriff einer mittleren Temperatur der Sterne wird
uns immer verborgen bleiben.»

Hierin allerdings sollten sich die Skeptiker gründlich getäuscht haben, denn nur wenige Jahre später (1885) entdeckten *Gustav Kirchhoff* (1824–1887) und *Robert Bunsen* (1811–1899) die Spektralanalyse, mit deren Hilfe man die chemische Zusammensetzung gasförmiger Körper aus der Ferne, allein durch die Analyse des Lichtspektrums, feststellen konnte. Es gab bald sensationelle Erfolge: Das Spektrum zeigte, daß die Sonne aus den gleichen chemischen Elementen besteht wie die Erde. Und dann entdeckte *Norman Lockyer* 1868 Linien im Sonnenspektrum, die keinem bekannten Element zugeschrieben werden konnten, und er wagte es, dafür ein neues, unbekanntes Element zu postulieren, das er «Helium» taufte. Erst 1895 konnte es *William Ramsay* (1862–1916) auch in irdischen Mineralien im Labor nachweisen.

Die Newtonsche Gravitationstheorie und die damit verbundene Vorstellung der Materieeigenschaften legte in diesen Jahren auch andere überzeugende Beweise für ihre Leistungsfähigkeit ab. Die sogenannte «schwere» Masse taucht im Gravitationsgesetz als Masse des anziehenden Zentralkörpers auf, sie kann daher auch nur durch Nachweis ihrer Gravitationswirkungen bestimmt werden. So kann die Masse der Sonne aus den Bewegungen der Planeten erschlossen werden. Planetenmassen kann man nur bestimmen, wenn diese «Ursache» der Bewegung anderer Körper sind. Dies gilt z.B. für die Bewegung der Jupitermonde, aus denen die Masse des Jupiter bestimmt werden kann. Für Venus und Merkur, die ja keine Monde besitzen, hilft dieses Verfahren nicht weiter. Hier mußte man die Masse mühsam aus den Störungen erschließen, die diese Planeten auf die Bewegung anderer Himmelskörper ausüben. Diese konnten entweder die Erde oder aber kleine Planeten sein, die auf ihren exzentrischen Bahnen gelegentlich in die Nähe von Venus oder Merkur geraten. Natürlich waren die Massen so nur sehr ungenau bestimmbar, eine größere Präzision wurde erst möglich, als künstliche Raumflugkörper nahe an diese Planeten herankamen oder sie sogar umkreisten.

Aber auch vorher ergab sich ein insgesamt sehr befriedigendes Ergebnis. Die Sonnenmasse, die resultierenden Planetenbahnen und die Massen dieser Planeten paßten nahezu widerspruchslos zusammen. Nur an zwei Stellen gab es Probleme, und beide Probleme konnten noch im 19. Jahrhundert gelöst werden und wurden dadurch zu Triumphen der Gravitationstheorie. Mit beiden Problemen hat sich der französische Astronom *Urbain Leverrier* (1811–1877) befaßt, die Lösung fand er allerdings nur für eines der beiden. Die Lösung des anderen Problems bleibt immer mit dem Namen *Einstein* verknüpft.

Der Triumph der Newtonschen Mechanik

Die Newtonsche Gravitationstheorie macht für die Bahnbewegung der Planeten sehr eindeutige Aussagen: Wenn die Gravitationskraft von einem kugelförmigen Zentralkörper ausgeht, dann beschreibt ein Planet eine exakte Ellipsenbahn, deren Lage zeitlich unveränderlich ist. Insbesondere gilt dies für die Richtung der großen Halbachse der Ellipse. Sind diese Voraussetzungen nicht exakt erfüllt, d.h. ist die Sonne nicht genau kugelförmig aufgebaut, sondern z.B. etwas abgeplattet, oder aber üben andere Planeten störende Gravitationskräfte aus, ändert sich die Planetenbahn langsam. Man sagt, die Bahn erleidet «Störungen».

Leverrier war ein Spezialist für die Untersuchung solcher Störungen. Er hatte die Bahn des erst 1781 von *Friedrich Wilhelm Herschel* (1732–1822) entdeckten Planeten Uranus untersucht und herausgefunden, daß seine Bahnstörungen anscheinend erklärt werden konnten, indem man die Existenz eines weiteren Planeten außerhalb der Bahn von Uranus annahm. Er konnte sogar die Position dieses hypothetischen Planeten berechnen, und tatsächlich fand *Johann Gottfried Galle* (1812–1910) 1846 in Berlin diesen später Neptun genannten Planeten sehr nahe an der angegebenen Position.

Ein anderer Astronom hatte weniger Glück. Der englische Student *John Couch Adams* (1819–1892) hatte schon zwei Jahre vor *Leverrier* Positionen des hypothetischen Planeten Neptun berechnet, fand aber weder bei dem Astronomen *Challis* in Cambridge noch beim Royal Astronomer *Airy* Glauben, und so unterblieb die Nachprüfung.

Diese rechnerische Entdeckung eines Planeten galt natürlich als Triumph der Newtonschen Gravitationstheorie. Wohl niemand zweifelte mehr daran, daß diese Theorie wesentliche Eigenschaften der Materie korrekt wiedergab.

Bahnstörungen ganz anderer Art fand *Leverrier* wenig später für den Planeten Merkur. Die gemessene Richtung vom Sonnenmittelpunkt zum Perihel der Bahn erwies sich, anders als von *Newton* gefordert, keineswegs als konstant, sondern zeigte eine langsame Richtungsänderung von 56.00" (Bogensekunden, vgl. Glossar) pro Jahr. Davon konnte *Leverrier* 55.57" pro Jahr auf die

Wirkung der anderen Planeten und auf Störungen der Lage des Koordinatensystems, in dem diese Richtung gemessen wird, zurückführen. Es blieb jedoch ein Fehlbetrag von 0.43″ pro Jahr übrig. So klein dieser Fehlbetrag auch ist, seine Existenz und auch sein Betrag sind sicher verbürgt, und er war auch nicht durch Änderungen anderer Meßgrößen des Planetensystems zu beseitigen.

Leverrier versuchte natürlich, seinen großen Erfolg, den er mit der Vorhersage des Planeten Neptun gehabt hatte, auch hier zu wiederholen, und führte den Fehlbetrag auf die Wirkung eines unbekannten Planeten zwischen Sonne und Merkur zurück. Er gab diesem hypothetischen Planeten sogar schon den Namen «Vulcan», aber es wollte keine konsistente Positionsangabe aus den Rechnungen herauskommen. Auch die Suche nach «Vulcan» blieb erfolglos.

Die Lösung kam dann ganz unerwartet und aus einer völlig anderen Richtung. *Albert Einstein* (1879–1955) hatte in seiner *Allgemeinen Relativitätstheorie* von 1917 konsequent die Bestrebungen weiterentwickelt, die bereits in der *Speziellen Relativitätstheorie* von 1905 für die Elektrodynamik so eindrucksvolle Resultate erbracht hatten. Jeder Bezug der Theorie auf den «absoluten Raum» oder die «absolute Zeit» mußte vermieden werden, und jede Wirkung konnte sich nur mit Lichtgeschwindigkeit ausbreiten. Allein aus solchen ganz allgemeinen Prinzipien, ohne spezielle «ad hoc»-Annahmen, konnte *Einstein* eine Gravitationstheorie entwickeln, welche die Newtonsche Theorie als Grenzfall für schwache Felder enthält. Wendete man aber diese Einsteinsche Gravitationstheorie auf die Bahnbewegung des Merkur an, verschwand der Fehlbetrag von 0.43″ pro Jahr, und es ergab sich ein widerspruchsloses Bild. Und dies war möglich, ohne daß irgendwelche «freien» Parameter angepaßt werden mußten.

Der «Äther» tritt ab

Die Vorstellungen von einer einheitlichen Physik, die unterschiedslos auf der Erde wie am Himmel Gültigkeit hat, setzte sich daher konsequent durch, und dies um so mehr, als sich ein eigener Himmelsstoff, der Äther, auch aus einem anderen Teilgebiet der Physik – dem der Lichtausbreitung – verflüchtigt hatte. *Newtons* Zeitgenosse *Christian Huygens* (1629–1695) hatte die Lichtausbreitung und die Lichtbrechung als Wellenphänomen beschrieben, und zu Beginn des 19. Jahrhunderts feierte diese Theorie in den

Untersuchungen von *Thomas Young* (1773–1829) und *August Jean Fresnel* (1788–1827) wahre Triumphe. Die unterschiedlichsten optischen Erscheinungen ließen sich mit dieser Theorie so überzeugend deuten und rechnerisch verfolgen, daß es bald keine Zweifel mehr an der Deutung des Lichtes als transversaler Wellenerscheinung gab, auch wenn es nach wie vor offengeblieben war, was 'dort im Takt der Lichtwellen schwingen sollte.

Damit eine Welle «schwingen» kann, muß es ja ein Substrat geben, das schwingt, und diesem Substrat hatte man den Namen «Äther» gegeben. Daran änderte sich auch nichts, als *James Clerk Maxwell* (1831–1879) 1873 Licht als elektromagnetische Wellenerscheinung erkannte. Es bedeutete nur, daß der Äther zusätzlich noch Träger der elektrischen und der magnetischen Felder sein mußte. Die Materialeigenschaften des Äthers, die sich so ergaben, waren allerdings sehr merkwürdig und schwer zu verstehen. Da es sowohl dem experimentellen Befund zufolge wie auch aufgrund der Maxwellschen Theorie keine longitudinalen Lichtwellen gibt, muß der Äther von unvorstellbarer Steifigkeit sein. Die Erde bewegt sich andererseits durch ihn hindurch, ohne ihn zu stören, wie man der «Aberration des Sternlichts» entnehmen kann. Denn die Erdbewegung um die Sonne hat einen Einfluß auf die Richtung, aus der wir das Licht empfangen. Sie verhält sich genau so, als ruhte das Medium, in dem sich das Licht fortpflanzt, relativ zur Sonne. Andererseits hat ein transparentes, bewegtes Medium, das einen Brechungsindex besitzt, der von dem des Vakuums oder Äthers abweicht, Glas etwa, einen Einfluß auf die Lichtausbreitung. Es läßt den «Äther» zu einem bestimmten Bruchteil an seiner Bewegung teilhaben, wie dies durch den Fizeauschen Mitführungskoeffizienten beschrieben wird. Dies alles ließ sich nicht zu einem widerspruchsfreien Bild vereinen.

Diese Schwierigkeiten verflüchtigten sich über Nacht mit der Aufstellung der speziellen Relativitätstheorie durch *Einstein* im Jahre 1905. Der Äther war als Hilfskonstruktion nicht mehr nötig, es blieb nur das elektromagnetische Feld. Je nach Relativgeschwindigkeit von Lichtsender und Empfänger ändert sich die Aufteilung in einen elektrischen und einen magnetischen Anteil, und auch alle anderen Lichteigenschaften lassen sich aus einigen wenigen Invarianzeigenschaften herleiten. Die wichtigste davon ist die Aussage, daß die Lichtgeschwindigkeit in jedem Inertialsystem gleich ist, unabhängig von der Relativgeschwindigkeit der verschiedenen Systeme zueinander.

Natürlich ist das Ergebnis keine einfache anschauliche Theorie, die man in wenigen Worten verständlich machen kann. Der begriffliche und der empirische Erfolg der Relativitätstheorie ist aber so durchschlagend, daß kein Weg mehr an ihr vorbeiführt, und in der Relativitätstheorie hat ein «Äther» keinen Platz mehr. Der Glaube an eine besondere «himmlische» Form der Materie schien somit sicher in den Archiven der Wissenschaftshistoriker verstaut zu sein, als in der zweiten Hälfte dieses Jahrhunderts doch wieder Zweifel auftauchten.

Diese Zweifel, ob es nicht doch eine besondere himmlische Form «dunkler Materie» gibt, entstanden, als man versuchte, die schwere Masse von Galaxien zu messen, und dieses Gewicht dann mit anderen meßbaren Materialeigenschaften verglich. Es gab immer wieder deutliche Anzeichen dafür, daß wir nur einen kleinen Teil – etwa 10% oder sogar noch weniger – der «schweren» Materie «sehen» können, der Rest scheint unsichtbar zu sein. Warum dies so ist, welche Konsequenzen das für unsere Vorstellung von der Form dieser Materie hat und ob eventuell sogar die Masse in Form von exotischen Teilchen mit ganz ungewöhnlichen Eigenschaften vorliegt, darüber gehen die Meinungen noch weit auseinander.

Es gibt sogar Vorstellungen, daß die Gravitationstheorie gegenüber der Form, in die sie durch *Newton* und *Einstein* gebracht wurde, auf ganz charakteristische Weise abgeändert werden muß. Aber auch hier stößt man auf innere Widersprüche, deren Auflösung zur Zeit noch völlig offen ist.

All diese Fragen betreffen aber viele Teilgebiete der Astronomie. Wenn wir jedoch die Auswirkungen von solchen Änderungen begreifen wollen, müssen wir erst den heutigen Kenntnisstand in diesen Teilbereichen darlegen. Wir werden daher auf diesen Themenkomplex in einem späteren Kapitel zurückkommen.

Kapitel 3:
Aufbau und Entwicklung
der Sterne

Astronomie und Astrophysik

«Wenn die Sonne am Abend unseren Gesichtskreis im Westen verläßt, und das Licht des Tages mit der Abenddämmerung aus der Luft weicht, so kommen … nach und nach jene Weltenkörper zum Vorschein, die wir Sterne nennen. Je mehr die Dunkelheit der Nacht einbricht, … erscheint der gestirnte Himmel in seiner ganzen Pracht, und überall funkeln Sterne mit sehr merklich verschiedener Lichtstärke, ohne anscheinende Ordnung, in zahlloser Menge ausgestreut.»

Dieses sind die einleitenden Sätze der *Anleitung zur Kenntniss des gestirnten Himmels* von *Johann Elert Bode* (1747–1826), die in den Jahren von 1768 bis zuletzt 1833 in neun Auflagen weite Verbreitung fand. Aber auch wenn in der Vorrede zur ersten Auflage festgestellt wird, «daß diese hellen Punkte, welche uns des Abends vom Himmel herab ins Auge strahlen, etwas bessers, als güldne Nägel, mit welchen das Gewölbe des Himmels befestigt ist, oder daß sie nicht, etwan Bohrlöcher in demselben sind, durch welche das himmlische Feuer durchspielt», so spielt die wahre Natur der Sterne im ganzen Buch keine Rolle. Was beschrieben wird, ist die Einteilung des Himmelsgewölbes, seine tägliche und jährliche Bewegung und die Erscheinung und Bewegung der Planeten.

Dies ist nicht eine Besonderheit nur dieses Buches, sondern ist typisch für praktisch alle astronomischen Schriften bis gegen Ende des neunzehnten Jahrhunderts. Die Natur der Sterne ist nur der Spekulation zugänglich. Selbstverständlich war seit *Giordano Bruno* den Astronomen die Analogie der Sterne als weit entfernte Sonnen vertraut, aber was sollte das schon bedeuten, wenn so wenig über die Natur der Sonne bekannt war, daß noch *Herschel* es für durchaus möglich halten konnte, daß die Sonne von intelligenten Lebewesen bevölkert sein könnte. Er glaubte, die Sonnenstrahlung würde von einer leuchtenden Atmosphäre emittiert, unter der eine dunkle Oberfläche verborgen sei, die nur in den dunklen Kernen der Sonnenflecken sichtbar würde und auf der durchaus moderate physikalische Bedingungen herrschen sollten. Aufgabe der Astronomie war daher alle diese Jahre hindurch nur die Erforschung der Verteilung und Bewegung der kosmischen Materie, wie dies noch von *Comte* oder *Bessel* beschrieben wurde. Dies wurde erst anders, als in der zweiten Hälfte des neunzehnten Jahrhunderts Astronomie und Physik enger zusammenarbeiteten und die neue Disziplin Astrophysik entstand. Ihr großes Thema für die ersten hundert Jahre war der Aufbau und die Entwicklung der Sterne, also eine Klärung gerade der Frage, deren Unlösbarkeit noch von *Comte* und *Bessel* beschworen worden war.

Das erforderte natürlich neue Instrumente, sowohl solche aus Messing und Glas wie auch solche geistiger und methodischer Art. Neue Meßinstrumente – Spektrographen und Photometer – wurden entwickelt und eingesetzt, und neue physikalische Überlegungen über die Wechselwirkungen von Strahlung und Materie machten weitreichende Aussagen über den Zustand der Materie in Sternen möglich.

Die Spektralanalyse

Isaac Newton entdeckte 1666, daß weißes Sonnenlicht in ein farbiges Band zerlegt wird, wenn man es durch ein Prisma schickt. Mit besseren optischen Geräten zeigten *Joseph Fraunhofer* (1787–1826) 1814 und schon einige Jahre vorher *Francis Wollaston* (1802), daß dieses Band von zahlreichen dunklen Linien durchzogen wird.

Die Geräte zur Zerlegung von weißem Licht in seine Farben waren die Spektrographen, und schon *Fraunhofer* erkannte, daß dies eine Zerlegung nach deren Wellenlänge bedeutete. Seine Konstruktion für ein solches Gerät setzte sich durch, und so standen um die Mitte des 19. Jahrhunderts den Physikern leistungsfähige Spektrographen zur Verfügung. Mit einem solchen Gerät konnten dann *Kirchhoff* und *Bunsen* 1859 in Heidelberg ihre berühmten Versuche durchführen und die Bedeutung der hellen und dunklen Linien in den Spektren von Gasen klären.

Heißes Gas, z.B. Natrium, das in der Flamme eines Bunsenbrenners verdampft wird, ergibt ein Spektrum mit leuchtenden

Emissionslinien. Beleuchtet man aber diese Flamme mit dem hellen Licht eines elektrischen Kohlebogens, dann erscheinen an den gleichen Stellen, an denen vorher Emissionslinien sichtbar waren, dunkle Absorptionslinien, so wie im Sonnenspektrum.

Die Linienstrahlung eines gasförmigen chemischen Elements kann daher, je nach den physikalischen Bedingungen, unter denen sie entsteht, entweder als Emissionslinie oder aber als Absorptionslinie beobachtet werden – charakteristisch für das Element ist nur die Wellenlänge (oder Frequenz) der Linie. Mit dieser Erkenntnis war die chemische Fernanalyse von Sonne und Sternen möglich geworden, eine Aufgabe, der sich von nun an viele Astronomen widmeten. Wenn sie aber verstehen wollten, was sie mit ihrem Spektrographen am Fernrohr beobachteten, waren Laborarbeiten nötig, um die Strahlungseigenschaften der verschiedenen chemischen Stoffe zu untersuchen. Ja es wurden sogar neue Observatorien speziell für solche Analysen gegründet. Das erste dieser Art war das «Astrophysikalische Observatorium» in Potsdam, erbaut in den Jahren 1876–79, aber auch das Yerkes-Observatorium bei Chicago von 1897 und das Mt. Wilson-Observatorium von 1905 gehören in diese Kategorie. Hier stand die Erforschung der physikalischen Eigenschaften der Sterne im Vordergrund, nicht so sehr ihre Positionen und ihre Bewegung, und daher nannte man dieses Teilgebiet der Astronomie Astrophysik und bezeichnete damit all die Forschungsarbeiten, die aus der Analyse des Lichts auf die Physik der Strahlungsquellen rückzuschließen suchten. Im Laufe der Jahre ist der Unterschied von Astronomie und Astrophysik immer geringer geworden, und so werden heute die beiden Bezeichnungen als weitgehend synonym angesehen.

Die chemische Zusammensetzung der Sterne

Schon die ersten systematischen Beobachtungen von Sternspektren durch *Huggins, Secchi, Vogel* und *Lockyer* im letzten Viertel des vorigen Jahrhunderts, zuerst visuell, dann mit immer größerer Empfindlichkeit auf photographischem Wege zeigten, daß die Spektren der Sterne sehr unterschiedlich aussehen. Neben sonnenähnlichen Sternen mit zahlreichen Metallinien gibt es andere wie Sirius, in denen die charakteristischen Linien des Wasserstoffs das Spektrum dominieren, während das Spektrum von Beteigeuze, dem hellsten Stern im Sternbild des Orion, von zahlreichen Molekülbanden durchzogen ist. Spika schließlich, der hellste Stern im Sternbild der Jungfrau, hat nur wenige Linien, neben den schon erwähnten Linien des Wasserstoffs auch noch die charakteristischen Linien des Heliums.

Natürlich deutete man zunächst diese Unterschiede als Unterschiede der chemischen Zusammensetzung und sprach so von Helium-, Wasserstoff- oder Metallsternen. Aber war dies tatsächlich die korrekte Deutung? Hier gab es bald weitreichende Zweifel.

Zwar ist es richtig, daß der Spektrograph ein fast unfehlbares und auch sehr empfindliches Instrument ist. Wenn die Linien eines Elements sichtbar sind, gibt es überhaupt keinen Zweifel, daß diese Atomsorte in der Lichtquelle vorhanden ist. Oft genügt schon eine unglaublich geringe Menge dieses Elements, um eine solche Linie zu erzeugen.

Aber es gibt auch Fälle, in denen sich die Existenz auch einer großen Materialmenge eines bestimmten Elements nicht im Spektrum niederschlägt. Dies ist z.B. beim Helium der Fall. So wurde früher in den USA Helium als Schutzgas beim Schweißen bestimmter Materialien verwendet, die oxydieren würden, wenn Sauerstoff an das geschmolzene Material herantreten kann. Dieses Helium wird durch die Schweißflamme stark aufgeheizt, trotzdem sind die charakteristischen Heliumlinien nicht in einem Spektroskop sichtbar. Der Grund ist, daß die Flamme nicht heiß genug ist, nicht genug Energie besitzt, um die Heliumlinien «anzuregen».

Das wird anders, wenn man das Heliumgas zwischen die Elektroden einer Funkenentladung bringt. Dann werden die Heliumlinien mit der Wellenlänge 439 und 447 Nanometer plötzlich sichtbar; man sagt, die Funkenentladung reicht aus, die Linien anzuregen. Damit also ein Linienspektrum eines bestimmten Elements ausgesendet wird, genügt es nicht, daß diese Atomsorte in der Flamme vorhanden ist. Die Energiezustände der Atome, die für die betreffende Linie verantwortlich sind, müssen außerdem «angeregt» sein.

Sterntemperaturen

Als *Edward Charles Pickering* (1846–1919) und *Annie Jump Cannon* (1863–1941) um die Jahrhundertwende die Klassifikation der Sternspektren von *Secchi* und *Vogel* mit Hilfe vieler tausend neuer photographischer Sternspektren systematisierten, stellten sie fest, daß die phänomenologische Beschreibung des Spektrums eines Sterns einen engen Zusammenhang mit seiner Farbe hat. Wenn man daher die Farbsequenz von Rot zu Blau-Violett als Temperaturreihenfolge von niedrigen Oberflächentemperaturen zu hohen Temperaturen hin deutet, dann hängt auch das Aussehen des Linienspektrums klar von der Temperatur ab. Miss *Cannon* wählte eine Buchstabensequenz von A–S für die Klassifikation, und so ist die bekannte Spektralsequenz

$$
\begin{array}{c}
S \\
/ \\
O\text{--}B\text{--}A\text{--}F\text{--}G\text{--}K\text{--}M \\
\backslash \\
R\text{--}N
\end{array}
$$

dann im wesentlichen eine Temperatursequenz, wobei die O-Sterne Temperaturen von ca. 50 000° haben, während die M-Sterne nur ca. 3000° aufweisen. S- und R-N-Sterne bilden Nebensequenzen, bei denen neben der Temperatur andere physikalische oder chemische Eigenschaften eine Rolle spielen.

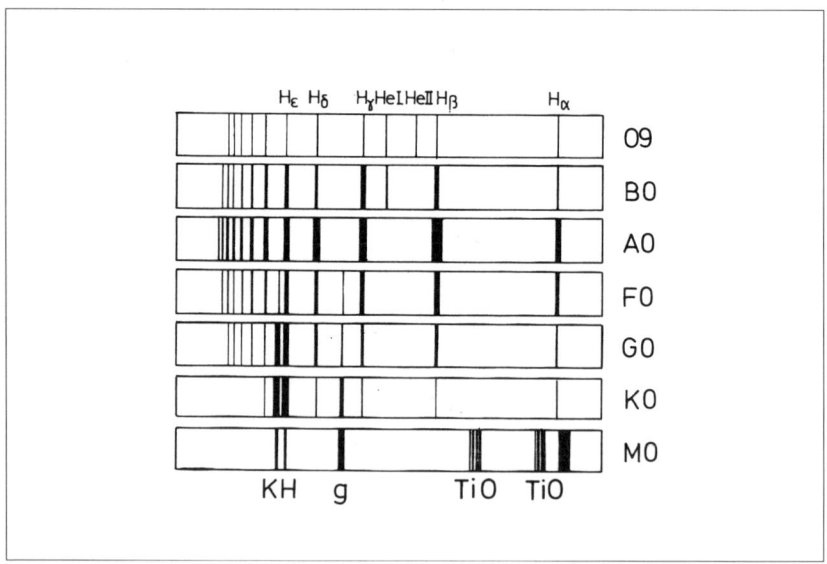

Abb. 2
Schematische Darstellung der Spektralsequenz der Sterne. Die Absorptionslinien sind als schwarze Striche vor dem hellen Hintergrund dargestellt. Während die Linien des Wasserstoffs in den O-F-Sternen dominieren, treten bei G-M-Sternen Linien anderer Elemente und auch Moleküllinien hervor.

Daß die Temperatur Auswirkungen auf die Farbe des Sterns hat, war durch die alltägliche Erfahrung mit glühenden Körpern bekannt, auch lieferte das Strahlungsgesetz von *Max Planck* (1858–1947) von 1901 eine einleuchtende physikalische Begründung dafür. Aber wieso hatte die Temperatur einen Einfluß auf das Linienspektrum? Hier liefert die Quantenmechanik die Erklärung und macht damit auch gleichzeitig das Ergebnis der Versuche von *Kirchhoff* und *Bunsen* verständlich. Diese Theorie bedeutete aber gleichzeitig einen Bruch mit sehr vielen für selbstverständlich gehaltenen Vorstellungen. Sie ist daher nicht in wenigen Worten verständlich zu machen, und wir können hier nur einige ihrer Auswirkungen auf unser Weltverständnis schildern, ohne die Hoffnung zu hegen, daß alles auch in jedem Fall für einen Laien plausibel ist.

Planck (1900) und *Einstein* (1905) hatten gezeigt, daß die Energie, die mit elektromagnetischen Wellen verknüpft ist, nur in diskreten Energiebeträgen, den Lichtquanten, vorkommt, deren Größe nur von der Frequenz (oder Wellenlänge) des Lichts abhängt.

Atome und Moleküle besitzen nun innere Energiezustände, und ein Atom kann spontan von einem inneren Zustand höherer Energie auf einen mit niederer Energie übergehen. Die dabei freiwerdende Energie wird dann in Form von Licht emittiert, dessen Wellenlänge nur von dem Betrag der freiwerdenden Energie bestimmt wird. Umgekehrt kann natürlich auch die innere Energie eines Atoms erhöht werden, indem ein Lichtquant absorbiert wird. Dabei muß aber die Energie des Lichtquants ausreichend sein, um die Energiedifferenz aufzubringen.

Dieser Vorgang ähnelt in gewisser Weise einem Automaten, der nur Geld in bestimmten Münzeinheiten annimmt. Wenn die kleinste zulässige Münze 50 Pfennig beträgt, hilft es nichts, wenn man einen ganzen Sack voll 10-Pfennig-Stücken hat – man kann die Rechnung nicht bezahlen.

Ganz ähnlich verhält es sich bei der Anregung von Atomen. Es müssen Energiequanten der benötigten Größe vorhanden sein, Quanten mit einer geringeren Energie, d.h. entsprechend einer größeren Wellenlänge oder niedrigeren Frequenz, richten hier nichts aus, auch wenn sie in sehr großer Anzahl vorhanden sind.

Nach dem Planckschen Strahlungsgesetz ist aber die Energieverteilung der Strahlung eines heißen Körpers und damit die
Verteilung der Anzahl der Photonen verschiedener Energie allein
durch die Temperatur bedingt. Damit ist also auch zu erwarten,
daß die Anregung der verschiedenen Elemente durch die Temperatur bestimmt wird.

Überlegungen dieser Art stellten 1919 *Eggert* und 1920 der
Inder *Saha* an, und vor allem *Saha* konnte dadurch die Spektralsequenz von *Pickering* und *Cannon* weitgehend deuten.

Es war also nicht so, daß der Stern Spika im Gegensatz zu
dem Wasserstoffstern Sirius vorwiegend aus Helium besteht. Der
Unterschied liegt vielmehr in der Oberflächentemperatur. Bei Spika ist diese so hoch, daß Heliumlinien in Absorption erscheinen.
Bei Sirius reicht die Temperatur nur für die Linien des Wasserstoffs aus. Es bleibt aber offen, ob zwischen diesen beiden Sternen
wirklich ein Unterschied der chemischen Zusammensetzung besteht.

Die Rolle des Drucks in der Sternatmosphäre

Der quantitative Ausbau dieser Theorie der Stärke der Spektrallinien ergab noch weitere interessante Ergebnisse. Der Anre-
gungszustand des Gases in den Sternatmosphären wird durch die
sogenannte Saha-Gleichung bestimmt; diese Gleichung gibt an,
wie groß die Anzahl der Atome ist, die eine bestimmte Linie
absorbieren oder emittieren können, und zwar abhängig von der
chemischen Zusammensetzung, der Temperatur und dem Druck
im Gas. Alle drei Größen haben Einfluß auf die Stärke der Spektrallinien und müssen daher aus den Messungen bestimmt werden. Dies kann im Einzelfall recht schwierig sein, und es sind
meist viele Proberechnungen an sogenannten Modellatmosphären nötig, bis man eine befriedigende Übereinstimmung mit den
Beobachtungen bekommt.

Bei diesen Proberechnungen ergab sich das interessante Resultat, daß solche «Sternatmosphären» bei gleicher Temperatur
und chemischer Zusammensetzung erhebliche Unterschiede aufweisen können, was ihren inneren Druck betrifft. Es gibt Sterne
wie unsere Sonne, die bei einer Temperatur von ca. 6000 ° K (Kelvin, vgl. Glossar) einen relativ hohen Druck von 80 Millibar in der
Photosphäre haben, während andere Sterne bei gleicher Temperatur und chemischer Zusammensetzung nur rund 1 Millibar an

der «gleichen» Stelle aufbringen[1]. Diese Sterne haben eine sehr ausgedehnte Atmosphäre, sie sind Riesensterne mit sehr großer Leuchtkraft.

Die Spektren solcher Sterne unterscheiden sich nur sehr geringfügig. Während die Hauptlinien praktisch gleich aussehen, sind nur die Stärken einiger weniger, besonders druckempfindlicher Linien unterschiedlich.

Aber gerade einen solchen Befund hatten auf rein empirischer Grundlage im Jahr 1914 *Walter Sydney Adams* (1876–1956) und *Arnold Kohlschütter* (gest. 1969) am Mt. Wilson-Observatorium entdeckt und daraus die «spektroskopischen» Parallaxen als neue Methode der Entfernungsmessung für Sterne entwickelt. Sie hatten ganz gezielt Sternspektren daraufhin untersucht, ob man den Einfluß der «absoluten» Helligkeit der Sterne im Spektrum nachweisen könne. *Adams* hatte sich das stellare Kontinuum vorgenommen, d.h. die relative Energieverteilung im roten bzw. blauen Spektralbereich, während *Kohlschütter*, der von seiner Studienzeit in Deutschland her eine gründliche Ausbildung in Spektroskopie hatte, das Linienspektrum untersuchte. Er fand, daß für Sterne, die man aus ganz anderen Gründen für besonders leuchtkräftig ansehen mußte, die Spektrallinien im allgemeinen schärfer sind als bei den leuchtschwachen Sternen, und daß darüber hinaus manche Linien im Vergleich zu anderen verstärkt sind. Ein erfahrener Astronom kann also einem Spektrum geradezu «ansehen», wie hell der Stern ist. Diese Arbeit sollte für die weitere Entwicklung der Stellarastronomie von grundlegender Wichtigkeit werden. *Kohlschütter* wurde aber durch die politischen Ereignisse hiervon weitgehend abgeschnitten.

Im Jahre 1914 brach der erste Weltkrieg aus, die USA waren zunächst neutral, so daß *Kohlschütter* weiter an seinen Spektren hätte arbeiten können. Da er aber ein national gesinnter Mann war, glaubte er, seiner Pflicht als Reserveoffizier dadurch genügen zu müssen, daß er versuchte, nach Deutschland zu gelangen. Er wurde unterwegs von den Engländern abgefangen und in Gibraltar interniert, unternahm mehrere erfolglose Aus-

---

1   Eigentlich müßte ich hier den Druck in der neuen Druckeinheit Pa(scal) angeben. Aber sogar der Wetterdienst der Rundfunkanstalten hat hier kapituliert und verwendet die nicht normengerechte Einheit hPa = Hektopascal, weil dann der Zahlenwert gleich dem altbekannten mb = Millibar ist.

bruchsversuche, für die er empfindlich bestraft wurde, so daß er schließlich so krank wurde, daß er auf Intervention des englischen Astronomen *Eddington*, der als Quäker absoluter Kriegsgegner war, ausgetauscht wurde. Als er dann nach dem Krieg Direktor der Sternwarte in Bonn wurde, war seine Leistungskraft gebrochen. *Adams* dagegen konnte die Erfolge systematisch weiter ausbauen und die wunderbaren Beobachtungsmöglichkeiten des Mt. Wilson-Observatoriums mit großem Erfolg einsetzen, um die spektroskopischen Parallaxen zu einen nützlichen Werkzeug zu machen.

Adams und *Kohlschütter* hatten es also möglich gemacht, sogenannte Riesensterne von den Hauptreihensternen, die auch als Zwergsterne bezeichnet wurden, zu unterscheiden. Diese Verfahren wurden vor allem von *William W. Morgan* am Yerkes-Observatorium weiter ausgebaut, so daß zunächst 5, später sogar 8 Leuchtkraftklassen unterschieden wurden. Die eindimensionale Harvard-Spektralklassifikation, bei der die Oberflächentemperatur der Sterne die bestimmende Größe ist, wurde auf diese Weise zu einer vollen zweidimensionalen Klassifikation nach Temperatur und Leuchtkraft ausgebaut.

Die einzelnen Spektral- und Leuchtkraftklassen wurden dadurch beschrieben, daß bestimmte beobachtete Linienintensitäten in vorgegebenen Relationen stehen sollten. Wenn also ein Astronom heute selbst Sterne in diesem sogenannten MK-System (benannt nach den Autoren *Morgan* und *Keenan*) klassifizieren will, nimmt er zunächst möglichst viele dieser Standardsterne mit seinem Spektrographen auf, vergleicht dann die zu klassifizierenden Sterne mit diesen Standards und schätzt so Spektraltyp und Leuchtkraftklasse ab. Nach einiger Übung gelingt dies mit erstaunlicher Sicherheit.

Für *Morgan* waren solche Spektren so etwas wie Gesichter von Verwandten oder guten Bekannten. Er konnte jedes Spektrum mit erstaunlicher Sicherheit einordnen, wenn man ihn aber fragte, warum ein Sternspektrum nun gerade vom Typ G7Ib sei und warum nicht G5III, dann hatte er oft Schwierigkeiten, nachvollziehbare Argumente anzugeben, war sich seines Urteils aber trotzdem sehr sicher.

Heute arbeitet man daran, solche Klassifikationen automatisch durch Computer vornehmen zu lassen, und das erstaunliche Resultat ist bisher, daß die scheinbar subjektiven Schätzungen der Astronomen mindestens ebenso genau sind wie die vom Computer ausgewerteten Messungen. Es ist offensichtlich sehr schwer, etwas, das man mit dem Wort «Gestalt» umschreiben könnte, quantitativ zu fassen.

Sternspektren: Identitätsausweis für Sterne

Friedrich Wilhelm Bessel hatte also nicht recht gehabt, es war sehr wohl möglich, die «wahren» Eigenschaften der Sterne zu erkennen – der Schlüssel lag in ihrem Spektrum. Temperatur, Druck, die absolute Leuchtkraft, all dies lernte man aus dem Spektrum zu lesen. Aber wie stand es mit der Analyse der chemischen Zusammensetzung, die *Kirchhoff* und *Bunsen* seinerzeit als sensationelle neue Möglichkeit entdeckt hatten? War eine quantitative chemische Analyse mit spektroskopischen Methoden überhaupt möglich?

Natürlich war das der Fall, es hatte sich nur herausgestellt, daß die Wirklichkeit einer realen «Sternatmosphäre» viel komplizierter aussah, als es die einfachen Vorstellungen von *Kirchhoff* und *Bunsen* zunächst hatten erscheinen lassen. Sie hatten gezeigt, daß man Spektren mit dunklen Absorptionslinien immer dann erhält, wenn eine Schicht «kühlen» Gases vor einem hellen Hintergrund liegt, der wie ein glühender fester Körper ein kontinuierliches Spektrum aussendet.

Eine solche Vorstellung legte man daher auch der Interpretation der Sternspektren zugrunde. Zwar hatte man ein ungutes Gefühl, einen Stern bei Temperaturen von mehr als 50000° als «fest» oder «flüssig» zu bezeichnen, damit er ein kontinuierliches Spektrum aussenden kann, aber um ihn herum mußte die umkehrende gasförmige Photosphäre liegen, in der die Absorptionslinien entstehen.

Als dann aber im ersten Drittel dieses Jahrhunderts die Astrophysiker Temperatur und Druck berechneten, die laut Aussage der Linienspektren in dieser Photosphäre herrschen mußten, erhielten sie widersprüchliche Ergebnisse – die Photosphäre wurde zu einem vielschichtigen Gebilde. Die Modellatmosphären, die dann z.B. *Albrecht Unsöld* (geb. 1905) und andere um 1930 berechneten, sahen dann auch ganz anders aus als das einfache Bild von der umkehrenden Schicht.

Eine Absorptionslinie entsteht, indem die Gasatome Photonen aus dem gerichteten Strahlungsstrom aus dem Sterninneren absorbieren und in einen angeregten Zustand übergehen. Nach einiger Zeit – meistens nur einige 10^{-8} s – sendet das Atom diese

Energie wieder in Form eines Photons der gleichen Wellenlänge
wie das ursprünglich absorbierte aus, aber das Photon wird in
eine zufällige Richtung ausgesandt, und damit ist die Intensität
in der ursprünglichen radialen Richtung bei der Wellenlänge der
Linie geringer geworden. Die Linie erscheint also als dunkle Absorptionslinie.

Schauen wir nun von außen in die Atmosphäre eines Sterns
hinein. Das Gas ist nur teilweise durchlässig, bei den Wellenlängen, an denen eine Linie liegt, ist es weniger transparent als bei
einer danebenliegenden Wellenlänge ohne solche Linien. Dort
können wir daher tiefer in den Stern hineinschauen als bei der
Wellenlänge der Linie. Da aber die Temperatur in der Sternatmosphäre mit wachsender Tiefe ansteigt, stammt die Strahlung in
einer starken Linie von viel höheren Bereichen der Sternatmosphäre als die von danebenliegenden Teilen. Verschiedene Linien
können also von völlig unterschiedlichen Teilen der Sternatmosphäre stammen. Damit ist die Bestimmung der chemischen Zusammensetzung untrennbar mit der Aufstellung einer Modell-
atmosphäre verbunden.

Besonders die relative Häufigkeit solcher Elemente, deren
Linien unter sehr unterschiedlichen Anregungsbedingungen
ausgesandt werden, ist nur unter großen Schwierigkeiten zu
bestimmen. So dauerte es lange Zeit, bis sich das unerwartete
Resultat allgemein durchsetzte, daß die chemische Zusammensetzung aller Sterne bemerkenswert ähnlich ist. Ihr Hauptbestandteil ist Wasserstoff. Von 10 Atomen gehören 9 zum Wasserstoff, ein Atom besteht aus Helium; alle anderen Elemente sind
nur geringfügige Verunreinigungen. Die Häufigkeitsunterschie-
de sind so groß, daß man sie meistens in einem logarithmischen
Maßstab angibt. Praktisch alle Himmelskörper haben sehr ähnliche Zusammensetzungen, Unterschiede sind meist nur gering,
und wenn es solche gibt, haben diese mit Besonderheiten des
untersuchten Systems zu tun.

So ist natürlich der Anteil des Wasserstoffs und des Heliums
am Material der Erde viel geringer, als es der allgemeinen kosmischen Häufigkeitsverteilung entspricht. Aber wenn man die Verteilung der schwereren Elemente etwa ab dem Kohlenstoff an-
schaut, dann ist die relative Häufigkeit wieder völlig normal. Nur
Wasserstoff und Helium sind stark unterhäufig. Wahrscheinlich
hängt dies mit den Vorgängen bei der Entstehung der Erde zusammen – wir werden später noch darauf eingehen.

Auch die Häufigkeit der schweren Elemente, angefangen mit dem Kohlenstoff, ist in manchen Sterntypen größer als in anderen. Wahrscheinlich hat dies mit der Entwicklungsgeschichte dieser Sterne zu tun. Die Unterschiede sind aber gering und machen selten mehr als einen Faktor 2 aus. Und da der Gewichtsanteil dieser schweren Elemente bei nur 1–2% liegt, bringt dies meist nur geringe Auswirkungen mit sich und ändert nichts am generellen Resultat einer einheitlichen chemischen Zusammensetzung der kosmischen Materie.

Diese Einheitlichkeit der chemischen Zusammensetzung der kosmischen Materie zu verstehen, ist eine der Hauptaufgaben der Astrophysik der letzten 35 Jahre gewesen. Wir werden uns im folgenden noch damit beschäftigen.

Der Kampf um die Meßgenauigkeit: die Sternparallaxe

Giordano Bruno hatte schon im 16. Jahrhundert die Sterne als entfernte Sonnen beschrieben, und als sich dann im Laufe der folgenden Zeit das kopernikanische Weltbild durchsetzte, wurde diese Vorstellung zum Allgemeingut der wissenschaftlichen Welt. Aber auch wenn jedermann diese Vorstellung akzeptierte, blieb sie doch eine Hypothese, denn nach wie vor fehlten direkte Entfernungsmessungen für die Sterne.

Natürlich hatte es nicht an Versuchen gefehlt, solche Entfernungen zu messen. Ein Maß dafür ist die sogenannte «Parallaxe», d.h. die Winkeländerung der Richtung vom Beobachter zum Stern, die sich dann ergibt, wenn sich die Position des Beobachters quer zur Richtung zum Stern verändert. Offenbar wird diese Winkeländerung um so größer sein, je größer die Verschiebung der Beobachterposition ist, und sie fällt um so kleiner aus, je weiter der Stern vom Beobachter entfernt ist. Da die größte mögliche Ortsveränderung des Beobachters durch die Bahnbewegung der Erde um die Sonne geliefert wird, versuchten die Astronomen von der Zeit des *Kopernikus* an, die dadurch bewirkte Parallaxe zu messen – aber sehr lange Zeit ohne Erfolg, denn der gemessene Wert war immer von der gleichen Größe wie die Ungenauigkeit der Messung selbst.

Wenn also *Tycho Brahe* feststellte, daß die Parallaxe der Sterne kleiner als 1 Bogenminute ist, dann bedeutete dies, daß die Sterne Entfernungen haben müssen, die mindestens das 3500fache der Entfernung der Erde von der Sonne ausmachen.

Die Meßgenauigkeit wurde im 18. Jahrhundert von *John Flamsteed* (1646–1719) und *James Bradley* (1692–1762) auf etwa 10 Bogensekunden verbessert. Da bei einer solchen Präzision immer noch keine echten Sternparallaxen verbürgt werden konnten, bedeutete dies, daß die Sternentfernungen mehr als 20000mal größer als die Sonnenentfernung sein mußten.

Die erste erfolgreiche Messung einer Sternparallaxe gelang schließlich 1838 *Friedrich Wilhelm Bessel* in Königsberg. Daß gerade er bei dieser Aufgabe Erfolg hatte, war kein Zufall, denn *Bessel* war der Begründer der modernen Theorie der Meßgeräte. Um genaue Messungen durchführen zu können, genügt es nicht, präzise Meßinstrumente zu verwenden – man muß vor allem ihre Eigenschaften und Fehler bestimmen, um dann diese Fehler in den Messungen berücksichtigen zu können. Er betonte daher immer wieder, daß ein wissenschaftliches Instrument stets zwei Schöpfer hat: den «Künstler», der es gebaut hat, und den Astronomen, der seine Fehler untersucht und die Messungen dafür korrigiert.

Bessel beschaffte 1829 für die Königsberger Sternwarte ein großes Heliometer von *Fraunhofer*. Dies ist ein Refraktortyp, der speziell dafür geeignet ist, Winkelabstände von 1°–2° zu messen, und dies Instrument setzte *Bessel* 1837 für die Messung von Sternparallaxen ein, nachdem er seine Eigenschaften besonders gründlich untersucht hatte. Es mag vielleicht verwirrend erscheinen, daß man ein Instrument benötigt, das Winkelabstände von mehreren Grad messen kann, wenn man eine Parallaxe von weniger als einer Bogensekunde messen möchte. Diese Parallaxe taucht aber als Änderung des Winkelabstandes des ausgewählten Sternes von anderen schwachen Sternen im Gesichtsfeld auf. Daher benötigt man ein Instrument, das solche Winkelabstände mit sehr großer Genauigkeit messen kann.

Als Testobjekt hatte *Bessel* den unscheinbaren Stern 61 Cygni ausgewählt, von dem er aufgrund anderer Überlegungen überzeugt war, daß er eine besonders geringe Entfernung haben müsse. Diese Vermutung fand er auch bestätigt, denn er maß nach nur einjähriger Meßzeit für ihn eine Parallaxe von ca. $\frac{1}{3}$ Bogensekunde. Das bedeutet, daß 61 Cygni in ungefähr der 600000fachen Entfernung der Sonne steht und daß es sich bei ihm tatsächlich um ein sonnenähnliches Gebilde handelt, denn für seine absolute Leuchtkraft ergeben sich Werte, die durchaus vergleichbar sind mit denen der Sonne. Wir finden nämlich für 61 Cygni eine absolute Leuchtkraft von $\frac{1}{33}$ derjenigen der Son-

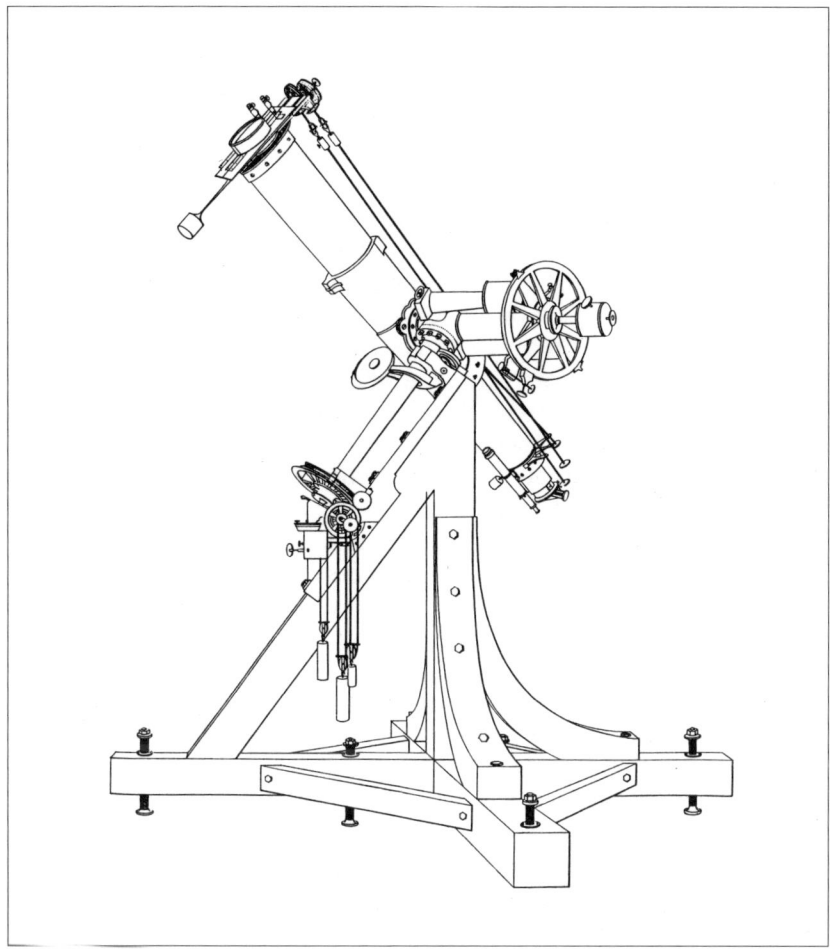

Abb. 3
Das Fraunhofersche Heliometer der Königsberger Sternwarte von 1829, mit dem
Bessel 1837 als erster eine Sternparallaxe ($\pi = 0.3''$ für 61 Cyg) messen konnte. Die
Fraunhoferschen Refraktoren waren Spitzenleistungen der Instrumentenbau-
kunst ihrer Zeit und bildeten für viele Jahre die Vorbilder für die großen Refrak-
toren.

ne; es ist also ein kleiner, aber doch ein echter, selbstleuchtender
Stern.

Bereits ein Jahr später (1838) konnten die Entfernungen von
weiteren zwei Sternen gemessen werden. *Wilhelm Struve* (1793–
1864) in Dorpat erhielt für die Parallaxe von Wega, dem hellsten

Stern im Sternbild der Leier (α Lyr), den Wert von 0.12 Bogensekunden. Er ist damit etwa dreimal so weit entfernt wie 61 Cygni, hat aber eine fast 1000mal größere Leuchtkraft als die Sonne.

Thomas Henderson (1798–1844) konnte dann wenig später am Kap der Guten Hoffnung die Parallaxe von α Centauri zu fast 1" bestimmen. Seine Messungen hatten bereits früher als die von *Bessel* und *Struve* begonnen, aber ihre relativ große Ungenauigkeit hatte zunächst kein eindeutiges Resultat ergeben, genauso wie bei den Bemühungen vieler Astronomen vorher, und erst *Bessels* Erfolg flößte *Henderson* dann neues Vertrauen auch in seine eigenen Messungen ein. α Centauri ist bis heute der Stern mit der geringsten Entfernung von der Sonne geblieben.

Das heliozentrische Weltbild war damit 300 Jahre nach dem Tod von *Kopernikus* endlich bewiesen. Natürlich hatten die *Keplerschen* Gesetze der Planetenbewegung und ihre Begründung durch die *Newtonsche* Gravitationstheorie oder die sogenannte «Aberration des Lichts», hervorgerufen durch die Bahnbewegung der Erde um die Sonne, auch schon solche «Beweise» geliefert, aber sie waren von mehr indirekter Art gewesen. Die Sternparallaxe war ein direkter geometrischer Beweis, dessen Evidenz nur sehr schwer bestritten werden konnte.

Das Messen von trigonometrischen Parallaxen stellt noch heute die einzige direkte Methode zur Bestimmung von Entfernungen außerhalb des Sonnensystems dar. Alle anderen Methoden werden schließlich an ihr geeicht, so daß die gesamte kosmische Entfernungsskala an diesen Parallaxen hängt. Natürlich ist die Meßgenauigkeit im Laufe der Jahre immer weiter verbessert worden. Hatten die Resultate von *Bessel* und *Struve* noch Unsicherheiten von 0.03"–0.05", so konnte dieser Fehler mit Hilfe photographischer Methoden auf ± 0.02" für eine Messung reduziert werden. Der Einsatz neuer, speziell für diesen Zweck entwickelter Teleskope und moderner elektronischer Meßverfahren konnte den Fehler schließlich auf ± 0.004" senken; weitere Verbesserungen sind durch den Einsatz von Raumteleskopen zu erwarten.

Nach wie vor ist nur für einen ganz geringen Anteil aller Sterne die trigonometrische Parallaxe gemessen. Die neuesten Kataloge enthalten nur etwa 6500 solcher Objekte. Wenn für einen Stern die Entfernung gemessen worden ist, dann ist damit auch seine «absolute Helligkeit» bekannt, denn diese ist ja nichts anderes als die Helligkeit, gesehen aus einem Normabstand. Für die

Umrechnung der Helligkeit auf die verschiedenen Abstände nimmt man an, daß die Helligkeit umgekehrt proportional zum Quadrat der Entfernung ist.

Riesen- und Zwergsterne: das Hertzsprung-Russell-Diagramm

Wenn daher ein Katalog mit Sternparallaxen vorliegt, kann man mit seiner Hilfe untersuchen, wie es um die Verteilung der absoluten Helligkeit der Sterne bestellt ist – ob diese für alle Sterne näherungsweise gleich ist oder ob es hier systematische Effekte gibt.

Solche systematischen Effekte gibt es tatsächlich, Sterne mit einem Spektraltyp B oder A haben im Mittel eine wesentlich größere absolute Helligkeit als etwa M-Sterne. Trägt man die absolute Helligkeit dieser Sterne gegen ihren Spektraltyp oder – was gleichwertig ist – gegen ihre Farbe oder Oberflächentemperatur auf, dann liegen die meisten Sterne in einem Band, das schräg durch dieses Diagramm läuft und das als die «Hauptreihe» bezeichnet wird.

Ein Diagramm dieser Art wurde zuerst 1905 von *Ejnar Hertzsprung* (1873–1967) aufgestellt, mit vermehrtem und verbessertem Material einige Jahre später von *Henry Noris Russell* (1877–1957), und nach diesen beiden Autoren nennt man es auch das *Hertzsprung-Russell*-Diagramm. *Hertzsprung* entdeckte, daß zwar die meisten K- und M-Sterne eine wesentlich geringere Leuchtkraft als die Sonne besitzen, daß es aber vereinzelt doch M-Sterne gibt, deren Leuchtkraft wesentlich höher als die der Sonne ist. Das hat weitreichende Konsequenzen – wir werden gleich sehen, warum.

Wenn der Spektraltyp eines Sterns bekannt ist, kennt man auch seine Oberflächentemperatur. Für einen K- oder M-Stern sind dies ca. 4000° K, diese Temperatur ist niedriger als die etwa 6000° K der Sonne. Daher ist verständlich, daß ein K- oder M-Stern eine geringere Leuchtkraft als die Sonne hat, wenn sonst alle anderen Eigenschaften gleich sind. Tatsächlich haben diese Sterne nur etwa 80% des Sonnendurchmessers, aber das ändert nichts am Prinzip.

Wenn daher M-Sterne beobachtet werden, deren absolute Leuchtkräfte um einen Faktor 100 größer sind, dann ist dies nur möglich, wenn diese Sterne einen wesentlich größeren Durchmesser haben, der etwa das 10- bis 20fache des Sonnendurchmessers

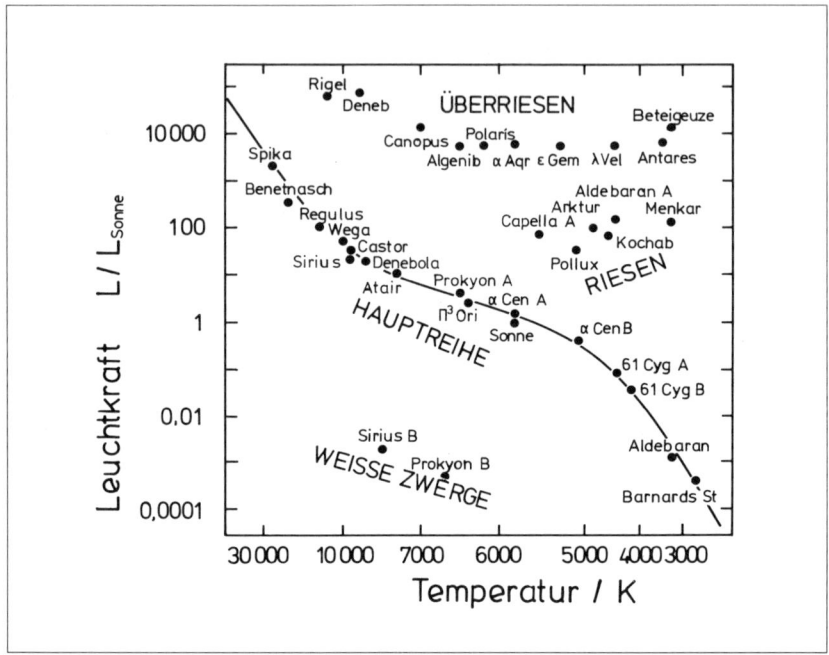

Abb. 4
Hertzsprung-Russell-Diagramm von hellen und sonnennahen Sternen. Die
Hauptreihe, die Riesen und Überriesen sind durch mit bloßem Auge sichtbare
Sterne repräsentiert, die Weißen Zwerge sind nur teleskopisch sichtbar.

beträgt. Diese Sterne müssen Riesen im Vergleich zu den anderen
Sternen sein, und da ihre Farbe rot ist, nennt man sie Rote Riesen.

Dies ist ein verblüffendes Resultat mit so weitreichenden Konsequenzen, daß man natürlich fragt, ob es dafür nicht auch andere,
direktere Beweise gibt. Vor allem eine Frage, die sich sofort an-
schließt, verlangt nach einer Antwort: Wenn es Riesensterne gibt,
was die Leuchtkraft und den Durchmesser betrifft, wie steht es mit
der Masse dieser Sterne? Ist auch diese um den entsprechenden
Faktor größer? Auf all diese Fragen kann die Untersuchung von
Doppelstern-Systemen eine klare Antwort geben.

Doppelsterne und Sternmassen

Schon bald nach der Erfindung des Fernrohrs war es aufgefallen,
daß gelegentlich Sterne paarweise oder in kleinen Gruppen im

Gesichtsfeld des Fernrohrs zusammenstehen. Man hatte dies aber als zufällige Übereinstimmung der Richtungen zu in Wahrheit weit voneinander entfernten Einzelsternen angesehen. Dann fand 1803 *Wilhelm Herschel*, der durch die Entdeckung des Planeten Uranus weltberühmt geworden war, daß der Stern Castor = α Geminorum ein echter Doppelstern ist, dessen beide Komponenten sich unter dem Einfluß der gegenseitigen Anziehung auf Ellipsenbahnen umeinander bewegen. Kann man aber die Wirkung der Gravitationskraft nachweisen, dann eröffnet sich die Möglichkeit, die Masse dieser Sterne zu bestimmen.

Herschel selbst hatte viele solcher Sternpaare, die möglicherweise echte Doppelsterne sind, entdeckt und katalogisiert; nach seinem Tod wurde diese Arbeit von seinem Sohn *John Herschel* (1792–1871) und *Sir James South* (1785–1867) fortgesetzt. Größere Fortschritte ergaben sich aber durch die Untersuchungen von *Wilhelm Struve*. Mit seinem Fraunhofer-Refraktor von 24 cm Öffnung durchmusterte er systematisch den gesamten nördlichen Himmel und katalogisierte und vermaß 3110 Doppelsternsysteme.

Der Fortschritt gegenüber den älteren Katalogen war so groß, daß *Sir James South* gesagt haben soll, er gäbe diese Arbeitsrichtung auf, da *Struve* für ihn nichts mehr zu erforschen übriggelassen habe.

Die Bahnbewegung der meisten Systeme ist sehr langsam, aber im Verlauf der nächsten 50–80 Jahre konnte doch für einzelne Paare die Bahnbewegung gemessen werden. Und so, wie aus der Bahnbewegung der Planeten um die Sonne die Masse der Sonne bestimmt werden kann, folgt aus der Bahnbewegung der Doppelsterne ihre Masse. Allerdings kann sie nur dann in Einheiten der Sonnenmasse ausgedrückt werden, wenn die Entfernung des Systems bekannt ist. Es gab daher neue Aufgaben für diejenigen, die mit der Bestimmung von Sternparallaxen beschäftigt waren.

Sternmassen zu bestimmen ist eine langwierige Angelegenheit, aber die Daten waren 1923 endlich ausreichend, um *Hertzsprung* und *Russell* eine systematische Untersuchung zu ermöglichen. Sie fanden einen engen Zusammenhang zwischen Sternmasse und Leuchtkraft. Je massereicher ein Stern ist, desto größer ist auch seine Leuchtkraft. Aber während die gemessenen Leuchtkräfte einen Bereich von 8 Zehnerpotenzen überdecken, von $\frac{1}{1000}$ der Sonnenleuchtkraft bis hin zu dem 100 000fachen, variiert die Sternmasse noch nicht einmal über 3 Zehnerpotenzen von ca. 0.1 Sonnenmassen bis zu 30 Sonnenmassen. Die blauen, heißen

O-Sterne der Hauptreihe besitzen eine Masse von rund 30 Sonnenmassen, während für K- und M-Sterne nur etwa 0.6–0.8 Sonnenmassen anfallen. Es gibt aber auch Extremfälle, die völlig aus
diesem Rahmen fallen.

So besteht der Doppelstern ζ Aurigae aus einem K-Überriesen
und einem B-Stern, die einander in 972 Tagen in einer langge-
streckten Ellipse umkreisen. Dabei liegt die Bahnebene so, daß
sich die beiden Sterne von der Erde aus gesehen periodisch gegenseitig überdecken. Für den M-Stern findet man aus der Bahn
eine Masse von ca. 16 Sonnenmassen, während der O-Stern etwa
10 Sonnenmassen auf die Waage bringt. Aus den Zeiträumen der
gegenseitigen Überdeckungen kann man darüber hinaus auf sehr
direkte Weise die Durchmesser der beiden Sterne in Einheiten des
Bahndurchmessers bestimmen, und man bekommt für den M-
Stern den gigantischen Wert von 250 Sonnendurchmessern, während der O-Stern nur etwa 5 Sonnendurchmesser aufweist. Der
M-Stern ist also in der Tat ein Riese.

Noch beeindruckender sind die Unterschiede, wenn man die
mittlere Dichte der Sterne betrachtet. Für die Sonne finden wir
ungefähr 1.4 g cm^{-3}, also eine Dichte, die nur wenig größer ist als
die von Wasser mit 1.0 g cm^{-3}. B- und O-Sterne haben eine niedrige
mittlere Dichte, nur etwa 0.03–0.01 g cm^{-3}, während die K- und
M-Sterne der Hauptreihe mittlere Dichten von 2–5 g cm^{-3} aufweisen, also gerade so dicht sind wie übliches Gestein der Erde. Für
ζ Aurigae finden wir dagegen nur einen Wert von 10^{-6} g cm^{-3}. Seine
mittlere Dichte ist damit gerade etwa genau so groß wie die Dichte
der Erdatmosphäre.

Die Entdeckung der Weißen Zwerge

Ein anderes Doppelsternsystem führte zu noch aufregenderen
Entdeckungen. Schon *Bessel* war 1834 aufgefallen, daß seine Positionsmessungen von Sirius einen viel größeren Fehler ergaben, als
es seiner Meßgenauigkeit entsprach. 1844 entdeckte er ein analoges Verhalten für Procyon und sprach die Vermutung aus, daß es
sich bei beiden Sternen um Doppelsternsysteme mit einem «unsichtbaren» Begleiter handelt. *Christian A.F. Peters* (1806–1880)
und *Arthur von Auwers* (1838–1915) berechneten die Positionen
dieser unsichtbaren Begleiter. *Alvan G. Clark* (1804–1887) entdeckte dann 1862 gelegentlich der Prüfung des von ihm erbauten
18,5-Zoll- Dearborn-Refraktors diesen Begleiter als Sternchen der

Größe 8.5^m. Der Hauptstern Sirius ist fast 10 Größenklassen heller.
Aus den Bahnen kann man die Massen der beiden Komponenten
bestimmen, und für den Hauptstern, Sirius A, ergeben sich etwa
2.3 Sonnenmassen, ein Wert, der sehr gut zu dem beobachteten
Spektraltyp A1 paßt.

Für den Begleiter ergab sich eine Masse von etwa 1 Sonnenmasse. Natürlich ist es schwierig, für einen schwachen Begleiter
in unmittelbarer Nachbarschaft eines hellen Sterns die Farbe oder
den Spektraltyp zu messen, aber es bestand bereits in den 20er
Jahren dieses Jahrhunderts kein Zweifel, daß der Siriusbegleiter
nicht rot oder gelb ist, wie es seiner Masse entsprechen würde –
im Gegenteil, er erwies sich als blauer und heißer als der Hauptstern, also vom Typ B oder höchstens A.

Da aber seine Helligkeit um 10 Größenklassen, d.h. um den
Faktor 10000 schwächer ist als die des Hauptsterns, kann dies nur
dann möglich sein, wenn sein Durchmesser um den Faktor 100
geringer ist. Während Sirius A einen Durchmesser von ca. 2 Sonnendurchmessern aufweist, kann Sirius B nur 0.02 Sonnendurchmesser = 14 000 km haben. Damit besitzt er einen Durchmesser,
der nur wenig größer ist als der der Erde. Da aber seine Masse
etwa gleich der Sonnenmasse ist, muß seine mittlere Dichte den
unvorstellbar großen Wert von 175 kg cm^{-3} haben. Was das bedeutet, kann man beurteilen, wenn man bedenkt, daß die Erde als
fester Körper nur eine mittlere Dichte von 5.5 g cm^{-3} auf die Waage
bringt.

Der Aufbau der Sterne

Dies sind die astronomischen Fakten, die eine erfolgreiche Theorie
des Sternaufbaus erklären muß, und dazu kommt natürlich noch
der allgemeine physikalische Hintergrund. Gerade dieser machte
lange Zeit große Schwierigkeiten, denn aus zahlreichen Gründen
konnte mit großer Sicherheit festgestellt werden, daß als Energiequelle für die Leuchtkraft der Sterne nur atomare Kernumwandlungen in Frage kommen konnten. Was man aber über den physikalischen Zustand im Sterninneren herausfand, schien jedoch
für solche Vorgänge nicht ausreichend. Denn weder die Materiedichte noch die Temperatur, wie sie sich aus den Sternmodellen
für den Sternmittelpunkt ergaben, waren besonders extrem, wenigstens wenn man dies in den Einheiten angibt, die ein Kernphysiker gewohnt ist. So entspricht die thermische Bewegungsenergie

der Atome nahe dem Zentrum der Sterne derjenigen Energien, welche die gleichen Atome im Labor durch eine Beschleunigungsspannung von nur 2000 V erhalten. In den Laboratorien war es aber nie gelungen, Kernfusionsprozesse bei so niedrigen Energien nachzuweisen. Erst 1938 gaben *Carl Friedrich von Weizsäcker* (geb. 1912) und wenig später *Hans Bethe* (geb. 1906) einen Zyklus von Fusionsprozessen an, die unter stellaren Bedingungen ablaufen können und die die benötigte Energie durch Verschmelzung von 4 Wasserstoffkernen zu einem Heliumkern über verschiedene Zwischenstadien liefern.

Wirklich erfolgreich konnten die theoretischen Überlegungen zum Aufbau der Sterne daher erst in der Zeit nach dem zweiten Weltkrieg werden, als die kernphysikalischen Daten wohlbekannt waren. Wichtige Lösungen von Teilproblemen aus diesem Komplex konnten aber schon vorher von *Arthur Stanley Eddington* (1882–1944) in seinem berühmten Buch *Der innere Aufbau der Sterne* (Titel der deutschen Übersetzung) geliefert werden.

Ausgangspunkt aller Sternmodelle ist die Überlegung, daß die Sterne aufgrund ihrer eigenen Schwerkraft zusammengehalten werden. Dann muß die Gravitationskraft, mit der die außenliegenden Teile eines Sterns von den Innenbereichen angezogen werden, gerade durch den Innendruck in der Waage gehalten werden. Dadurch ist es möglich, den Innendruck eines Sterns recht genau zu berechnen.

Aber wie ist dieser Innendruck mit den anderen Eigenschaften der Sternmaterie wie Temperatur und Dichte verknüpft? Dies hängt davon ab, ob wir die Sternmaterie als gasförmig oder als flüssig ansehen. *Eddington* entschied sich wie schon andere Astronomen (z.B. *Robert Emden* und *Karl Schwarzschild*) vor ihm für einen gasförmigen Zustand, während sein großer Rivale *James Jeans* (1877–1946) es vorzog, Sterne als flüssig zu beschreiben.

Daß die Sternmaterie in einem gasförmigen Zustand ist, ist keineswegs selbstverständlich, denn die mittlere Dichte vieler Sterne ist vergleichbar mit der von festem Gestein ($\rho = 3$–$5 \, g \, cm^{-3}$), und Gestein befindet sich bekanntlich ja nicht in einem gasförmigen Zustand. Der Unterschied liegt in der Temperatur. Im Sterninneren sind sehr hohe Temperaturen von einigen Millionen Grad zu erwarten, und bei solchen Werten sind die in Sternen häufig vorkommenden Elemente alle vollständig ionisiert, d.h. die Elektronen der Atomhülle sind abgetrennt, so daß nur der kleine Atomkern übrigbleibt. Da dieser einen 100000mal geringeren

Durchmesser besitzt als das vollständige Atom, kann sich Materie aus Atomkernen auch bei sehr hohen Dichten noch wie ein ideales Gas verhalten.

Jeans dagegen glaubte Gründe zu haben, daß im Sterninneren die Materie nicht vollständig ionisiert sei, und mußte deshalb für die Sternmaterie einen Zustand als Flüssigkeit annehmen.

In der Kontroverse zwischen *Eddington* und *Jeans* «siegte» der erste. Das hatte auch zur Folge, daß *Eddington* den astronomischen Lehrstuhl in Cambridge erhielt. *Jeans* erboste dies so, daß er der Wissenschaft den Rücken kehrte und sich ins Privatleben zurückzog. Er konnte dies, da er mehrere sehr erfolgreiche Bücher geschrieben hatte, welche die Astronomie und die Physik einer breiten Öffentlichkeit näherbrachten. Auch auf diesem Punkt konkurrierte *Eddington* mit ihm, hier allerdings blieb *Jeans* der Sieger.

Energieerzeugung durch Kernfusion

Um den Sternaufbau nachrechnen zu können, müssen zwei weitere wichtige Größen bestimmt werden. Die eine ist der genaue Ablauf, wie Energieerzeugung durch Verschmelzung von Wasserstoffkernen zu Helium vor sich geht. Dies kann nicht in einem Schritt erfolgen, sondern geschieht schrittweise, wie *Bethe* und *v. Weizsäcker* gezeigt haben. Natürlich ist die Umsatzrate um so größer, je dichter die Atome zusammengepackt sind und je kräftiger sie aufeinanderprallen. Die Energieerzeugungsrate wächst daher sehr schnell mit der Temperatur und der Dichte an, so daß die Energie des Sterns praktisch ausschließlich in der unmittelbaren Umgebung des Sternzentrums erzeugt wird.

Die andere Größe, die den Sternaufbau entscheidend bestimmt, ist die Leichtigkeit, mit der die in der Nähe des Zentrums erzeugte Energie nach außen an die Sternoberfläche transportiert wird. Dies dauert erstaunlich lange – in der Sonne braucht es mehrere Millionen Jahre, bis ein Energiequant vom Sonnenmittelpunkt bis zur Oberfläche gewandert ist.

Das Zusammenwirken dieser drei Zustandsgleichungen – der Gasgleichung, der Gleichung für die Energieerzeugung und die der Durchsichtigkeit der Sternmaterie für Strahlung – bestimmen daher den Aufbau eines Sterns. Während die grundsätzlichen Prinzipien bereits vor dem letzten Krieg bekannt waren, lagen verläßliche Zahlenangaben erst in den späten fünfziger Jahren vor, und daher begann damals die große Zeit der Sternbaumeister

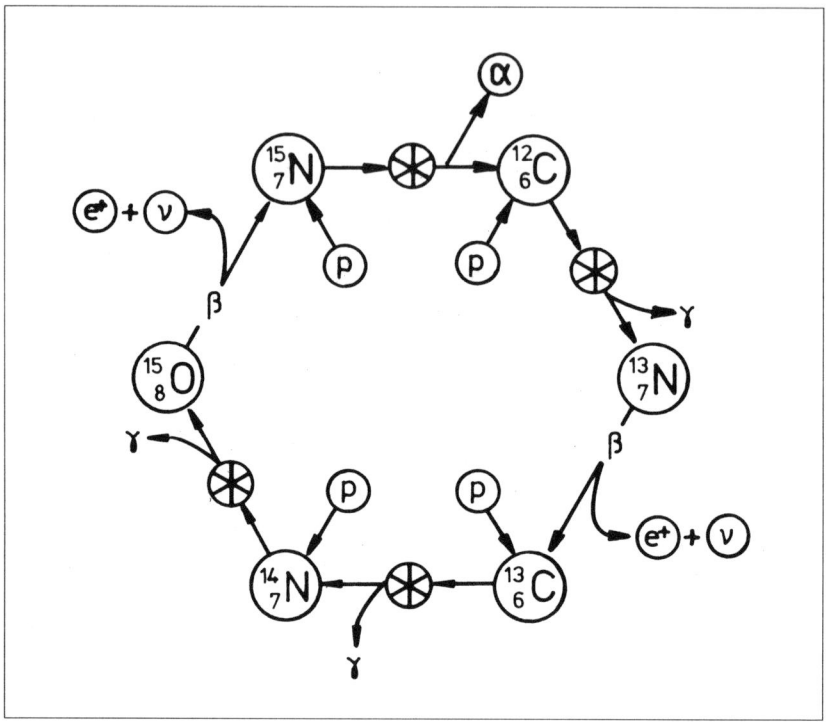

Abb. 5
Der Bethe-Weizsäcker-Zyklus. Der Zyklus beginnt mit der Anlagerung eines
Protons an ein C-Atom und hat einen Reaktionszyklus vollendet, wenn der
angeregte Zwischenkern durch Ausstoß eines α-Teilchens, d.h. eines Helium-
kerns, zerfällt.

in ihrem Bestreben, die gemessenen Eigenschaften der Sterne
durch ihre Modelle zu reproduzieren.

Am einfachsten ist es, wenn man Sterne auf der Hauptreihe
durch die Modelle darzustellen sucht. Es genügen Modelle, die
im gesamten Sterninneren eine einheitliche chemische Zusammensetzung aufweisen. Wie von den Beobachtungen gefordert,
ergeben Modelle mit geringen Massen Sterne mit niedrigen Oberflächentemperaturen, während Modelle mit großen Massen die
heißen O- und B-Sterne liefern. Auch die Zentraltemperatur und
die Zentraldichte der Modelle zeigen eine leichte Variation entlang der Hauptreihe. Das führt dazu, daß unterschiedliche Prozesse bei der Umsetzung von Wasserstoff in Helium in den verschiedenen Sternen den überwiegenden Teil der Energie liefern.

In der Sonne und bei masseärmeren Sternen ist es nicht der Bethe-Weizsäcker-Zyklus, sondern ein Prozeß, der als Proton-Proton-Prozeß bezeichnet wird. Das Gesamtresultat ist das gleiche, aber die Details sind unterschiedlich und damit auch die Temperatur- und Dichteabhängigkeit.

Nur bei den helleren O- bis F-Sternen spielt der Bethe-Weizsäcker-Zyklus die Hauptrolle mit einschneidenden Konsequenzen für den inneren Aufbau der Sterne. Da die Zunahme der Energieerzeugung mit der Temperatur extrem stark ist, kann sich in den Kernbereichen des Sterns keine ruhige Schichtung der Energieerzeugung ausbilden, sondern die Materie brodelt wie in einem Kessel mit kochendem Wasser, und dadurch wird dieser Teil des Sterns gründlich durcheinandergemischt.

Die Sternmodelle liefern auch eine Erklärung, warum man keine Sterne mit Massen größer als ca. 50–60 Sonnenmassen findet. In solchen Sternen wird die Energieerzeugung so heftig, daß der Druck der dabei entstehenden Strahlung den ganzen Stern auseinandertreibt. Und auch die untere Massengrenze von ca. 0.08 Sonnenmassen wird begreifbar. Sterne mit geringeren Massen erreichen keine ausreichenden Zentraltemperaturen und Dichten, um die Energieerzeugung durch «Wasserstoffbrennen» anzufachen. Leuchtende Sterne sind also nur in einem engen Massenintervall möglich.

Will man Modelle für Rote Riesen konstruieren, kommt man nicht mit so einfachen Modellen wie für die Hauptreihe aus. Es zeigte sich, daß man ausgedehnte Hüllen immer dann bekommt, wenn man im Inneren des Sterns einen ausgebrannten Kern mit deutlich höherer Dichte ansetzt, als sie der Rest des Sternmodells aufweist. Die Energieerzeugung findet dann an der Oberfläche dieses Kerns statt. Eine solche Konstruktion mutet vielleicht zunächst willkürlich an – begründet kann sie nur werden, wenn man Vorstellungen der Sternentwicklung zu Hilfe nimmt. Rote Riesen sind daher nur als Folgen der Sternentwicklung zu verstehen. Wir werden auf diese im nächsten Kapitel näher eingehen.

Eine Folge der Sternentwicklung sind ebenfalls die Weißen Zwerge. Sie können als das Endprodukt der Entwicklung bestimmter Klassen von Sternen verstanden werden. Die Strahlungsenergie der Sterne wird ja durch die Fusion des Wasserstoffs zu Helium erzeugt. Damit ergibt sich natürlich die Frage, was denn geschieht, wenn der Wasserstoffvorrat eines Sterns aufgebraucht ist.

Der Stern kontrahiert und wird dadurch im Inneren heißer, bis die Temperatur so hoch geworden ist, daß auch das Helium weiter reagieren kann und zu Kohlenstoff verschmilzt. Der Kohlenstoff kann bei entsprechender Temperatur auch weiter reagieren, und dies setzt sich so fort, bis als Endprodukt Eisen entstanden ist. Eisen ist das Element, das die größte Stabilität gegenüber Kernumwandlungen hat. Will man daraus Elemente mit einer größeren Ordnungszahl erzeugen, dann gewinnt man keine Energie, man verbraucht sie. Wenn daher ein Stern aus Eisen besteht, dann kann er durch Fusion keine weitere Energie mehr erzeugen, er ist tatsächlich ausgebrannt. Da er aber immer noch Energie abstrahlt, deckt er diesen Bedarf durch Kontraktion, er wird immer dichter. Dabei werden jetzt auch Abweichungen von der Zustandsgleichung für das ideale Gas merkbar. Diese Korrekturen sind durch spezielle Eigenschaften der Elektronen bedingt, und man bezeichnet sie als Gasentartung des Elektronengases. Sie wirkt sich wie ein zusätzlicher Druckanteil aus, der unabhängig von der Temperatur ist.

Es war Mitte der dreißiger Jahre die große Leistung des jungen indischen Astrophysikers *Subrahmanyan Chandrasekhar* (geb. 1910), die Eigenschaften solcher Sterne zu berechnen, denn sie verhalten sich sehr merkwürdig, ganz anders, als es die physikalische Intuition erwarten lassen sollte. So ist z.B. der Durchmesser normaler Sterne um so größer, je größer ihre Masse ist. Bei Sternen aus entartetem Gas ist es umgekehrt: Je größer die Masse, desto kleiner der Durchmesser. Vergrößert man die Masse immer weiter, dann erreicht das Modell schließlich einen Durchmesser Null – d.h., es gibt keine stabilen Modelle mehr. Das bedeutet, daß es für Weiße Zwerge eine obere Grenzmasse geben muß. Diese Masse wird zu etwa 1.46 Sonnenmassen abgeschätzt. Diese Untersuchungen *Chandrasekhars* waren der Beginn seiner sehr fruchtbaren Forschungstätigkeit als theoretischer Astrophysiker, die schließlich sogar mit dem Nobelpreis ausgezeichnet wurde.

Veränderung der chemischen Zusammensetzung bedeutet Sternentwicklung!

Die Untersuchungen von *Bethe* und *v. Weizsäcker* hatten ergeben, daß die meisten Sterne ihren Energiebedarf, der durch die Abstrahlung von Licht und Wärme entsteht, durch die Verschmelzung von Wasserstoff zu Helium decken. Ihr Energievorrat ist somit sehr groß, aber schließlich wird sich doch die Veränderung der chemischen Zusammensetzung, die mit der Umwandlung von Wasserstoff in Helium verbunden ist, in ihrem Aufbau auswirken. Somit führt die Energieabstrahlung direkt zur Sternentwicklung.

Wie eine solche Entwicklung aussehen wird, kann man durch direktes numerisches Nachvollziehen dieser Veränderungen verfolgen. Betrachten wir als Beispiel die Verhältnisse in einem Stern, der die doppelte Sonnenmasse besitzen möge, und verfolgen wir seine Entwicklung von dem Augenblick an, in dem die Kernfusion von Wasserstoff zu Helium einsetzt. Der Stern befindet sich dann auf der Hauptreihe.

Diese Hauptreihe wird von Sternen mit einheitlicher chemischer Zusammensetzung gebildet, und die Beobachtungen werden am besten wiedergegeben, wenn man ihnen eine chemische Zusammensetzung zuschreibt, in der $X = 73\%$ den Massenanteil in Form von Wasserstoff, $Y = 25\%$ den des Heliums und $Z = 2\%$ den der schwereren Elemente beschreibt[1]. Temperatur und Dichte der Sternmaterie nehmen zum Sterninneren hin stark zu, im Zentrum wird eine Temperatur von 22 Millionen Grad erreicht. Da die Energieerzeugungsrate durch Kernfusion sehr stark von der Temperatur abhängt, nimmt sie zum Sternmittelpunkt hin so stark zu, daß trotz des hohen Drucks keine stabile Schichtung der Materie möglich ist – der gesamte Kernbereich des Sterns brodelt wie ein kochender Wasserkessel. Die Reaktionsprodukte der Kernfusion werden dadurch gleichmäßig über den gesamten Kern verteilt.

Die Roten Riesen

Im Laufe der Zeit bilden sich daher im Stern zwei unterschiedliche Bereiche oder Zonen heraus. Es gibt eine Hülle, in der wir noch die ursprüngliche chemische Zusammensetzung vorfinden, darunter liegt der konvektive Kern, der ebenfalls eine einheitliche chemische Zusammensetzung hat, die aber von der der Hülle

---

1   Es gibt zwei verschiedene Konventionen für die Angabe der chemischen Zusammensetzung. Der Anteil eines Elements kann nach dem Anteil der Atomanzahlen gegeben sein. Dann hat Helium einen Anteil von etwa 10%. Natürlich kann man auch den Gewichtsanteil angeben. Der Heliumanteil beträgt dann $Y = 25\%$. Beides bedeutet die gleiche Zusammensetzung.

verschieden ist. Er besitzt einen geringeren Wasserstoffgehalt und einen größeren Heliumanteil. Die Änderung der chemischen Zusammensetzung tritt sprunghaft an der Grenze des Kerns auf, und sie ist mit einer sprunghaften Änderung der Materiedichte verbunden.

Dieser Umstand hat weitreichende Folgen für das Aussehen des Sterns. Zwar wird die Leuchtkraft des Sterns durch Zustand und Dimensionen des Kernbereichs bestimmt, die Hülle des Sterns muß sich aber so einstellen, daß dieser vorgegebene Energiestrom auch abgestrahlt werden kann. Und hierbei spielen die Eigenschaften des Übergangs vom Kern zur Hülle eine wichtige Rolle. Der Stern bildet eine ausgedehnte Hülle mit einer niedrigeren Oberflächentemperatur – er «wandert» im Farben-Helligkeits-Diagramm von der Hauptreihe fort nach rechts und wird zum Roten Riesen.

Mit abnehmender Oberflächentemperatur des Sterns ändert sich auch sein Spektrum. Nicht nur die Energieverteilung der Strahlung paßt sich an, indem sich das Maximum der Emission immer weiter ins Rote und schließlich ins Infrarote verschiebt, auch das Aussehen des Linienspektrums ändert sich. Die Zahl der Metall- und Molekül-Absorptionslinien nimmt so stark zu, daß im roten Spektralbereich die von unten aus dem Sterninnern angelieferte Energie nicht mehr abgestrahlt werden kann. Das ganze Sterninnere heizt sich dadurch auf, und der Stern brodelt wie der erwähnte Wasserkessel – er wird voll konvektiv.

Solche Sterne liegen auf der sogenannten «Hayashi-Linie», so benannt nach dem japanischen Astronomen, der dieses Phänomen zuerst beschrieben und untersucht hat. Die Hayashi-Linie verläuft nahezu senkrecht im Farben-Helligkeits-Diagramm. Stabile Sterne können nur links davon, also bei höheren Oberflächentemperaturen, existieren. Damit bildet die Hayashi-Linie eine Begrenzung des Bereichs im Farben-Helligkeits-Diagramm, in dem stabile Sterne möglich sind. Eine andere Grenze ist die Hauptreihe, so daß Sterne schließlich nur in einem näherungsweise dreieckigen Teilbereich des Farben-Helligkeits-Diagramms vorkommen können.

Der «Brennstoffvorrat» an Wasserstoff im Kernbereich des Sterns kann die Ausstrahlung nur für eine begrenzte Zeit abdekken, irgendwann ist er aufgebraucht, und der Stern besteht nur noch aus Helium. Damit erlischt die Kernfusion von $4H \rightarrow He$, und die Energieproduktion hört zunächst auf. Da der Stern aber unvermindert weiterstrahlt, fehlt thermische Energie – er reagiert darauf mit einer Kontraktion. Sein Inneres wird dichter und heißer, bis schließlich die Temperaturen an der Obergrenze seines Kernbereichs so angestiegen sind, daß auch dort Kernfusionen ablaufen können. Da die dort vorhandene Materie nicht Bestandteil des Kernbereichs war, enthält sie noch Wasserstoff, hat also noch genügend Brennstoff.

Die Energie wird nun also in einer dünnen Schale erzeugt, die langsam im Stern nach außen heraus «brennt». Im Inneren bleibt ein ausgebrannter Kern aus fast reinem Helium zurück.

Sternentwicklung als Forschungsprogramm

Eine Entwicklung der Sterne nach einem solchen Schema, in dem sie sich von der Hauptreihe fort bis hin zu den Roten Riesen entwickeln, unterscheidet sich in ganz wesentlichen Punkten von den Vorstellungen, die lange Zeit über die mögliche Sternentwicklung herrschten. Viele Astronomen hatten schon versucht, die beobachteten Unterschiede in Aussehen und Zustand der Sterne als Entwicklungseffekt zu deuten. Es gab aber zwei prinzipielle Hindernisse für diese Versuche.

Ein rein empirisches Verfahren, bei dem Alterungseffekte direkt gemessen wurden, ist nicht möglich, da die stellaren Entwicklungszeiten dafür viel zu lang sind. Dies konnten schon *Hermann von Helmholtz* (1821–1894) 1854 und *Lord William Thomson Kelvin* (1824–1907) 1863 abschätzen, lange bevor man erkannte, was die Hauptenergiequelle der Sterne ist, denn sie zeigten, daß schon der Teil der Gravitationsenergie, der in Wärme umgesetzt werden kann, dazu ausreichend ist, die Ausstrahlung der Sonne für ca. 20 Millionen Jahre zu decken. Stehen weitere Energiequellen zur Verfügung, wird die Lebensdauer entsprechend länger.

Was wir beobachten, ist somit nur eine Momentaufnahme des augenblicklichen Zustandes. Um daraus eine Entwicklungssequenz zu konstruieren, bedarf es zusätzlicher Informationen über die Veränderungen, die im Stern im Laufe des Alterungsprozesses ablaufen. Diese gab es erst, als sowohl die Energiequelle der Sternstrahlung wie auch ihr Einfluß auf den Sternaufbau geklärt waren.

Man hatte natürlich versucht, sich zu behelfen, und Hypothesen aufgestellt, die plausibel erschienen. So hatte *Russell* 1913 als Erweiterung älterer Vorstellungen von *Lockyer* und anderen die Grundidee zugrunde gelegt, daß die mittlere Materiedichte im

Laufe der Entwicklung des Sterns immer größer wird. Danach entstünde er als Roter Riese, verdichtete sich unter Zunahme seiner Oberflächentemperatur, bis er den Spektraltyp O oder B angenommen hätte, um dann wieder abzukühlen und unter ständigem Schrumpfen als M-Zwerg zu enden. Dieses Bild einer Entwicklung entlang dem Riesenast und der Hauptreihe sieht plausibel aus, ist aber trotzdem falsch, wie wir heute wissen.

Natürlich haben viele Forscher an der Klärung dieser Fragen mitgewirkt, besonders wichtig waren aber *Chandrasekhar* und seine Mitarbeiter, die den Aufbau der Sterne auf der Hauptreihe und ihre Entwicklungstendenzen in die Richtung senkrecht dazu erkannten. Den Durchbruch zu einer physikalisch fundierten Theorie der Sternentwicklung von der Hauptreihe fort hin zu den Roten Riesen erzielten dann aber die beiden Astrophysiker *Fred Hoyle* (geb. 1915) und *Martin Schwarzschild* (geb. 1912) mit einer bahnbrechenden Arbeit aus dem Jahr 1955. In dieser Untersuchung verfolgten sie, wie sich ein Stern von 1–2 Sonnenmassen von der Hauptreihe fortentwickelt, indem sie eine Sequenz von Sternmodellen numerisch berechneten. Ausgehend von den Verhältnissen auf der Hauptreihe, bestimmten sie die chemischen Veränderungen im Stern, konstruierten ein neues Modell, das diese berücksichtigt, usw. An dieser Arbeit erscheint uns heute besonders bemerkenswert, daß all diese umfangreichen Rechnungen noch ohne Einsatz von Computern durchgeführt wurden, nur mit Hilfe von elektromechanischen Tischrechenmaschinen, vielen physikalischen Tricks und viel Intuition.

Die beiden Autoren brachten für diesen rechnerischen Parforceritt auch besonders gute Voraussetzungen mit. *Fred Hoyle* ist Engländer und einer der phantasievollsten Astrophysiker der Nachkriegszeit, der sich nie gescheut hat, auch unpopuläre und gelegentlich fast skurril anmutende Hypothesen zu vertreten. Er studierte in Cambridge und hat als «Fellow of St. John's College» nie promoviert. In den 50er und 60er Jahren spielte er in zahlreichen Teilgebieten der Astrophysik eine wichtige Rolle. Wir werden ihm später noch an mehreren Stellen wieder begegnen. Für ihn ist typisch, daß er auch als Science-fiction-Autor bekannt wurde, denn sein Roman *Die schwarze Wolke* wurde ein Welterfolg. In diesem Buch verfolgt er die Idee, wie es wäre, wenn es im Kosmos Lebensformen gäbe, die nicht an organische Verbindungen gebunden sind, sondern z.B. an dunkle interstellare Wolken, in denen die Nerven durch Magnetfelder dargestellt wären.

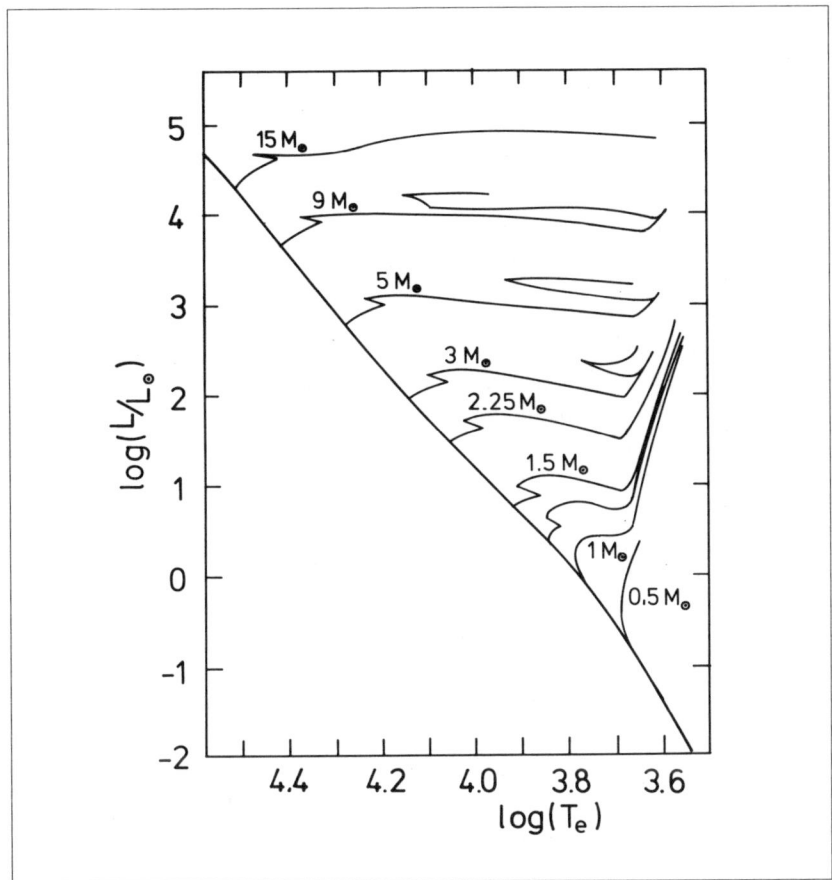

Abb. 6
Theoretische Entwicklungswege im Temperatur-Leuchtkraft-Diagramm für Sterne unterschiedlicher Masse.

Nüchterner, solider, aber nicht weniger phantasievoll ist der zweite Autor, *Martin Schwarzschild*. Er stammt aus einer alten jüdischen Patrizierfamilie in Frankfurt a. M. – angeblich aus der gleichen Straße wie die Bankier-Dynastie *Rothschild*. Aber schon sein Vater, *Karl Schwarzschild* (1873–1916), war Astronom. Er war der wohl bedeutendste deutsche Astrophysiker der Zeit unmittelbar vor dem ersten Weltkrieg. Seit 1901 war er Direktor der Sternwarte in Göttingen, von 1909 bis zu seinem frühen Tod 1916 (er starb an einer Krankheit, die er sich als Soldat im Osten zugezogen hatte) war er Direktor des Astrophysikalischen Observatoriums in Potsdam. Neben zahlreichen experimentellen und theoretischen Untersuchungen, die für die Begründung der modernen Astrophysik wichtig sind, ist vor allem seine Lösung der Einsteinschen Feldgleichungen der Allgemeinen Relativitätstheorie für den Fall eines Massenpunktes von Bedeutung. Diese sogenannte «Schwarzschildsche Lösung» beschreibt die Eigenschaften der «Schwarzen Löcher», die seit einigen Jahren in der modernen Astrophysik eine wichtige Rolle spielen. Die Bezeichnung «Schwarzes Loch» ist dabei aber keine Anspielung auf den Namen des Autors, sondern drückt die Tatsache aus, daß vom Inneren eines solchen Gebildes kein Licht in den Außenraum dringen kann, es daher für einen externen Beobachter immer unsichtbar bleiben wird.

Martin Schwarzschild studierte Astronomie in Göttingen bei *Hans Kienle*, dem Nachfolger seines Vaters, bekam dann aber nach 1933 in Deutschland als Jude immer größere Schwierigkeiten. *Kienle* konnte ihn noch Mitte der dreißiger Jahre promovieren, dann mußte *Martin Schwarzschild* über Skandinavien in die USA auswandern. Dort hat er in der astrophysikalischen Forschung über viele Jahre eine wichtige Rolle gespielt, vor allem auf dem experimentellen Gebiet, wo er mit seinem hochauflösenden Ballonteleskop Stratoscope Sonnenaufnahmen gewann und so wichtige Fortschritte in der Sonnenforschung bewirkte. Sein Buch *Structure and Evolution of the Stars* von 1958 ist für eine ganze Generation von Astronomen das grundlegende Werk gewesen, aus dem sie ihr Handwerk lernten. Und noch nach seiner Emeritierung hat er mit seinen Untersuchungen zum Bau der sogenannten elliptischen Galaxien und der Bahnformen der Sterne, die ihre Konstituenten sind, wichtige neue Impulse gegeben.

Die Theorie der Sternentwicklung hat in den mehr als dreißig Jahren seit den bahnbrechenden Untersuchungen von *Hoyle* und *Schwarzschild* natürlich große Fortschritte gemacht, und viele Details sind dem stark vereinfachten Bild, das hier gezeichnet wurde, hinzugefügt worden. Auf einen dieser Aspekte – die Bildung von schweren Elementen in Sternen – werden wir später noch eingehen. Hier wollen wir uns auf einige allgemeinere Gesichtspunkte beschränken, um nicht vor lauter Details die Übersicht zu verlieren.

Endstadien der Sternentwicklung: Weiße Zwerge und Neutronensterne

Ein Problem, dessen Lösung unerwartet weitreichende Konsequenzen ergab, war die Frage nach dem Endzustand eines Sterns, den dieser erreicht, wenn alle möglichen Kernbrennstoffe verbraucht sind. Dies wird sicher dann eintreten, wenn der Stern praktisch vollständig, bis auf eine dünne Hülle, aus reinem Eisen besteht, denn Eisen ist das Element mit der größten Kern-Bindungsenergie. Elemente mit einer kleineren Ordnungszahl als der des Eisens können unter Energiegewinn zu schwereren Elementen verschmolzen werden, bei Elementen mit Ordnungszahlen größer als derjenigen des Eisens wird dagegen Energie frei, wenn diese aufbrechen. So gewinnen Kernreaktoren z.B. ihre Energie, indem Uranatome mit dem Atomgewicht 235 in Krypton und Barium zerspalten, wobei zusätzlich 2–3 Neutronen mit einer großen kinetischen Energie entstehen, die dann als Energiequelle verwendet werden.

Ein Stern, der keine Energiequellen durch Kernfusion mehr zur Verfügung hat, deckt seine Ausstrahlungsverluste zunächst, indem er schrumpft. Er kann auf diese Weise gravitative Energie in thermische Energie umsetzen. Dabei nimmt seine mittlere Dichte laufend zu. Dieser Vorgang kann aber nicht unbegrenzt weitergehen.

In einem früheren Kapitel hatte ich über die Kontroverse berichtet, in die *Eddington* und *Jeans* über die Frage, ob die Zustandsgleichung im Sterninneren die eines idealen Gases (*Eddington*) oder die einer Flüssigkeit (*Jeans*) sei, verwickelt waren (vgl. S. 52–53). Das Ergebnis war ja gewesen, daß sich Eddington mit seiner Ansicht durchsetzte. Wenn nun aber der Stern laufend seine mittlere Dichte vergrößert, wird schließlich ein Zustand erreicht, in dem zuerst in der Umgebung des Sternzentrums Abweichungen von der idealen Gasgleichung wichtig werden. Erstaunlicherweise bedeutet dies aber nicht, daß sich die Sternmaterie dann mehr wie eine Flüssigkeit verhält, es sind vielmehr Abweichungen, die durch quantenmechanische Effekte verursacht werden. Es sind die allerleichtesten Teilchen der Sternmaterie, die Elektronen, die hier maßgebend sind.

Aufgrund des sogenannten «Pauli-Prinzips» – so benannt nach seinem Entdecker *Wolfgang Pauli* (1900–1960) – können Elementarteilchen nur bis zu einer bestimmten maximalen Dichte gepackt werden. Versucht man, diese Dichte zu überschreiten, tritt ein zusätzlicher Druckterm auf – man sagt, das Gas sei «entartet». Diese Gasentartung tritt zuerst für Elektronen auf, bei höheren Dichten können aber auch Protonen oder Neutronen entarten.

Wenn also die mittlere Dichte eines Sterns über einen gewissen Wert ansteigt, wird die Gasentartung seiner Elektronen maßgeblich seinen Aufbau bestimmen, und der Stern weist dann äußerst merkwürdige Eigenschaften auf – er wird zum Weißen Zwerg.

Eine der verblüffenden Konsequenzen der Gasentartung der Elektronen in der Sternmaterie ist die Tatsache, daß der Radius des Sterns um so geringer ausfällt, je größer seine Masse ist. Dies geht so weit, daß für eine wohldefinierte Grenzmasse der formale Sternradius Null wird und es für Massen, die oberhalb dieser Grenzmasse liegen, keine stabilen Lösungen der Gleichungen des Sternaufbaues mehr gibt. Für Sterne mit einer chemischen Zusammensetzung ähnlich der der Sonne beträgt diese Grenzmasse 1.44 Sonnenmassen.

Offenbar stellt sich dann die Frage, was denn aus solchen Sternen wird, die eine größere Masse haben. Solange ihre Masse geringer ist als etwa 2–3 Sonnenmassen, gibt es für sie noch eine weitere Chance. Da das Innere der Sterne am Ende ihrer möglichen Entwicklung aus praktisch reinem Eisen besteht und die Atomkerne von Eisen eine mittlere Dichte von ca. 10^{14} g cm^{-3} haben, würde ein Stern von 1 Sonnenmasse bei einer solchen Dichte einen Radius von etwa 16 km besitzen. Der Druck ist dann aber so hoch, daß die Eisenkerne «zerquetscht» und in Protonen und Neutronen zerlegt werden. Dabei wird natürlich Energie verbraucht, die durch weitere Kontraktion des Sterns aufgebracht wird. Die Protonen zerfallen schließlich weiter in die für hohe Dichten energetisch günstigeren Neutronen und je ein Elektron, so daß schließlich der gesamte Stern aus extrem dicht gepackten Neutronen besteht. Auch diese sind «entartet», der Radius des Neutronensterns ist daher um so geringer, je höher seine Masse ist. Die Grenze ist bei einer Sternmasse von ca. 2–3 Sonnenmassen erreicht. Der genaue Wert ist unsicher und hängt von kernphysikalischen Details ab.

Für Sterne oberhalb dieser Grenzmasse gibt es dann keine weitere mögliche Gleichgewichtskonfiguration mehr. Es gibt keine andere physikalische Kraft, die der immer stärker werdenden

Gravitationskraft das Gleichgewicht halten kann, der Stern kollabiert unaufhaltsam in ein «Schwarzes Loch».

Neutronensterne waren nicht mehr als eine interessante Hypothese, als sie von *Landau* (1932) und von *Baade* und *Zwicky* (1934) vorhergesagt wurden. Auch die ersten expliziten Modelle für solche Sterne von *Robert Oppenheimer* (1904–1967) und *Volkoff* (1939) änderten hieran nur wenig. Erst die Entdeckung der Pulsare (1967) durch *Anthony Hewish* (geb. 1924) und seine Mitarbeiter zeigte, daß es Neutronensterne in der Natur tatsächlich gibt. Die Geschichte dieser Entdeckung wird in einem späteren Kapitel beschrieben, hier möge diese Bemerkung genügen.

Noch immer ist aber die Frage offen, ob es Schwarze Löcher tatsächlich gibt. Zwar kennt man einige Doppelsterne mit unsichtbaren Begleitern, die höchstwahrscheinlich nur Schwarze Löcher sein können, ein endgültiger, sicherer Nachweis dafür fehlt aber noch immer.

Ein anderes Problem ist die Frage, ob die Masse eines Sterns im Zuge seiner Entwicklung tatsächlich konstant bleibt, wie es das hier geschilderte Szenarium voraussetzt. Tatsächlich wissen wir, daß Rote Riesen fortlaufend Masse verlieren. Sogar unsere Sonne weist einen ganz geringen Massenverlust auf. Ihre obersten Atmosphärenschichten «dampfen» in den Weltraum ab und werden von Satelliten als «Sonnenwind» gemessen.

Allerdings ist dieser Massenverlust der Sonne so gering, daß die gesamte abgeblasene Masse nur einen vernachlässigbaren Bruchteil der Sonnenmasse ausmacht, auch wenn man diese Verluste über die gesamte Lebensdauer der Sonne von vielen Milliarden Jahren aufsummiert. Das ist bei Roten Riesen anders. Bei ihnen kann man diesen abdampfenden «Sternwind» im ultravioletten Spektralbereich messen, und die resultierenden Verlustraten für die Sternmasse sind so hoch, daß ein Stern einen großen Teil seiner Masse verlieren kann, während er sich im Stadium eines Roten Riesen befindet.

Leider ist die Theorie dieses Effekts noch nicht so weit fortgeschritten, daß man völlig überzeugend darlegen kann, welcher Massenbruchteil schließlich übrigbleiben wird. Es gibt noch immer Parameter der Theorie, die durch die Beobachtung festgelegt werden müssen, und deshalb wissen wir noch nicht zweifelsfrei, ob z.B. ein Stern, der ursprünglich eine Masse von 5–10 Sonnenmassen hatte, tatsächlich als Schwarzes Loch enden oder ob er zu einem Neutronenstern wird, indem er den größten Teil seiner

Masse auf die eine oder die andere Weise abstößt. Hier ist noch
viel Forschungsarbeit nötig.

Altersskalen

Für die astronomischen Untersuchungen in sehr vielen Bereichen
ist eine andere Erkenntnis über die zeitliche Entwicklung der
Sterne von allergrößter Bedeutung: die Möglichkeit, Zeitskalen
für die Sternentwicklung festzustellen und diese auch auf Alters-
bestimmungen der verschiedensten astronomischen Objekte an-
zuwenden. Es stellte sich nämlich heraus, daß Sterne verschiedener Masse sehr unterschiedliche Zeiten benötigen, um ihren Ent-
wicklungsweg zu durchlaufen.

   So benötigt die Sonne etwa 10 Milliarden Jahre, bis die Kernfusion von Wasserstoff zu Helium die Zusammensetzung im Inneren so stark verändert hat, daß sie sich merklich von der Hauptreihe fortentwickelt. Für einen B0-Stern mit 15 Sonnenmassen
beträgt diese Zeit nur den tausendsten Teil, nur noch 10 Millionen
Jahre, so daß viele Generationen solcher Sterne entstehen und ihre

Abb. 7
Aufnahme eines offenen Sternhaufens in der südlichen Milchstraße (NGC 4755,
der Juwelenschrein im Kreuz des Südens). Der Sternhaufen enthält einen Roten
Riesen und ist ca. 8000 Lichtjahre (2500 pc) von der Sonne entfernt.

Entwicklung durchlaufen können, ohne daß sich die Sonne auch nur merklich verändert.

Diese großen Unterschiede der Entwicklungsgeschwindigkeit hängen von ganz grundlegenden Sterneigenschaften ab. Verfeinerungen und spätere Korrekturen an der Theorie der Sternentwicklung können hieran nicht viel ändern. Die unterschiedlichen Entwicklungsgeschwindigkeiten sind nämlich nur die unmittelbare Folge davon, daß Sterne mit großen Massen pro Masseneinheit einen viel größeren Energieverbrauch in der Sekunde haben als solche mit geringen Massen. Massereichere Sterne werden daher ihren Energievorrat viel schneller erschöpfen als Sterne mit geringen Massen.

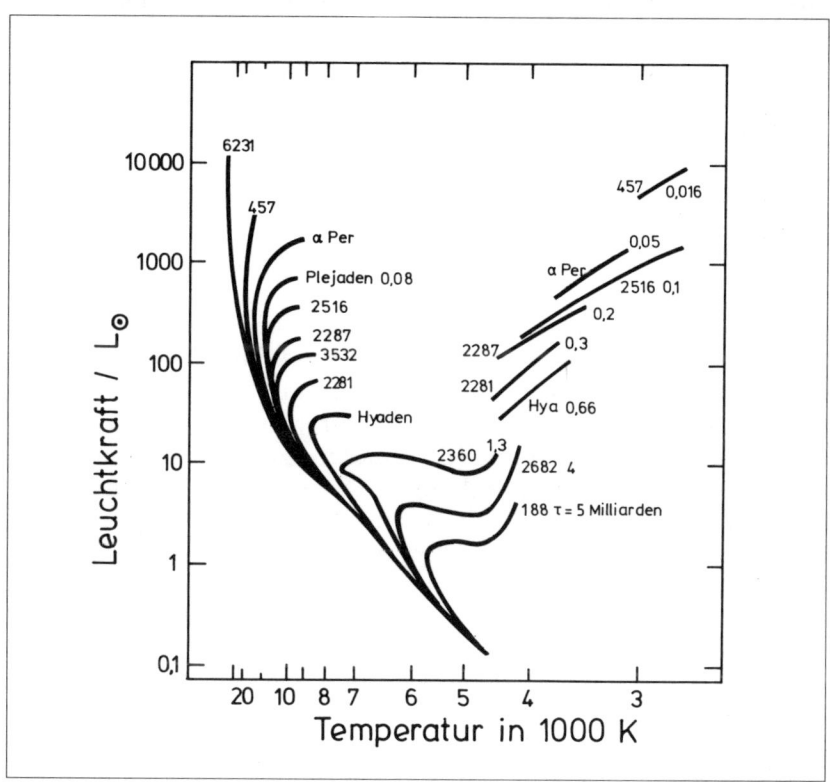

Abb. 8
Farben-Helligkeits-Diagramme offener Sternhaufen in unserer Galaxis. Je älter ein Haufen ist, desto lichtschwächer ist das obere Ende der Hauptreihe. Das Alter, wie es aus Entwicklungsrechnungen in Einheiten von Milliarden Jahren folgt, ist jeweils rechts neben die NGC-Nummer des Sternhaufens geschrieben.

Verfolgt man daher eine Gruppe von Sternen unterschiedlicher Masse, die alle zur gleichen Zeit auf der Hauptreihe ihr Dasein als «Stern» beginnen, dann werden sich Entwicklungseffekte zuerst bei den massereichsten und daher hellsten Sternen zeigen. Diese verlassen zuerst die Hauptreihe und werden zu Roten Riesen.

Dieses «Abwandern» frißt sich langsam von «oben» herab zu Sternen mittlerer und schließlich geringer Masse hinunter. Während die «Entwicklungswege» die Aufeinanderfolge der verschiedenen beobachtbaren «Zustände» eines Sterns gegebener Masse beschreiben, geben «Isochronen» an, bei welchen Zuständen wir Sterne unterschiedlicher Masse, aber einheitlichen Alters, finden werden. Die Bedeutung dieser Isochronen liegt darin, daß sie direkt mit Beobachtungen verglichen werden können. Die Altersangaben an einer Isochrone geben das Zeitintervall an, das verflossen ist, seitdem der Stern seine Energieproduktion durch Fusion von Wasserstoff in Helium begonnen hat. Das ist natürlich genaugenommen nicht das Gesamtalter des Sterns, denn er mußte ja erst aus dem interstellaren Gas und Staub zu einem großen, dichten Gasball kontrahieren, bis die Fusionsprozesse in seinem Inneren anlaufen konnten.

Unsere Kenntnis von der Sternentstehung und den dabei wichtigen Phänomenen wird in einem späteren Kapitel besprochen. Man kann aber schon ohne Kenntnis der genauen Details abschätzen, daß diese Kontraktionszeit viel kürzer sein muß als die Lebensdauer eines Sterns auf der Hauptreihe. Die sogenannte Kelvin-Helmholtz-Kontraktionszeit beträgt nur $6 \cdot 10^4$ Jahre für einen späteren B0-Stern mit 15 Sonnenmassen, für unsere Sonne ist sie etwa $6 \cdot 10^7$ Jahre, und ein M-Stern mit 0.5 Sonnenmassen benötigt ca. $2 \cdot 10^8$ Jahre. Dies sind so geringe Bruchteile der Hauptreihen-Lebensdauer, daß man keinen nennenswerten Fehler begeht, wenn man das Alter der Sterne mit ihrer Verweilzeit auf der Hauptreihe gleichsetzt.

Durchmustert man das Band der Milchstraße auf photographischen Aufnahmen, findet man immer wieder isolierte Gebiete, in denen die Anzahl der Sterne wesentlich größer ist als in den Nachbarbereichen. Dies sind sogenannte Sternhaufen. Einige sind bereits mit dem bloßen Auge sichtbar, die bekanntesten sind die Plejaden – das Siebengestirn – und die Hyaden.

Bei diesen Sternhaufen handelt es sich um echte Verdichtungen der räumlichen Sterndichte. Genaue Untersuchungen haben gezeigt, daß die meisten aus bis zu einigen 1000 Sternen bestehen, die relativ eng im Raum beieinander stehen. Wie wir später sehen werden, gibt es gute Gründe für die Annahme, daß all diese Sterne praktisch gleichzeitig entstanden sind – die Sterne eines Sternhaufens müssen daher alle gleich alt sein. Ihr Farben-Helligkeits-Diagramm sollte also auch wie eine Isochrone aussehen. Da aber verschiedene Sternhaufen sehr wohl unterschiedliche Alter haben können, ist es zu erwarten, daß ihre Farben-Helligkeits-Diagramme ein unterschiedliches Aussehen besitzen.

Gerade dies wird in der Tat beobachtet. Während alle Sternhaufen für ihre lichtschwachen Mitglieder eine wohldefinierte Hauptreihe aufweisen, ist der Verlauf für die hellen Sterne von Sternhaufen zu Sternhaufen unterschiedlich. Der Vergleich mit den theoretischen Isochronen erlaubt so eine unmittelbare Altersbestimmung. Damit steht der Astronomie ein sehr leistungsfähiges Klassifikationskriterium zur Verfügung. Insbesondere wurden erste Ansätze einer «geschichtlichen» Einordnung erstmals möglich.

Ich kann mich noch gut an die Aufregung erinnern, in die uns diese Möglichkeiten versetzten, als wir als Studenten in der zweiten Hälfte der fünfziger Jahre zuerst von diesen Untersuchungen erfuhren. In Seminaren versuchten wir, die Grundlagen dieser Behauptungen zu verstehen. Heute wird über Sternentwicklung in jeder einführenden Vorlesung berichtet, und die dazugehörenden Begriffe gehören zum selbstverständlichen Rüstzeug jeder Astronomievorlesung. Damals war es aber Neuland, und viele ältere Kollegen taten sich schwer, diese Vorstellungen zu übernehmen.

Ein Mißverständnis ist auch heute noch weit verbreitet; es wird durch die englische Bezeichnung für Sternentwicklung, «stellar evolution», gefördert: Sternentwicklung wird gelegentlich als Analogie zur biologischen Evolutionstheorie gesehen. Dies ist nicht richtig. Während die biologische Evolution sich durch den Überlebens-Vorteil der am besten angepaßten Modifikation aus der Vielzahl der Varianten in der Nachkommenschaft ergibt, hat die Sternentwicklung nichts mit solchen Überlegungen zu tun. Die Umgebung spielt praktisch nie eine Rolle, es handelt sich auch nicht um das Durchsetzen besonders gut angepaßter Variationen oder ähnliches, sondern nur um die gesetzmäßige Aufeinanderfolge von inneren Zuständen eines Sterns. Die Sternentwicklung ist eher mit der Abfolge verschiedener Zustände zu vergleichen, die beim Abbrennen eines Kohleofens ablaufen, als mit den Vorgängen, die nötig sind, damit eine biologische Art sich an die Veränderungen ihrer ökologischen Nische anpaßt.

Kapitel 4: Zwischen den Sternen

Wie leer ist der Raum zwischen den Sternen?

Als *Friedrich Wilhelm Bessel* 1838 als erster einen echten Meßwert für die Entfernung zu einem benachbarten Fixstern bestimmte, bestätigte er nur, was man schon lange vermutet hatte: Der Abstand zwischen der Sonne und den Nachbarsternen ist viel größer, als es die Entfernungen der Planeten untereinander sind. Für die Entfernung zum Stern 61 Cyg bestimmte *Bessel* das 600000fache der Entfernung Erde – Sonne. Damit wurde gleichzeitig gezeigt, daß dieses riesige Volumen praktisch leer ist, wenigstens, wenn man dies mit irdischen Maßstäben mißt.

Der interstellare Raum muß daher recht transparent sein, die Durchsicht bis zu den nächsten Sternen kann sicher nicht stärker gestört sein, als es etwa die Beeinträchtigung durch die Erdatmosphäre verursacht. Da aber die Erdatmosphäre ihre optische Wirkung auf einer Wegstrecke von höchstens 30 km ausübt, dem interstellaren Medium dafür jedoch viele Lichtjahre, also wenigstens 30 Billionen km zur Verfügung stehen, kann die mittlere Dichte in diesem Medium höchstens den billionsten Teil der Luftdichte betragen.

Dies ist, gemessen an irdischen Verhältnissen, ein phantastisch gutes Vakuum, das z.B. mehr als 10000mal besser als dasjenige in Fernseh-Bildröhren ist! Und dieses ist nur eine obere Grenze, die wahren Werte sind viel niedriger, wie sich herausgestellt hat. Wenn somit sichergestellt ist, daß das klassische Gesetz der Lichtausbreitung bis hin zu den nächsten Sternen Gültigkeit hat, daß also die gemessene Helligkeit einer Lichtquelle mit dem Quadrat ihrer Entfernung abnimmt, so muß zunächst offenbleiben, ob dies auch für größere Entfernungen gilt oder ob doch irgendwann mit Absorptionseffekten gerechnet werden muß.

Immer wieder wurden Befürchtungen laut, daß eine solche Absorption vorhanden sein könnte, aber es gab keine überzeugenden Beweise, weder für ihre Existenz noch für ihr Fehlen. Die interstellare Absorption war wie das Gerücht von einem Gespenst in einer Schloßruine. Für und Wider wurden mit Leidenschaft, aber ohne echte Evidenz, vertreten. Und da viele Überlegungen einfacher wurden, wenn keine interstellare Absorption berücksichtigt werden mußte, überwog die skeptische Meinung, nach der es keine interstellare Absorption geben sollte. Uns ist dies heute nur noch schwer verständlich, für uns erscheint die Existenz der interstellaren Extinktion in jeder langbelichteten Aufnahme eines Milchstraßenfeldes direkt greifbar zu sein – aber noch gegen 1925 interpretierte man diese Bilder ganz anders.

Dies änderte sich erst 1930, als *Robert Trümpler* (1886–1956) durch einen direkten Vergleich geometrischer und photometrischer Entfernungen von offenen Sternhaufen nachwies, daß im Mittel 58% des Lichts auf einer Strecke von 1000 pc, d.h. 3240 Lichtjahren, absorbiert wird. Trümplers Arbeit bildete den Durchbruch, spätere Untersuchungen haben nur die Zahlenangaben modifiziert, die Existenz einer allgemeinen interstellaren Absorption wurde immer wieder bestätigt.

Der interstellare Staub

Der geringe Betrag der Lichtschwächung pro Entfernungseinheit macht es verständlich, warum es so schwierig war, einen gesicherten Nachweis einer allgemeinen interstellaren Absorption zu führen, denn die Wirkung wächst exponentiell mit der Entfernung an. Während aus 500 pc Entfernung noch 65% des Lichts ungestört zum Beobachter gelangen, fällt dieser Anteil für 2000 pc auf 18%, und aus 5000 pc erreicht uns gerade noch 1% des Betrages, den wir empfangen würden, wenn es keine Absorption gäbe. Die Auswirkung der allgemeinen interstellaren Absorption ist daher nur für sehr entfernte Sterne deutlich bemerkbar, die Sterne der unmittelbaren solaren Umgebung sind kaum meßbar beeinflußt.

Licht verschiedener Wellenlänge wird mit unterschiedlicher Stärke betroffen: Die Wirkung ist um so stärker, je kürzer die Wellenlänge ist, sie ist also im UV größer als im roten Spektralbereich, und im nahen Infrarot wird sie fast unmerkbar gering. Diese Tatsache eröffnet eine bequeme Möglichkeit, die genauen Eigenschaften der interstellaren Extinktion zu untersuchen, indem man die spektralen Energieverteilungen von Sternen miteinander vergleicht. Wählt man Sterne aus, deren Linienspektren möglichst

gleich aussehen, dann ist man sicher, daß sie als Lichtquellen
identische Eigenschaften haben müssen, da identische physikalische Parameter wie Masse, Radius und Temperatur zugrunde
liegen. Für eine solche Auswahl ist das Linienspektrum besonders
gut geeignet, da sein Aussehen von einer eventuell vorhandenen
interstellaren Absorption kaum beeinflußt wird.

Wenn dann für diese Sterne unterschiedliche Energieverteilungen gemessen werden, kann der Grund dafür nur in der interstellaren Absorption liegen, denn die Lichtausbreitung im Raum
allein ändert ja die Energieverteilung im Spektrum nicht. Auf
diese und ähnliche Weise konnte gezeigt werden, daß mit der
Absorption des Sternlichts stets eine Rötung verbunden ist, ganz
so, wie wir es auch bei der Einwirkung der Erdatmosphäre auf
die untergehende Sonne bemerken. Der blaue Anteil des Lichts
wird stärker geschwächt als der rote, daher wird der gesamte
Farbeindruck zum Roten hin verschoben.

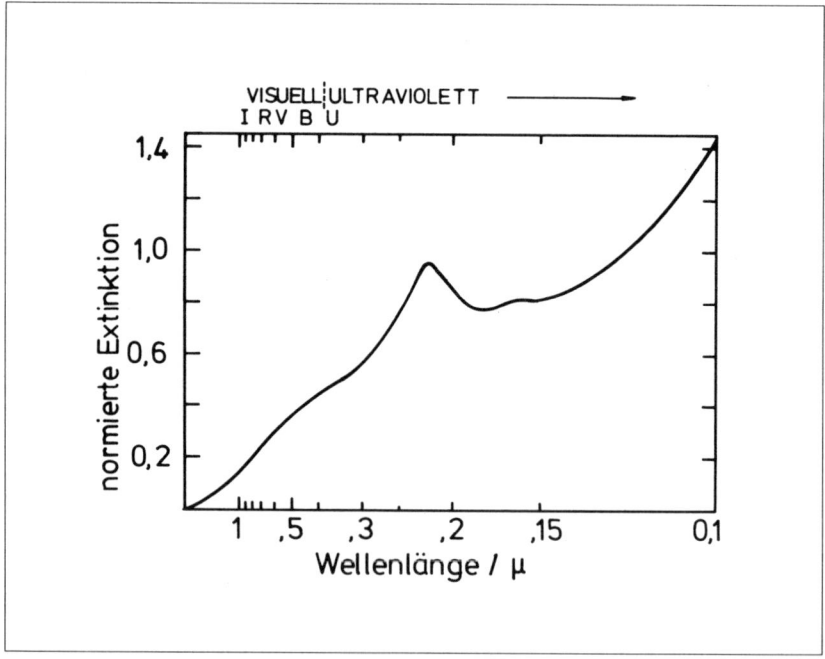

Abb. 9
Die Wellenlängenabhängigkeit der Staubextinktion. Das Extinktionsmaximum
bei $\lambda = 0.25\,\mu$ im ultravioletten Spektralbereich wird wahrscheinlich durch komplizierte Kohlenstoffverbindungen hervorgerufen. Es ist aber bisher noch keine
sichere Identifizierung möglich.

Das Ergebnis ist eine Kurve der Wellenlängenabhängigkeit der interstellaren Extinktion, und natürlich gibt es dann die Hoffnung, daß aus dieser Kurve ebenso auf die Absorptionsmechanismen geschlossen werden kann, wie es bei der Deutung der Sternspektren durch chemische Zusammensetzung und physikalischen Zustand der Sternatmosphären der Fall war. Aber anders als die Sternspektren weist das Spektrum der interstellaren Extinktion kaum Details auf, es besteht aus einer glatten Kurve, die gleichmäßig vom Infraroten zum Ultravioletten hin ansteigt und nur im ultravioletten Bereich bei $\lambda \approx 230$ nm einen breiten «Buckel» aufweist. Wenn man daher ein Sternspektrum als einen «Fingerabdruck» bezeichnet, dann kann es sich bei der Extinktionskurve nur um eine «Fußspur» handeln, welche die Wahl unter den möglichen Verursachern nur wenig einschränkt.

Ein solch unscharfes Bild wird auch gezeichnet, wenn man die mögliche Physik der interstellaren Extinktion untersucht. Als Ursache kommen gasförmige Substanzen, seien es Atome oder komplexe Moleküle, nicht in Betracht, da diese alle ein scharfes

Abb. 10
Der offene Sternhaufen NGC 6520 und eine Staubwolke. Während der Sternhaufen vor einem Hintergrund vieler schwacher Sterne wahrscheinlich in einem Gebiet mit geringer Extinktion steht, verschluckt unmittelbar daneben eine große Staubwolke den Hintergrund.

Linien- oder Bandenspektrum besitzen. Staubkörner oder Flüssig-
keitströpfchen dagegen weisen eine Absorptionswirkung auf, die
sich über einen weiten Wellenlängenbereich erstreckt. Ihre optischen Eigenschaften werden durch die Miesche Beugungstheorie
beschrieben. Danach absorbieren sie nur solches Licht, dessen
Wellenlänge kürzer als ihr Umfang ist. Die Wirkung ist dabei
relativ unabhängig von allen anderen Eigenschaften, ob sie fest
oder flüssig sind und wie ihre chemische Zusammensetzung auch
immer sein mag.

Das gemessene Spektrum der Extinktion ist gut durch ein
Gemisch verschieden großer Teilchen mit Durchmessern zwischen 0.1 μm und einigen μm zu erklären. Über ihre chemische
Zusammensetzung liegt praktisch keinerlei direkte Evidenz vor.
Allein das Extinktionsmaximum bei der Wellenlänge von 230 nm
legt die Vermutung nahe, daß Kohlenstoff in fester Form beteiligt
sein dürfte.

Natürlich gibt es zahlreiche Spekulationen über die Zusammensetzung des interstellaren Staubes. Wenn die universelle Häufigkeitsverteilung der chemischen Elemente, wie sie für die Sterne
mit geringen Ausnahmen gilt, auch für das interstellare Medium
Gültigkeit hat, dann wird der Staub vorwiegend aus Silizium und
Kohlenstoff bestehen, das in den kalten Partien des interstellaren
Mediums von Eis und eventuell sogar von gefrorenem Wasserstoff umhüllt ist. In den meisten Gegenden des interstellaren
Mediums scheint dieser Staub ziemlich einheitlich aufgebaut zu
sein, nur in solchen Gegenden, in denen erst kürzlich, d.h. innerhalb der letzten wenigen Millionen Jahre, neue Sterne entstanden
sind, hat er einen abweichenden Aufbau, der sich auch in einem
unterschiedlichen Verlauf der Extinktionskurve äußert.

Wenn man einmal von der Existenz von interstellarem Staub
überzeugt ist, dann kann man seine Spuren sogar mit dem
bloßen Auge am Himmel finden. Die nördliche Milchstraße zeigt
ja eine Teilung in zwei Arme, die vom Sternbild des Ophiuchus
bis zum Cygnus, dem Schwan, reicht und die durch eine langgestreckte Dunkelwolke aus interstellarem Staub hervorgerufen
ist. Der «Kohlensack» im Kreuz des Südens ist ein anderes
Beispiel, das allerdings nur einen Winkeldurchmesser von einigen Grad hat.

Wilhelm Herschel deutete gegen 1800 diese Beobachtungen
noch völlig anders: Die Teilung der Milchstraße zeigte für ihn an,
daß diese aus zwei leicht gegeneinander geneigten Ringen be-

Abb. 11
Milchstraßenfeld mit Sternwolken und Vordergrundabsorption. Die Aufnahme
überdeckt ein Feld von fast 50°.

steht, während der Kohlensack für ihn ein Loch in der gleichmäßi-
gen Sternverteilung repräsentierte. Wir wissen heute, daß diese
Deutungen falsch sind, schon *Max Wolf* (1863–1932) konnte 1923
zeigen, daß die «Sternleeren» durch interstellare Absorption verursacht werden; er konnte sogar aus einem Vergleich der Stern-
zahlen im Gebiet der Dunkelwolke mit denjenigen außerhalb
einen Schätzwert für den Absorptionsbetrag und die Entfernung
der Wolke bestimmen. Auf Milchstraßenaufnahmen, die bis zu
schwachen Sternhelligkeiten reichen, findet man zahlreiche solcher Dunkelwolken – so viele, daß wahrscheinlich die «allgemeine
interstellare Absorption» nur die Überlagerung der Absorptionen
vieler solcher Einzelwolken darstellt.

Interstellares Gas

Staub ist aber nur eine Form der interstellaren Materie, eine andere,
die – wie sich herausstellt – den Hauptbestandteil der interstellaren
Materie ausmacht, ist gasförmig. Gasförmige Materie ist aber viel
direkter aufgrund ihrer Linienstrahlung nachweisbar, wenn nur
bestimmte physikalische Grundbedingungen erfüllt sind.

Die Existenz von gasförmiger interstellarer Materie wies *Johannes Hartmann* (1865–1936) schon 1904 nach, als er ein völlig anderes Problem untersuchte. Der Stern δ Orionis ist ein spektroskopischer Doppelstern, d.h. ein Doppelstern, dessen beide Komponenten so eng beieinanderstehen, daß sie im Fernrohr nicht getrennt werden können. Da sie aber einander mit einer Periode von nur 5.7325 Tagen umkreisen, besitzen sie eine beträchtliche Bahngeschwindigkeit mit einer Radialgeschwindigkeitskomponente, die im Laufe eines Umlaufs zwischen + 135 km/s und – 79 km/s variiert. Solche Radialgeschwindigkeiten wirken sich als geringfügige Verschiebung der Spektrallinien des Sterns in seinem Spektrum aus. Für den spektroskopischen Doppelstern ist diese Verschiebung deshalb zeitlich variabel.

Hartmann hatte am Astrophysikalischen Observatorium in Potsdam eine lange Reihe von Spektren für δ Orionis aufgenommen, bei deren Analyse ihm auffiel, daß eine einzelne Linie, die sogenannte K-Linie des einfach ionisierten Kalziums, die periodischen Verschiebungen der anderen Linien nicht mitmacht. Die Kalziumatome, die für die Linienabsorption verantwortlich sind, konnten daher nicht mit dem Doppelsternsystem verbunden sein. Er folgerte deshalb, daß «es irgendwo im Raum auf dem Sehstrahl zwischen Sonne und δ Orionis eine Gaswolke aus Kalzium geben muß, welche diese Absorption hervorruft». Diese Linie der «ruhenden Kalziumwolke» unterscheidet sich noch in einer weiteren Eigenschaft von den anderen Linien des Sternspektrums: Ihre Breite ist viel geringer, sie ist viel schärfer als die Sternlinien. Dieses Unterscheidungskriterium kann man auch dann anwenden, wenn der betreffende Stern kein spektroskopischer Doppelstern ist mit Linien, deren Lage sich im Spektrum periodisch verschiebt, sondern ein Stern mit zeitlich unveränderlichen Linien.

Im Laufe der nächsten 50–60 Jahre wurden daher zahlreiche Sterne gefunden, in deren Spektren solche interstellaren Linien entdeckt wurden, und zwar nicht nur die Linie des einfach ionisierten Kalziums, sondern auch solche von neutralem Natrium, von neutralem Kalium und Eisen und Linien der Moleküle CH und CN. Diese Auswahl kann kaum nur von der chemischen Zusammensetzung des interstellaren Mediums gesteuert sein. Sie mußte, wie in den Sternatmosphären auch, ein Ausdruck der physikalischen Zustände im interstellaren Raum sein.

Heißes und kaltes Gas

Es dürfte einsehbar sein, daß die physikalischen Bedingungen im interstellaren Medium durchaus unterschiedlich sein können, je nachdem ob ein heißer, heller Stern in der Nähe ist oder nicht. Schon 1938 zeigte *Bengt Strömgren* (1908–1987), daß ein heißer Stern mit einer Oberflächentemperatur von mehr als 20 000° K alles Wasserstoffgas in seiner Umgebung stark aufheizt und zum Leuchten anregt. Solche Gebiete werden als HII-Gebiete oder Strömgren-Sphären bezeichnet, weil sie für den Idealfall eines Mediums konstanter Dichte Kugelform haben. In der Realität sind die Formen unregelmäßig, der Orion-Nebel und der Nordamerika-Nebel sind bekannte Vertreter dieses Wolkentyps. Es handelt sich um unregelmäßig geformte Gebilde, die im roten Licht der Hα-Linie des Wasserstoffs leuchten.

Im interstellaren Raum ist somit sicher Wasserstoffgas vorhanden, es müssen aber ganz besondere Bedingungen erfüllt sein, damit er nachweisbar wird. Nur wenn dieses Gas durch benachbarte O-Sterne auf etwa 10000° K aufgeheizt wird, sind die bekannten Spektrallinien des Wasserstoffs in Emission sichtbar, das kalte Gas in größeren Entfernungen von den heißen Sternen bleibt unsichtbar. Allerdings sind die Verhältnisse im interstellaren Raum so stark von denen in irdischen Laboratorien verschieden, daß auch die physikalischen Abläufe anders sind. Man bezeichnet dies als «Abweichung vom thermodynamischen Gleichgewicht».

Wenn Lichtstrahlung mit ihrer Umgebung im Gleichgewicht ist, dann besteht ein direkter Zusammenhang zwischen der räumlichen Energiedichte der Strahlung und deren Energieverteilung. Dieser Zusammenhang wird durch das Plancksche Strahlungsgesetz beschrieben, dessen Bedeutung man am besten einsieht, wenn man das Photonen- oder Lichtquantenbild zugrunde legt.

Danach kann die Wechselwirkung von Strahlung mit Materie nur verstanden werden, wenn die Strahlungsenergie in Lichtquanten «gebündelt» ist. Der Energiegehalt eines Photons hc/λ hängt dabei nur von der Wellenlänge des Lichtes ab. Die Strahlung eines gesamten Wellenlängenbereichs wird daher durch das Gemisch von Lichtquanten unterschiedlicher Energie beschrieben, die gesamte Energiedichte durch die Gesamtzahl der Photonen (pro Volumeneinheit). Breitet sich nun Strahlung im Raum aus, dann nimmt die Volumendichte der Photonen ab, das einzelne

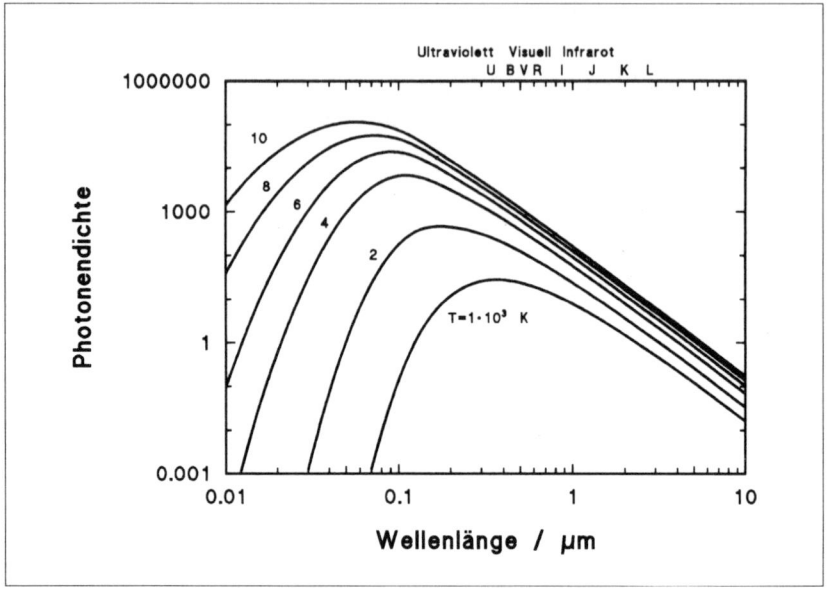

Abb. 12
Die Anzahldichte der Photonen von Hohlraumstrahlung verschiedener Temperatur (von 1000–10 000° K) als Funktion der Wellenlänge.

Photon bleibt aber unverändert, und man sagt, die Strahlung sei
«verdünnt».

Mit Hilfe dieses Bildes kann man die Wechselwirkung von
Sternstrahlung und Wasserstoffgas verstehen. Ein heißer Stern
sendet zahlreiche Photonen aus, deren Energie ausreicht, ein neutrales Wasserstoffatom zu ionisieren, also das an den Atomkern
gebundene Elektron abzulösen. Die so erzeugten freien Elektronen «rekombinieren» nach einiger Zeit spontan mit den nackten
Atomrümpfen des Wasserstoffs – den Protonen. Dabei senden sie
die überschüssige Energie in Form von Lichtstrahlung wieder aus,
sie «leuchten» in den Wellenlängen der bekannten Balmerserie des
Wasserstoffs. Die Strahlung nennt man daher auch «Rekombina-
tionsstrahlung».

In der Nähe des Sterns sind viele Photonen vorhanden, die
eine Energie besitzen, die ausreicht, den Wasserstoff zu ionisieren,
so daß das Gas praktisch vollständig ionisiert wird. Dadurch
werden aber gerade diese Photonen aufgebraucht, und von einer
bestimmten Entfernung an, deren Wert sowohl vom Typ des be-

Abb. 13
Der Rosettenebel, ein leuchtender Gasnebel in der Milchstraße. Das rote Licht
stammt vorwiegend vom Wasserstoff, der von der UV-Strahlung des zentralen
Sternhaufens NGC 2244 zum Leuchten angeregt wird. Die Strahlung und der
Sternwind haben ausgereicht, ein Loch mit etwa 6 pc Radius in den Gasnebel zu
blasen, während der Nebel selbst eine Kugel mit einem Radius von ca. 17 pc ist.
Während die leuchtende Materie des Rosettenebels etwa 30 000 Sonnenmassen
beträgt, ist die Gesamtmasse des Komplexes etwa 10mal so groß.

leuchtenden Sterns als auch von der Gasdichte des Mediums
abhängt, fehlen sie im Licht des Sterns. Damit kann das Sternlicht
das interstellare Gas nicht mehr ionisieren, dieses bleibt somit
praktisch neutral. Und dann wird dort auch keine Rekombinationslinienstrahlung mehr ausgesandt, das Gas wird durchsichtig
– unsichtbar – und kann im visuellen Spektralbereich nicht mehr
nachgewiesen werden.

Die Entdeckung der 21-cm-Linie des neutralen Wasserstoffgases

Eine Methode, wie auch kaltes, neutrales Wasserstoffgas nachgewiesen werden kann, hatte schon 1944 *van de Hulst* in den Niederlanden vorgeschlagen. Weit von anregenden heißen Sternen entfernt, gibt es kaum Photonen, die den Wasserstoff in einen «angeregten» Zustand versetzen können. Nun gibt es aber im neutralen

Wasserstoffatom im Grundzustand, also in dem Zustand, der sich spontan einstellt, wenn keine Störungen vorliegen, zwei Möglichkeiten, wie sich das Eigenmagnetfeld des Atomkerns und des Bahnelektrons einstellen können: entweder so, daß die Magnetfelder parallel ausgerichtet sind, die beiden Nordpole also in die gleiche Richtung weisen, oder so, daß die Magnetfelder antiparallel ausgerichtet sind. Die Gesamtenergie in der zweiten Anordnung ist um ein ganz geringes Maß niedriger als bei paralleler Ausrichtung der Magnetfelder. Wenn nun ein Atom spontan von dem Zustand mit paralleler Ausrichtung in denjenigen mit antiparalleler Ausrichtung übergeht, dann wird die Differenzenergie als Photon abgestrahlt. Allerdings ist die Wellenlänge dieser Strahlung wegen des geringen Energieunterschieds sehr groß – sie beträgt 21.1 cm, liegt also im Radiobereich.

Ein solches spontanes Umklappen der Magnetfelder kommt sehr selten vor, erst nach 10 Millionen Jahren ist die Hälfte der angeregten Atome «umgekippt». *Van de Hulst* konnte aber 1944 noch als Student zeigen, daß die resultierende 21.1-cm-Linie eine meßbare Intensität haben müßte. Daher unternahmen die holländischen Astronomen nach dem Krieg unter Leitung von *Jan Oort* (geb. 1900) große Anstrengungen, ein Empfangsgerät für diese Strahlung zu bauen.

Sie gründeten zusammen mit Wissenschaftlern des Philips Laboratoriums die «Netherlands Foundation of Radio Astronomy», und ihre ersten Radioteleskope waren einige zurückgelassene 7.5-m-Radar-Parabolantennen der deutschen Wehrmacht, sogenannte «Würzburg-Riesen». Mit der Empfangsapparatur für die Linienstrahlung gab es allerdings Probleme, und zu guter Letzt, als fast alles fertig war, brannte die gesamte Installation auch noch ab.

So kam es, daß die 21-cm-Linie zuerst durch die amerikanische Gruppe *Ewen* und *Purcell* am 25.3.1951 nachgewiesen wurde. Die Gruppe um *Oort* war am 11.5.1951 erfolgreich, und eine australische Forschergruppe – *Christiansen* und *Hindmann* vom Radiophysics Laboratory in Sydney – konnte die Linie schließlich am 14.6.1951 nachweisen. Die Entdeckung wurde dann gemeinsam in drei kurzen Mitteilungen in einem Heft der Zeitschrift «Nature» mitgeteilt.

Die holländische Gruppe um *Oort* hatte zwar nicht die 21-cm-Linie als erste nachgewiesen, sie machte aber den wirkungsvollsten astronomischen Gebrauch davon. In den nächsten Jahren

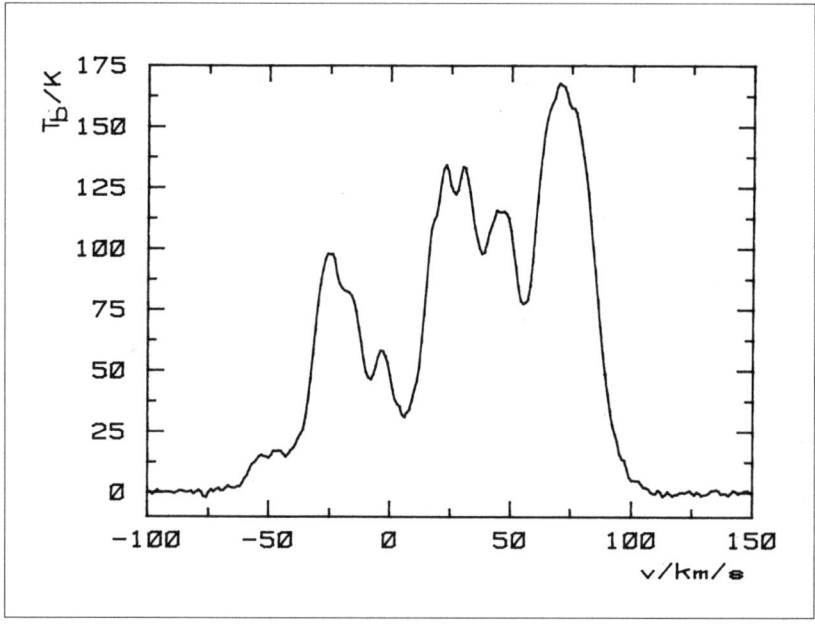

Abb. 14
Galaktisches 21-cm-Linienprofil nach Messungen mit dem 100-m-Teleskop in Effelsberg. Die Frequenz wird nach dem Dopplerprinzip in Radialgeschwindig-keiten umgerechnet, und so zeigt ein solches Linienprofil, bei welchen Radialge-schwindigkeiten in einer gegebenen Richtung interstellares Wasserstoffgas vor-gefunden wird. Die großen Maxima sind durch Spiralarme hervorgerufen wor-den, während die kleineren Fluktuationen der Strahlungsintensität durch einzelne Gaswolken im Sehstrahl erzeugt werden.

erschien eine schnelle Folge großer Arbeiten, in denen mit Hilfe dieser interstellaren Linie Fragen der galaktischen Astronomie bearbeitet wurden. Es war nun plötzlich möglich geworden, quer durch unsere Galaxis hindurchzuschauen, früher unsichtbares interstellares Gas über die gesamte Galaxis hinweg sichtbar zu machen und so Probleme der galaktischen Kinematik und Dyna-mik aufzuklären, deren Lösbarkeit vorher niemand zu hoffen gewagt hatte. Wir werden auf diese Fragen im nächsten Kapitel näher eingehen. Hier mag es genügen, auf die Konsequenzen für unsere Vorstellungen von der interstellaren Materie hinzuweisen.

   Die Tatsache, daß wir 21-cm-Linienstrahlung von praktisch jedem Ort nahe der galaktischen Ebene empfangen, macht deut-lich, daß der neutrale Wasserstoff tatsächlich einigermaßen gleichmäßig verteilt ist. Aus der Linienintensität kann man die mittlere Gasdichte abschätzen, und man kommt auf Werte von nur 0.3‹0.5 Wasserstoffatomen pro cm^{-3}. Das scheint eine sehr geringe Dichte zu sein, führt aber dazu, daß die interstellare Materie in Form von Wasserstoffgas immerhin um einen Faktor 100–200 massereicher ist als solche in Form von Staub.

Das ist ein sehr bemerkenswertes Resultat, denn es führt dazu, daß die Anzahl Silizium- und Kohlenstoffatome im interstellaren Medium, die allgemeine kosmische Häufigkeitsverteilung der chemischen Elemente vorausgesetzt, gerade ausreicht, um die beobachtete Materiedichte in Form von Staub zu verstehen. Denn man wird ja vernünftigerweise annehmen müssen, daß die Kohlenstoff- und Siliziumatome in Form von festen Partikeln ausgefällt und gebunden sind. Dies heißt allerdings nicht, daß es eine wirklich brauchbare Theorie der Staubentstehung im interstellaren Medium gibt – hier fehlt es sogar an Ansätzen.

Die 21-cm-Linienstrahlung erlaubte weiterhin eine echte Temperaturmessung im Gas. Die Resultate sorgten zunächst mehr für Verwirrung, als daß sie eine Erklärung für die Phänomene lieferten. Es gibt starke Temperaturunterschiede im Gas, es gibt kalte Wolken mit Temperaturen von nur wenigen Grad über dem absoluten Nullpunkt, aber es gibt auch warme oder heiße Gebiete mit Temperaturen von einigen 100 bis hin zu 1000–2000° K.

Gebiete mit noch wesentlich höheren Temperaturen sind ebenfalls vorhanden. Da dann aber der Wasserstoff voll ionisiert ist, können diese Gebiete nicht mit Hilfe der 21-cm-Linie nachgewiesen werden, hier bedarf es anderer Methoden.

Andere Radiolinien des interstellaren Gases

Der große Erfolg des Nachweises von neutralem Wasserstoff mit Hilfe radioastronomischer Messungen legte es natürlich nahe zu versuchen, auch andere Atome oder Moleküle auf diese Art nachzuweisen. Der wohl wichtigste Kandidat, molekularer Wasserstoff H_2, kam leider hierfür nicht in Frage, denn dieses Molekül sendet aus Gründen, die nur mit Hilfe quantenmechanischer Argumente verstanden werden können, keine Linienstrahlung im Bereich der Radiowellen aus. Dabei wäre sein Nachweis besonders wichtig, da dann eine vollständige Inventur des häufigsten Elements im interstellaren Raum möglich wäre. So ist man für den Nachweis von H_2 auf Linien im Vakuum-UV angewiesen, die nur

mit Hilfe von Raketen oder Satelliten von außerhalb der Erdatmosphäre nachgewiesen werden können. Diese Linienstrahlung hat
zusätzlich noch den Nachteil, daß sie stark vom interstellaren
Staub absorbiert wird, ihre Reichweite somit auf die nähere Umgebung der Sonne (einige 100 Lichtjahre) beschränkt ist.

Auch Helium (He) kann in größerer Entfernung von heißen
Sternen aus den gleichen quantenmechanischen Gründen nicht
nachgewiesen werden. Dies ist besonders dann bedauerlich, wenn
es um die Überprüfung von Theorien der Elemententstehung
geht, wie sie im Zusammenhang mit kosmologischen Überlegungen wichtig sind. Aber abgesehen von diesen Einschränkungen
hat sich die Untersuchung von Molekülen im interstellaren Medium als ein fruchtbares und interessantes Forschungsgebiet erwiesen, in dem es viele Überraschungen gab. Die ersten Moleküle,
deren Existenz auf diese Weise nachgewiesen wurde, waren noch
recht einfach und paßten zu dem, was man erwartete.

Da der Nachweis von molekularem Wasserstoff im interstellaren Medium nur sehr bedingt möglich ist, hat man nach Ersatz-
Spurenelementen gesucht, deren Verteilung als Maß für die H_2-
Dichte genommen werden kann, die aber leichter zu messen sind.
Einen solchen Stoff glaubt man im CO-Molekül gefunden zu
haben. Die Häufigkeit der CO-Moleküle macht zwar nur einen
ganz geringen Bruchteil der H_2-Dichte aus (*Frerking*, *Langer* und
Wilson finden 1982 ein Verhältnis von $\approx 10^7$ dafür), dafür erzeugt
diese geringe Zahl von CO-Molekülen aber eine gut meßbare
Linie. Ob aber die H_2-Dichte tatsächlich proportional zur gemessenen CO-Dichte ist, hängt doch entscheidend von den bisher
immer noch unklaren Bildungsmechanismen für die jeweiligen
Moleküle ab. Die CO-Linienstrahlung erbrachte aber eine entscheidende Erkenntnis: Die Molekülstrahlung stammt fast ausschließlich von riesigen interstellaren Wolken, deren Masse, wenn
man alle Bestandteile zusammenzählt, in den Massenbereich vom
100 000- bis zum 10^6fachen der Sonnenmasse reicht. Diese Riesen-
Molekülwolken gehören damit neben den Kugelsternhaufen zu
den massereichsten Gebilden in der Galaxis.

In dichten Dunkelwolken wurden Absorptionslinien des OH-
Radikals entdeckt: vier Linien mit einer Wellenlänge von etwa 18
cm, deren relative Stärke gut zu der Tatsache paßte, daß diese Linien von kaltem Gas absorbiert wurde. Ein Radikal ist ein Komplex,
dessen chemische Bindungen nicht abgesättigt sind. Wenn es in die
Nähe eines anderen Moleküls kommt, wird es daher sofort sehr

heftig reagieren. Unter Laborbedingungen sind solche Stoffe daher nur sehr kurzlebig, im Weltenraum können sie dagegen unter günstigen Umständen sehr lange überleben. Aber dann beobachtete man diese Linien an anderen Positionen mit relativen Intensitäten, die überhaupt nicht zu diesem Bild paßten, ja in vielen Richtungen fand man diese Linie so stark in Emission, daß keine vernünftige Gastemperatur dafür verantwortlich gemacht werden konnte. Es stellte sich heraus, daß die OH-Linienstrahlung nur von einem MASER (vgl. Glossar) emittiert worden sein konnte.

Bald darauf wurde die Strahlung von viel komplexeren Molekülen nachgewiesen. War es noch keine Überraschung, die Strahlung von Wasserdampf (H_2O) und Ammonium (NH_3) zu entdecken, so war es deren Intensität um so mehr. Die H_2O-Linien haben bei manchen Quellen eine Intensität, die eine Gastemperatur von vielen Millionen Grad bedingen würde, wenn tatsächlich nur die Temperatur für die Linienstrahlung verantwortlich wäre. Natürlich muß es einen anderen Grund für die Strahlung geben, denn bei so hohen Gastemperaturen würde kein Molekül seine Einzelatome binden können. Die Strahlung wird durch MASER erzeugt, und es mag als bezeichnend gelten, daß die Maserlinien des interstellaren Wasserdampfes 1968 von dem gleichen amerikanischen Physiker *C. H. Townes* entdeckt wurden, der zusammen mit anderen 1954 den ersten technischen Mikrowellen-Maser konstruiert hatte und der später dafür den Nobelpreis erhielt. Es stellte sich also heraus, daß ein Teil der Molekülstrahlung im interstellaren Raum nicht ausgesandt wird, weil das Gas heiß ist, sondern weil ganz besondere, komplizierte physikalische Bedingungen am Ort der Linienentstehung herrschen.

Organisches Material im Kosmos?

Wie vielfältig und unterschiedlich die Bedingungen im interstellaren Medium sein können, sieht man auch daran, daß erstaunlich komplexe Moleküle nachgewiesen werden konnten. Es begann damit, daß ein «organisches» Molekül – Formaldehyd H_2CO – in Dunkelwolken entdeckt wurde. Die Strahlung auch dieses Moleküls zeigt an, daß sie nicht unter Bedingungen des thermodynamischen Gleichgewichts ausgesandt wird. Aber anders als die Wasserdampflinie ist die formale Entstehungstemperatur nicht höher als die echte Gastemperatur; in diesem Fall ist sie niedriger, so daß in der Linienstrahlung nicht die «Helligkeit» verstärkt wird, sondern die «Dunkelheit».

Die Fülle der «organischen» Moleküle, die in der Folgezeit entdeckt wurden, war kaum zu übersehen. Über Cynoacetylen HC_3N, Methylalkohol CH_3OH, Ameisensäure $HCOOH$, Äthylalkohol C_2H_5OH wurden immer mehr und immer komplexere Moleküle nachgewiesen. Neben wohlbekannten Vertretern der irdischen organischen Chemie wurden auch exotische Radikale gefunden, die unter irdischen Laboratoriumsbedingungen nur winzige Sekundenbruchteile existieren können, die aber unter den extrem andersartigen Bedingungen der interstellaren Wolken lange Zeit überleben können.

Überhaupt bedeutet der Nachweis «organischer» Verbindungen nicht, daß diese auf quasi-biologische Weise entstanden sein müssen. Im Gegenteil, die Existenz sehr reaktionsfreudiger Radikale und die Tatsache, daß ringförmige Molekülverbindungen des Kohlenstoffs, wie sie der Benzolring darstellt und die in der organischen Chemie eine sehr wichtige Rolle spielen, im interstellaren Raum bisher noch nicht nachgewiesen werden konnten, weisen darauf hin, daß die «interstellare Chemie» nichts mit Lebensphänomenen zu tun hat.

Vielleicht ist aber wichtig, daß «organisch» chemische Verbindungen in interstellaren Wolken in großen Mengen vorkommen, so daß sie zumindest als Rohstoff zur Verfügung stehen, wenn aus diesen Wolken Sterne und Planetensysteme entstehen sollten.

Ein völlig anderer Aspekt des interstellaren Mediums zeigt sich schließlich im Infraroten, einem Spektralbereich, der nur unter sehr großen Schwierigkeiten vom Erdboden aus gemessen werden kann, so daß die interessantesten Meßresultate von Raketen und Satelliten gewonnen wurden. Hier ist besonders IRAS, der *Infra-Rot-Astronomie-Satellit* zu erwähnen, der gemeinsam von den USA, Großbritannien und den Niederlanden 1983 für 10 Monate in einer Erdumlaufbahn Messungen durchführen konnte. In dieser Zeit hat der Satellit eine vollständige Karte der Helligkeitsverteilung des gesamten Himmels in vier Spektralbereichen bei $\lambda = 12, 25, 60$ und $100\ \mu m$ geliefert.

Anhand dieser Messungen konnten etwa 200000 Infrarotobjekte entdeckt werden, aber vielleicht noch wichtiger war, daß mit ihrer Hilfe das Leuchten des interstellaren Staubes nachgewiesen wurde. Wenn Staubkörner Sternlicht aus dem ultravioletten und visuellen Spektralbereich absorbieren, wird die Energie der absorbierten Photonen zum Aufheizen der Staubkörnchen verwendet. Zwar ist diese absorbierte Energie makroskopisch gesehen gering, sie reicht aber doch aus, die Staubkörnchen auf 20–30° K aufzuheizen. Staub einer solchen Temperatur strahlt aber seine thermische Energie weit im langwelligen Infrarot ab – also gerade dem Spektralbereich um 100 µm –, und tatsächlich ist die Strahlung des Staubes besonders gut bei dieser Wellenlänge zu beobachten. Man sieht dort weit ausgedehnte, leuchtende Wolken mit einer faserigen Struktur, die man aufgrund ihres Aussehens «interstellaren Cirrus» genannt hat.

Die Rolle des Magnetfeldes

Das interstellare Medium enthält außer Gas und Staub noch einen weiteren Bestandteil, den wir unter irdischen Bedingungen gar nicht als separate Größe betrachten, sondern immer nur als Folge anderer Ereignisse: ausgedehnte Magnetfelder. Unter Laboratoriumsbedingungen treten Magnetfelder immer nur als Wirkung von elektrischen Strömen auf. Wenn der Strom aufhört, fallen die Magnetfelder schnell zusammen. Stationäre Magnetfelder von Permanentmagneten sind Sonderfälle, die durch spezielle Materialeigenschaften der Ferromagnete möglich sind.

Die Zerfallskonstanten der Magnetfelder hängen aber von den geometrischen Dimensionen der Felder ab, sie wachsen quadratisch mit der geometrischen Skalengröße. Für ein Feld mit einem Durchmesser von 1 AU ist die Zerfallsdauer bereits länger als 10^9 Jahre. Man kann daher Magnetfelder in den meisten astronomischen Prozessen wie eine Substanz betrachten, die erhalten bleibt. Es gibt nun sehr klare Anzeichen dafür, daß das interstellare Medium solche Magnetfelder enthält, deren Stärke so groß ist, daß ihr Energiegehalt durchaus vergleichbar mit demjenigen anderer Komponenten ist.

Diese Magnetfelder können mit Hilfe der Radioastronomie nachgewiesen werden, und ihre Entdeckungsgeschichte reicht bis in das Jahr 1930 zurück. Um diese Zeit hatte man an verschiedenen Stellen gerade begonnen, «Kurzwellen» mit Wellenlängen < 100 m für interkontinentale Nachrichtenübermittlungen einzusetzen. Es zeigte sich aber, daß diese Wellen oft stark gestört wurden, und daher beauftragten die «Bell Telephone Laboratories» in den USA den jungen Ingenieur *Karl Guthe Jansky* (1905–1950) damit, diese Störungen genauer zu untersuchen.

In den folgenden Jahren 1932–1935 konnte *Jansky* zeigen,
daß nur ein Teil der Störungen einen irdischen Ursprung hat –
er rührt von großen tropischen Gewittern her –, ein großer Teil
aber nicht auf der Erde erzeugt wird. Indem er die Rausch-Stö-
rungen über mehrere Jahre verfolgte, konnte er sogar zeigen,
daß die Quelle nicht einmal in unserem Planetensystem zu suchen ist, sondern in Richtung des Zentrums der Milchstraße
liegen muß.

Was genau die Quelle der Störungen ist, konnte er nicht
herausfinden, und auch *Grote Reber* (geb. 1911), der die Radiomes-
sungen gegen 1940 wiederholte und verbesserte, konnte dieses
Rätsel nicht aufklären. Seine Messungen blieben ohnehin praktisch ohne Resonanz bei den Astronomen, die, von ganz wenigen
Ausnahmen abgesehen, ihre Bedeutung nicht erkannten. Erst
nach dem Krieg, als die Radarforschung die technischen Hilfsmittel bereitgestellt hatte, schlug die Stunde der Radioastronomie.

Die Lösung für die Frage nach dem Emissionsmechanismus
kam, wie so oft, als man sich das Spektrum dieser Radiosignale
anschaute. Ihre Intensität ist für lange Radiowellen mit Wellenlängen von einigen Metern sehr groß, nimmt aber schnell zu kürzeren
Wellenlängen hin ab. Vergleicht man dies mit der Strahlung eines
schwarzen Körpers, findet man deutliche Unterschiede. Auch ein
heißer schwarzer Körper sendet Radiowellen aus, aber sein Spektrum sieht ganz anders aus. Die galaktische Radiostrahlung von
Jansky und *Reber* war somit keine thermische Strahlung, sondern
eben «nichtthermisch», aber worum es sich dabei handelte, blieb
einige Jahre lang unklar. Dann zeigten Wissenschaftler aus Schwe-
den und aus Deutschland im Jahr 1950, daß es sich nur um sogenannte Synchrotronstrahlung handeln kann, die von Elektronen
der kosmischen Strahlung im interstellaren Magnetfeld ausgesendet wird.

Radiostrahlung als Signal für Wechselwirkungen

Die kosmische Strahlung oder Höhenstrahlung ist eine Partikel-
strahlung hochenergetischer Teilchen, Protonen, schwererer Elemente wie He bis hin zum Eisen Fe und auch Elektronen, die aus
dem Kosmos auf die Erdatmosphäre auftreffen. Ein Teil dieser
Strahlung wird in der Atmosphäre abgebremst und absorbiert,
daher nimmt die Intensität dieser Strahlung mit der Höhe über
dem Erdboden zu.

Wenn nun die Elektronen dieser Strahlung durch ein interstellares Magnetfeld laufen, erfahren sie elektromagnetische
Wechselwirkungen, Kräfte wirken senkrecht auf ihre Bahnbewegung ein, so daß die Bahn schließlich zu einem Kreis aufgewickelt
wird. Natürlich wirken die gleichen Kräfte auch auf die schwereren Partikel wie Protonen oder andere nackte Atomkerne ein, da
aber ihre Masse um mindestens einen Faktor 2000 schwerer als
die der Elektronen ist, werden diese Teilchen entsprechend weniger abgelenkt.

Wenn aber ein geladenes Teilchen auf eine gekrümmte Bahn
gebracht wird, sendet es elektromagnetische Strahlung aus, die
im Falle der hochenergetischen Elektronen der kosmischen Strahlung bis in den Radiowellenbereich reicht. Der Name «Synchrotronstrahlung» stammt daher, daß diese Strahlung zuerst bei einem Synchrotron gesehen wurde – in diesem Fall reichte sie sogar
bis in den Bereich des visuellen Lichts.

Solche Synchrotronstrahlung bildet also den größten Teil der
galaktischen Kontinuumsstrahlung. Dieser Name soll anzeigen,
daß die Strahlung über ein ganzes Kontinuum von Wellenlängen
meßbar ist, anders als die Linienstrahlung. Die 21-cm-Linienstrah-
lung ist ja praktisch monochromatisch.

Weder die Quelle der kosmischen Strahlung noch die des
interstellaren Magnetfeldes sind zunächst bekannt, sie werden
auch gar nicht benötigt, um einige wichtige Folgerungen aus den
Beobachtungen ziehen zu können. Die Intensität der Strahlung
hängt natürlich sowohl von der Flußdichte der kosmischen Elektronen wie von der interstellaren Magnetfeldstärke ab. Um aber
die gemessene Intensität zu erzeugen, muß die Gesamtenergie
von Magnetfeld plus Elektronenfluß einen bestimmten Wert erreichen. Die so geforderte Energiedichte ist durchaus vergleichbar
mit der thermischen Energie des Gases. Das Magnetfeld ist also
ein energetisch gleichwertiger Partner im interstellaren Medium!

Somit haben die neuen Beobachtungsmethoden in den letzten
30 Jahren gezeigt, daß das interstellare Medium ein Bereich ist, in
dem interessante und schwer zu deutende Prozesse ablaufen. Wir
sind noch weit davon entfernt, die Physik dieses Mediums voll zu
verstehen. Dabei wäre dies wichtig, denn die Vorgänge der Sternentstehung laufen hier ab. Die Steuerung der Geschwindigkeit,
mit der Sterne entstehen, und ein Verständnis der Vorgänge, die
bestimmen, ob massereiche Sterne oder solche mit niedriger Masse sich bilden, ist eine der ungelösten Hauptaufgaben der näch-

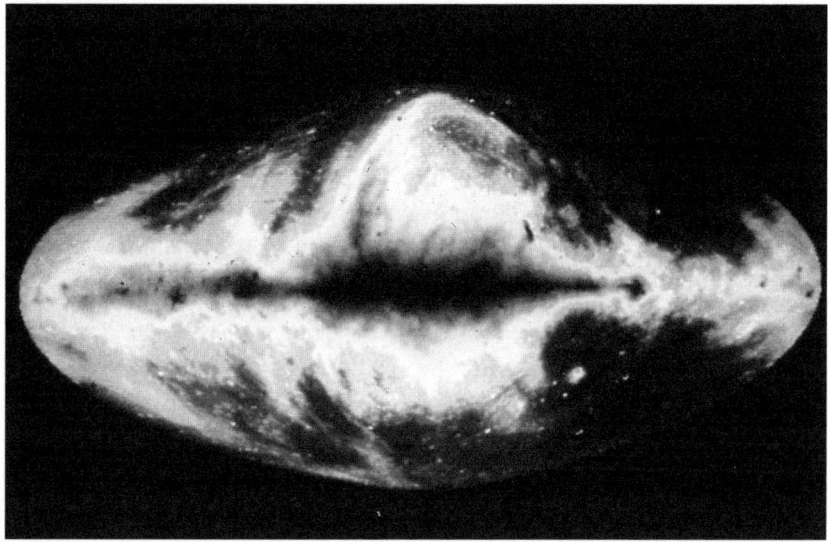

Abb. 15
Karte der galaktischen Kontinuumsstrahlung bei f = 408 MHz. Diese Strahlung
wird vorwiegend von Elektronen ausgesendet, die im galaktischen Magnetfeld
Synchrotronstrahlung aussenden. Die fiederartige Anordnung der Strahlung ist
daher Ausdruck der Struktur des galaktischen Magnetfeldes.

sten Zeit. Qualitativ sieht unser Bild von dem Zustand des interstellaren Mediums etwa folgendermaßen aus:

Große Bereiche des Raumes sind nur sehr dünn von interstellarem Gas erfüllt – Dichten von unter 0.1 Atomen pro cm^3 sind
typisch. Ein großer Teil dieses Gases ist sehr heiß mit Temperaturen von ≈ $100\,000$–$10^{6\,°}$ K; diese hohen Temperaturen sind entstanden durch Wechselwirkungen mit Supernova-Explosionen. Das
Gas ist so dünn, daß es praktisch kaum abkühlen kann.

Die heißen Regionen werden durch kühleres Gas eingeschlossen. Der Wasserstoff ist hier neutral und hat Temperaturen von
80–1000° K. Aus diesen Gebieten empfängt man die 21-cm-Linie.
In noch dichteren Bereichen der Wolken sinkt die Temperatur ab,
weil das aufheizende Licht abgeschirmt wird, denn hier gibt es
Staub und zahlreiche Molekülsorten. Die Temperatur kann sich
auf recht tiefe Werte von 5–10° K einstellen, wenn keine Störungen
auftreten. Unter bestimmten Bedingungen, die wir noch nicht
völlig verstehen, kommt es in solchen Wolken zu Bildung neuer
Sterne. Wenn diese Sterne ihre Energieerzeugung durch Ver-

schmelzung von Wasserstoff zu Helium aufnehmen, gibt es plötzlich eine neue Energiequelle in den Wolken, und ihre Temperatur steigt.

Wann ist die Entstehung von Sternen möglich?

Sternentstehung ist in unserer Milchstraße ein Prozeß, den es nicht nur in grauer Vorzeit gab, sondern ein Vorgang, der laufend auch noch heute in dafür geeigneten Gebieten stattfindet. Es gibt viele Beweise für diese Behauptung, am direktesten zeigt dies die Tatsache, daß es Sterne wie ζ Puppis gibt, die ihre heutige Ausstrahlung nur über Zeiten von weniger als 1 Million Jahre aufrechterhalten können, und die deshalb extrem jung sein müssen.

Die Grundhypothese, die heute von allen Fachleuten vertreten wird, ist, daß Sterne aus interstellarer Materie kondensieren. Schon *Kant* hat dies 1755 in seiner *Allgemeinen Naturgeschichte und Theorie des Himmels* postuliert, aber erst *Jeans* konnte 1902 quantitative Bedingungen angeben, die erfüllt sein müssen, damit so etwas überhaupt möglich ist. Qualitativ besagt seine Überlegung:

Eine interstellare Wolke wie auch die Sterne werden von der Eigengravitation ihrer Materie zusammengehalten, die der auseinandertreibenden Kraft des Gasdrucks das Gleichgewicht hält. Dies Gleichgewicht ist dann stabil, wenn die Druckkräfte bei einer geringen Kompression schneller zunehmen als die Gravitationskräfte. Es bleibt dann insgesamt eine Kraftkomponente übrig, die versucht, die Wolke wieder auf ihren alten Radius zurückzutreiben. Wenn aber die kontrahierenden Gravitationskräfte schneller als die Druckkräfte wachsen, dann kontrahiert die Wolke spontan weiter, sie ist also instabil.

Die Jeanssche Bedingung für Gravitationsinstabilität stellt also eine notwendige Voraussetzung dafür dar, daß sich ein Stern bilden kann. Sie hat die Form einer Ungleichung zwischen Gesamtmasse, Materiedichte und Temperatur in dem Sinne, daß bei gegebener Dichte und Temperatur Massen, die größer als eine Grenzmasse sind, gravitationsinstabil werden können und sich damit aus einer solchen Wolke ein Stern bilden kann. Dabei ist diese Grenzmasse um so geringer, je niedriger die Temperatur und je größer die Dichte sind. Hierdurch wird verständlich, daß es gerade die kalten und dichten Partien des interstellaren Mediums sind, die als Orte der Sternentstehung gelten.

Trägt man die bekannten Temperaturen und Dichten der Riesen-Molekülwolken in das *Jeans*-Kriterium ein, dann findet man z.B., daß bei einer Dichte von 100 Atomen pro cm^{-3}, die eine Temperatur von 10° K haben, Gesamtmassen von mehr als 100 Sonnenmassen nötig sind, damit die Wolke gravitationsinstabil wird. Sie hat dann einen Radius von ca. 2 pc. Sterne von annähernd der Sonnenmasse erhält man nur, wenn entweder die Gastemperatur wesentlich geringer ist oder wenn die Dichte höher wird.

Aber gerade dies tritt ja ein, wenn eine Wolke kontrahiert. Die Gastemperatur bleibt dabei weitgehend konstant, wenigstens solange, wie die Wolke im Infraroten transparent bleibt. Sie kann dann nämlich die Energie, die durch den Gravitationskollaps frei wird, im Infraroten abstrahlen. Wenn aber die Dichte der Wolke steigt, ohne daß auch die Temperatur zunimmt, können immer kleinere Bruchteile der Wolke selbst gravitationsinstabil werden – die Wolke bricht in lauter einzelne Teile auseinander, und ein ganzer Sternhaufen entsteht gleichzeitig. Die Fragmentation hört auf, wenn die Materie auch für infrarote Strahlung undurchsichtig wird. Dann kann die durch den Kollaps freiwerdende Energie nicht mehr abgestrahlt werden, und die Temperatur steigt.

Das Jeans-Kriterium stellt aber nur eine der notwendigen Bedingungen für den Gravitationskollaps dar, die nur dann korrekte Massenabschätzungen liefert, wenn tatsächlich der Gasdruck die entscheidende Kraft ist, die der Gravitation entgegenwirkt. Es gibt aber noch weitere Kräfte, die dies unter bestimmten Bedingungen tun können; eine davon wird durch die innere Turbulenz der Wolken hervorgerufen.

Diese sind nämlich keineswegs so statisch und unveränderlich, wie bisher geschildert, es gibt in ihnen makroskopische Strömungen mit Geschwindigkeiten bis zu einigen km s^{-1}. Wenn nun eine Wolke, die mehrere Bereiche unterschiedlicher Strömung enthält, kontrahiert, dann wirkt die kinetische Energie dieser Turbulenzbewegung der Gravitationskraft genauso entgegen, wie es der thermodynamische Gasdruck tut. Dabei entspricht eine Geschwindigkeit von 1 km s^{-1} einer Gastemperatur von 120° K, 2 km s^{-1} aber schon 480° K usw. Turbulenz ist also ein sehr effektives Mittel, den Gravitationskollaps zu verhindern, und nur sehr «ruhige» Wolkenbereiche werden instabil.

Eine weitere Kraft, die der Kontraktion einer Wolke aufgrund der Eigengravitation entgegenwirkt, wird durch eine Rotation der

Wolke um ihren Schwerpunkt hervorgerufen. Die Rotation einer Masse ist eine der Größen, für die in der Mechanik ein Erhaltungssatz gilt.

Anstatt zu versuchen, verständlich zu machen, was ein solcher «Drehimpuls» bedeutet, ist es instruktiver, Beispiele aus der alltäglichen Umgebung zu bringen, wie etwa das einer Versuchsperson auf einem rotierenden Drehschemel. Trägt diese Person einen schweren Gegenstand, etwa eine gefüllte Aktenmappe, an ausgestreckten Armen, und zieht sie diese dann plötzlich dicht an den Körper heran, so wird sich der ursprünglich langsam drehende Hocker plötzlich sehr schnell drehen.

Ein anderes Beispiel wird beim Eiskunstlauf als Pirouette vorgeführt. Die langsame Drehung mit ausgebreiteten Armen und breitem Grätsch-Schritt wird zur wirbelnden Pirouette, wenn die Arme und die Beine zusammengeführt werden. Genau das gleiche geschieht bei der Kontraktion einer Wolke, die langsam rotiert. Die Rotationsgeschwindigkeit wird mit geringer werdendem Wolkenradius immer größer, so daß schließlich die Zentrifugalkraft der Gravitationskraft das Gleichgewicht hält und die Kontraktion damit aufhört.

Akkretionsscheiben

Wie wichtig die Rotation bei der Abbremsung der Kontraktion sein muß, zeigt ein Beispiel. Nehmen wir an, eine kugelförmige Wolke mit einem Radius von 1 pc rotiere mit dem gleichen Rotationsmaß wie die Milchstraße. Die Außenteile der Wolke haben dann eine Rotationsgeschwindigkeit von nur 27.5 m/s, also einen Wert, der für die astronomische Meßpraxis viel zu gering ist, um nachweisbar zu sein.

Wenn sich diese Wolke aber auf einen Radius von 1 AE, also auf die mittlere Entfernung der Erde von der Sonne unter Erhaltung des Drehimpulses zusammenziehen würde, dann wäre ihre Oberflächengeschwindigkeit auf 5700 km s^{-1} angestiegen. Die dabei auftretenden Zentrifugalkräfte sind viel zu groß, als daß sie durch die Anziehungskraft einer Masse von der Größenordnung einer Sonnenmasse im Gleichgewicht gehalten werden können. Die Kontraktion würde daher, lange bevor ein solcher Radius erreicht wird, aufgehalten werden, wenn nicht auf irgendeine Weise ein großer Teil des Drehimpulses «fortgeschafft» würde.

Abb. 16
Der Konus-Nebel, ein Gebiet aktiver Sternentstehung. In der Gas- und Staubwolke befindet sich ein junger Sternhaufen, dessen Strahlungsfeld und Sternwind
großräumige Strukturen in der Wolke erzeugt hat.

Da die Zentrifugalkraft aber nur senkrecht zur Rotationsachse als Bremse für die Kontraktion wirkt, kann die Wolke in Richtung der Rotationsachse ungehindert kontrahieren. Aus der ursprünglich kugelförmigen Wolke wird sich daher schnell eine
Scheibe bilden. In dieser Scheibe müssen dann Vorgänge ablaufen,
die dafür sorgen, daß die Kontraktion weitergehen kann.

Bisher sind diese Vorgänge nur in Umrissen bekannt, es
scheint aber, daß die innere Viskosität des Scheibenmaterials und
auch interstellare Magnetfelder hierbei eine wichtige Rolle spielen. Da in den letzten 30 Jahren die verschiedenartigsten Systeme
mit solchen Akkretionsscheiben entdeckt wurden, sind wir ziemlich sicher, daß Vorgänge der geschilderten Art ablaufen müssen.

Auch die Entstehung echter neuer Sterne scheint mit solchen
Akkretionsscheiben im Zusammenhang zu stehen. Wir glauben
ja, daß neue Sterne in kalten Molekülwolken entstehen, in Gebieten, die tief im Inneren der Wolken durch dichten Staub vor allen
Blicken geschützt sind. Allein Radiowellen und infrarotes Licht
vermögen diese Wolken zu durchdringen, aber die Deutung der

Beobachtungen ist leider weder einfach noch eindeutig. Wenn der Sternbildungsprozeß dann weiter fortgeschritten ist, sorgt die neue Energiequelle in den neugebildeten Sternen selbst dafür, daß schließlich der Staub- und Gaskokon, der den Vorgang einhüllt, zerstreut wird, die neuen Sterne also sichtbar werden. Wenn die Umstände günstig sind, kann der Staub-Vorhang schon etwas früher gelüftet werden, und man beobachtet sogenannte «bipolare Nebel», wie zum Beispiel S 106, das bekannteste Objekt dieser Art.

Der Nebel besteht aus zwei keulenförmigen Bereichen, von denen einer annähernd in Richtung auf den Beobachter zeigt und Radialgeschwindigkeiten aufweist, die auf uns zu gerichtet sind; der andere zeigt von uns fort und hat positive Radialgeschwindigkeiten. Ein Zentralstern, der die Energie liefert, ist in einer scheibenförmigen Wolke versteckt, die Energie, die den Nebel zum Leuchten bringt, kommt aber senkrecht zu dieser Scheibe heraus.

Diese Scheibe ist das Gebilde, aus dem sich der Stern gebildet hat, und in Richtung der Pole des Sterns kann die Strahlung heraus. Ihre Wirkung sehen wir im bipolaren Nebel.

Eine spätere Phase wurde in den Messungen des Infrarotsatelliten IRAS sichtbar, als man um mehrere benachbarte Sterne wie Wega u.a. Staubscheiben entdeckte, welche geometrische Ausdehnungen wie unser Planetensystem besitzen, aber massereicher sind. Die Materie besteht aus Staub, der durch das Sternlicht so stark aufgeheizt ist, daß er im Infrarot leuchtet. Die genaue Deutung dieser Beobachtungen, ob dies Vorstufen für die Bildung eines Planetensystems sind oder wie sonst die kosmogonische Einordnung dieser Entdeckung vorzunehmen ist, kann heute noch nicht abschließend gegeben werden.

Wir glauben aber, daß sowohl bipolare Nebel wie auch die IRAS-Staubscheiben typische Stadien im Prozeß der Sternentstehung sind. Es gibt für den ganzen Vorgang noch keine durchgehende, konsistente Theorie, sondern nur Ansätze und Einzelschritte. Auch wenn es auf dem Weg zu einer solchen durchgehenden Theorie noch viele Hindernisse gibt – für manche Probleme hat man noch nicht einmal brauchbare Lösungsansätze –, so gibt es doch wenig Zweifel an dem gesamten Szenarium.

Kapitel 5:
Die Milchstraße als Sternsystem

Eine unendliche Sternverteilung?

Astronomie als exakte Naturwissenschaft war bis weit in das neunzehnte Jahrhundert hinein die Astronomie des Planetensystems. Die Sterne bildeten nur den Hintergrund zur Verankerung der Koordinaten. Nach *Kopernikus* wurde zwar die Vorstellung einer Fixsternsphäre aufgegeben, und schon *Giordano Bruno* verfocht gegen Ende des sechzehnten Jahrhunderts mit viel Temperament die Vorstellung einer unendlich ausgedehnten, mit Sternen erfüllten Welt. Aber dies blieb naturphilosophische Spekulation, und die Astronomen kamen nur vereinzelt und ohne daß dies tiefere Eindrücke auf das naturwissenschaftliche Denken hinterließ auf die Problematik zurück, die sich ergibt, wenn sich die Sterne gleichmäßig bis ins Unendliche erstrecken.

Schon *Newton* hatte die Schwierigkeiten bemerkt, in die seine Gravitationstheorie in einer solchen Situation geriet, hatte sich aber mit einigen Bemerkungen herausgeredet. Wir wissen heute, daß seine Lösungsvorschläge für dieses Problem unhaltbar sind und daß nur die kosmologische Expansion des Universums, also die Tatsache, daß der Weltraum nicht statisch ruhend ist, sondern großräumige Bewegungen aufweist, hier Abhilfe schafft.

Eine andere Beobachtung zeigt sehr direkt die Schwierigkeiten auf, die ein unendlich ausgedehntes, mit Sternen erfülltes Universum mit sich bringt. Es handelt sich um die Tatsache, daß es nachts dunkel ist. Denn wenn sich die Sterne bis ins Unendliche erstrecken, dann wird jeder beliebige Sehstrahl irgendwann einmal einen Stern treffen, und da die Flächenhelligkeit entfernungsunabhängig ist, wird dieser Sehstrahl auf eine Fläche stoßen, die etwa mit der Helligkeit der Sonnenscheibe leuchtet. Dies sollte dann auch die Hintergrundhelligkeit des Himmels sein.

Die qualitativen Überlegungen können mit ein wenig formaler Physik auch quantitativ belegt werden, hier möchte ich nur plausibel machen, warum die Flächenhelligkeit tatsächlich entfernungsunabhängig ist. Als Flächenhelligkeit verstehen wir die Helligkeit pro Raumwinkeleinheit. So ist z.B. die Flächenhelligkeit der Sonne ihr Strahlungsfluß, dividiert durch ihre scheinbare Fläche an der Himmelssphäre. Wenn wir diese Größe für einen Ort berechnen, der doppelt soweit von der Sonne entfernt ist wie die Erde, sehen wir, daß zwar die Gesamthelligkeit auf ¼ abgenommen hat, da die Entfernung ja verdoppelt wurde; da aber auch die scheinbare Fläche der Sonnenscheibe auf ¼ abgenommen hat, bleibt der Quotient unverändert.

Diesen Widerspruch, daß die beobachtete Nachthimmelshelligkeit entgegen den Vorstellungen einer unendlich ausgedehnten Welt sehr gering und nicht so hell wie die Sonnenoberfläche ist, haben mehrere Astronomen im Laufe des 17. und 18. Jahrhunderts bemerkt. Er ist als das Olberssche Paradoxon in die Literatur eingegangen. *Wilhelm Olbers* (1758–1840) war Arzt in Bremen und einer der bedeutendsten Astronomen seiner Zeit. Auf das Problem der Nachthimmelshelligkeit machte er in einem Aufsatz von 1828 aufmerksam, und er glaubte, in der interstellaren Absorption eine Lösung dafür gefunden zu haben. Denn wenn das Licht im Raum zwischen den Sternen auch nur geringfügig durch Absorption geschwächt wird, dann nimmt die Helligkeit schneller als mit dem Quadrat der Entfernung ab. Die Raumwinkelausdehnung der Fläche nimmt aber aus geometrischen Gründen in jedem Fall quadratisch ab, und so vermindert sich die Flächenhelligkeit schließlich doch mit zunehmender Entfernung.

Dieser Schluß ist korrekt, trotzdem hält man heute die Absorption nicht für die Lösung des Olbersschen Paradoxons. Die absorbierte Energie bleibt ja erhalten, der Staub wird dadurch aufgeheizt, und er beginnt selbstleuchtend zu werden. Zunächst leuchtet er nur im Infraroten, aber wenn genügend Zeit für die Aufheizung zur Verfügung steht, verschiebt sich das Leuchten immer weiter ins Blaue, bis der Staub schließlich ebenso hell leuchtet wie die Sterne selbst, und dann ist seine Wirkung auf die Hintergrundhelligkeit hinfällig geworden.

Eine Zeitlang war die Überzeugung verbreitet – und dies dauerte bis in die 60er Jahre dieses Jahrhunderts –, daß auch hier die Expansion des Universums die Lösung des Problems darstellt, bis dann genaue Rechnungen unter voller Einbeziehung aller relativistischen und kosmologischen Effekte durch *Harrison* zeigte, daß all dies nur einen Faktor 2–3 bringt. Den entscheidenden

Einfluß hat die Tatsache, daß das Universum ein endliches Alter besitzt. Wegen dieses endlichen Alters erreicht uns nur solches Licht, das innerhalb einer Kugel ausgesandt wurde, deren Radius durch das Produkt von Lichtgeschwindigkeit und Weltalter gegeben ist. Dieser Radius ist zwar groß, aber doch endlich, und damit fallen all die Schwierigkeiten fort, die bei einer formal unendlich großen Welt auftreten können.

Die Gestalt der Milchstraße

Wenn daher die Verteilung der Sterne nicht bis ins Unendliche reicht, macht es Sinn, nach der Gestalt des Sternsystems zu fragen. Schon *Galilei* war 1610 aufgefallen, als er sein Fernrohr auf den Himmel richtete, daß sich das diffuse Band der Milchstraße im Fernrohr in lauter schwache Einzelsterne auflöste. *Kant*, anknüpfend an unklare Spekulationen von *Thomas Wright*, schrieb 1755 in seiner *Allgemeinen Naturgeschichte und Theorie des Himmels*: «Das Heer der Gestirne macht ... ein System aus, als die Planeten unseres Sonnenbaues um die Sonne. Die Milchstraße ist der Zodiakus dieser höheren Weltordnungen ...» Und ebenso, wie die Planeten um die Sonne kreisen, nahm er an, daß sich auch die Sterne dieses Milchstraßensystems um einen gemeinsamen Mittelpunkt bewegen.

Auf eine empirische Basis wurden solche Überlegungen durch die «Sterneichungen» von *Wilhelm Herschel* 1785 gestellt. Da es hoffnungslos erschien, Entfernungen für eine große Zahl weit entfernter Sterne zu bestimmen – zu *Herschels* Zeit war ja noch keine einzige Sternentfernung gemessen worden –, beschränkte er sich darauf, relative Entfernungen abzuschätzen. Nimmt man an, daß im Mittel die räumliche Sterndichte im Milchstraßensystem überall gleich ist und daß die Sterne im Mittel alle gleich hell sind, dann ist die Anzahl der Sterne, die im Gesichtsfeld eines Fernrohres gezählt werden, ein Maß für die Ausdehnung des Sternsystems in dieser Richtung.

Herschel bestimmte so die Ausdehnung des Milchstraßensystems an 1083 Positionen und kam zu dem Ergebnis, daß sie im Querschnitt einer flachen Linse mit ausgezackten Rändern zu vergleichen sei mit einem Durchmesser zu Dickenverhältnis von 4:1 bis 6:1. Die Sonne befindet sich nahe am Mittelpunkt dieses Systems, dessen absolute Dimensionen aber weitgehend unbestimmt bleiben. Diese Deutung seiner Messungen war keines-

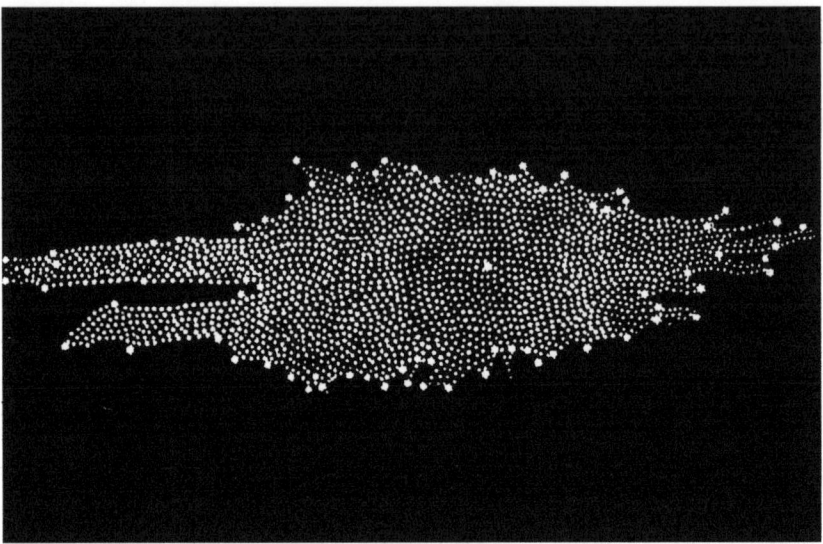

Abb. 17
Herschels Bild von der Milchstraße. Er nimmt an, daß alle Sterne im Mittel gleich
hell sind und daß es keine interstellare Absorption gibt. Dann ist die Anzahl der
pro Flächeneinheit gezählten Sterne proportional zur Tiefenerstreckung der
Milchstraße in dieser Richtung.

wegs die einzig mögliche, sie hing vielmehr an der Grundvor-
aussetzung, daß alle Sterne im Mittel die gleiche absolute Helligkeit hätten. Dies zweifelte *Herschel* später selbst an, und daher
änderte er (1818) seine Interpretation und erklärte die gleichen
Messungen durch ein ringförmiges Gebilde. Vor allem sein
Sohn, *John Herschel*, hat dann dieses Bild viele Jahre lang ver-
fochten. Mit der Interpretation seiner Sterneichungen wurde
Herschel zum Begründer der Stellarstatistik. Diese Methode wurde in der zweiten Hälfte des 19. Jahrhunderts bis in die dreißiger
Jahre dieses Jahrhunderts fortentwickelt; *Hugo von Seeliger*
(1849–1924) und *Jacobus Cornelius Kapteyn* (1851–1922) waren
ihre Hauptvertreter. Schrittweise konnten die einschneidenden
Voraussetzungen, die noch *Herschel* hatte machen müssen, abgeschwächt werden. Umfangreiche neue Messungen von Sternpositionen, von Helligkeiten und von Spektraltypen verbesserten
das Datenmaterial; trotzdem sahen die neuen Ergebnisse kaum
anders aus als schon diejenigen, die *Herschel* erhalten hatte, nur
der Durchmesser des Systems wurde etwas größer.

Die Milchstraße bildet danach ein linsenförmiges Gebilde mit einem Durchmesser, der etwa das 8- bis 10fache der Dicke ist; die Sonne steht sehr nahe am Mittelpunkt des Systems. Dieses Resultat ist die Frucht einer gewaltigen Zahl von Messungen, trotzdem ist es in seinen Grundzügen falsch. Der Grund dafür ist die Existenz von interstellarer Absorption, die vorwiegend in der Hauptebene des Milchstraßensystems konzentriert ist und dort das Licht der entfernteren Sterne so effektiv verschluckt, daß keine Korrektur das Bild zurechtrücken kann.

Der Ausweg aus diesem Dilemma wurde gefunden, als man die Analogie unseres Milchstraßensystems mit den damals so genannten «spiralförmigen Nebelflecken» oder, wie wir sie heute bezeichnen, mit anderen Spiralgalaxien ausnutzte. Photographische Aufnahmen mit den großen amerikanischen Spiegelteleskopen zeigten in vielen dieser Systeme, daß die absorbierenden Staubwolken zur Symmetrieebene konzentriert sind. Etwas ganz Analoges sollte daher auch für unser eigenes System gelten, so daß die interstellare Absorption in Richtung der galaktischen Ebene viel größer ist als senkrecht dazu. Schon die Tatsache, daß man andere Galaxien sehen kann, zeigt ja, daß in dieser

Abb. 18
Der Kugelsternhaufen ω Cen, eines der hellsten Objekte dieser Gattung in der Galaxis. Er enthält mehrere Millionen Sterne, deren Alter sämtlich höher als 10 Millionen Jahre ist, und wahrscheinlich keine jungen Sterne.

Richtung die interstellare Absorption nicht übermächtig sein kann.

Harlow Shapley (1885–1972) fiel in den zwanziger Jahren dieses Jahrhunderts auf, daß manche extragalaktischen Systeme von einem Schwarm von kugelförmigen Sternhaufen umgeben sind mit einer räumlichen Anordnung, die zum Zentrum des Systems konzentriert ist. Solche Kugelsternhaufen, die aus jeweils ca. 1 Million Sternen bestehen, gibt es auch in unserer eigenen Galaxis, mehr als 100 sind bekannt, und ihre Verteilung am Himmel ist recht ungleichmäßig. Keiner dieser Sternhaufen wird in unmittelbarer Nähe des Milchstraßenbandes gefunden, obwohl ihre Anzahl in Richtung des Sternbildes Sagittarius/Ophiuchus besonders groß ist.

Auch in unserer Galaxis ist die Verteilung der Kugelsternhaufen zum galaktischen Zentrum hin konzentriert, die interstellaren Wolken nahe der Milchstraßenebene sorgen aber dafür,

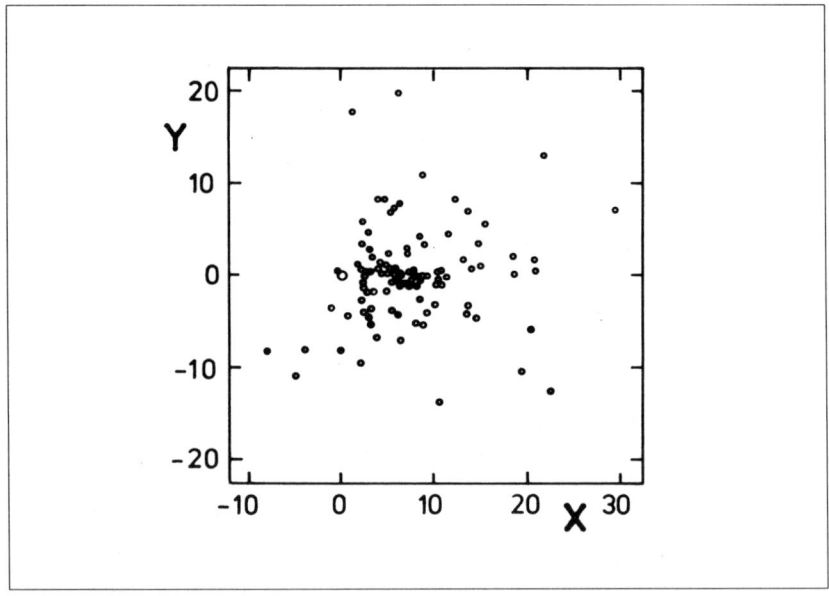

Abb. 19
Die Verteilung der Kugelsternhaufen in der galaktischen Ebene. Der Ort der Sonne ist bei den Koordinaten x = 0, y = 0, und es ist deutlich, daß die Kugelsternhaufen nicht zur Sonne zentriert sind, sondern ihr Maximum, ihr Verteilungszentrum bei x ≈ 8, y ≈ 0 haben. Dies dürfte daher auch der Ort des galaktischen Zentrums sein.

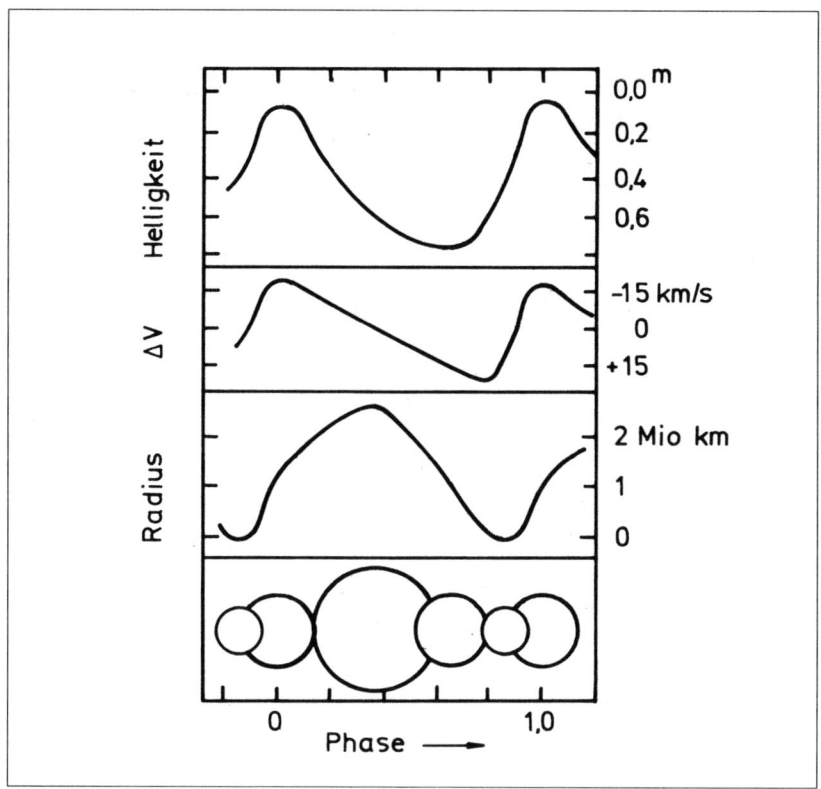

Abb. 20
Die Variation von Helligkeit, Radialgeschwindigkeit und Sternradius für Pulsationsveränderliche.

daß man in der Nähe dieser Ebene selbst keine Kugelsternhaufen sieht.

In der räumlichen Verteilung dieser Kugelsternhaufen findet man ein Maximum, das nicht mit dem Ort der Sonne zusammenfällt, sondern in etwa 8 kpc Entfernung[1] im Sternbild Sagittarius liegt. Den Ort dieses Dichtemaximums deutete *Shapley* als das Zentrum des Systems. Die Sonne war damit auf einen Schlag an die Peripherie des galaktischen Systems gerückt, und die Gesamt-

---

1   In der galaktischen und extragalaktischen Astronomie werden Entfernungen in pc bzw. dem 1000fachen davon, in kpc, angegeben. 1 pc ist die Entfernung, die zu einer Parallaxe von 1 Bogensekunde gehört, 1 pc = 3.24 Lichtjahre.

dimensionen der Galaxis waren wesentlich größer als noch bei *Kapteyn*.

Shapley konnte diese neue Deutung der Verteilung der Kugelsternhaufen nur aufstellen, weil er Entfernungen für sie angeben konnte. Dies war mit Hilfe von veränderlichen Sternen des Typs δ Cephei möglich geworden. Es sind dies Sterne, deren Leuchtkraft im Laufe von Tagen regelmäßig zu- und abnimmt, weil sich die Sterne periodisch aufblasen und dann wieder kontrahieren. Je massereicher und heller ein Stern ist, desto länger ist die Periode. Umgekehrt kann man aus der Periode auf die mittlere Helligkeit des Sterns schließen. Dieses leistet die sogenannte Perioden-Helligkeits-Relation. Eine solche Relation war erstmals kurz zuvor (1912) von *Henrietta Leavitt* (1868–1921) für Sterne der Kleinen Magellanschen Wolke gefunden worden. *Shapley* hatte dann gezeigt, wie man dies auf Sterne unserer Milchstraße anwenden und damit ihre Entfernung bestimmen kann. Das galaktische Zentrum selbst ist völlig unsichtbar, da es durch 25 Größenklassen Absorption verdeckt ist. Daß aber diese indirekten Schlüsse korrekt sind, zeigte sich später, als man Messungen aus dem Radiowellenbereich und dem Infraroten auf diese Fragestellung anwenden konnte, denn in diesen Wellenlängenbereichen ist die interstellare Absorption praktisch unwirksam. Für solche Strahlung ergibt sich daher auch ein deutliches Helligkeitsmaximum in Richtung auf das galaktische Zentrum.

Die galaktische Rotation

Nur wenige Jahre, nachdem so die volle Größe und Gestalt der Milchstraße erkannt wurde, konnten *Bertil Lindblad* (1895–1965) und *Jan Oort* nachweisen, daß dies System auch eine dynamische Einheit ist. Sie zeigten jeder auf andere Weise, daß die Milchstraße tatsächlich der alten Vermutung von *Kant* und *Lambert* folgt und um ihr Zentrum rotiert. Schon *Newton* wußte, daß die Rotation eines Körpers eine absolute Eigenschaft ist, denn es ist z.B. ein Unterschied, ob ein mit Wasser gefüllter Eimer rotiert oder ob er ruht, und seine Umgebung um ihn herum rotiert. Im ersten Fall bildet die Wasseroberfläche wegen der Zentrifugalkräfte eine Rotationsfläche mit einem parabelförmigen Querschnitt, im zweiten Fall bleibt sie völlig eben, wenigstens so lange, als man nur die klassische Newtonsche Mechanik zu Rate zieht; die Allgemeine Relativitätstheorie bringt hieran nur ganz geringe Korrekturen.

Eine rotierende Milchstraße könnte daher im Prinzip auf rein mechanische Weise nachgewiesen werden, indem man die Dynamik der Koordinatensysteme betrachtet. Wegen der sehr langen Rotationsdauer der Milchstraße – die Sonne benötigt für einen Umlauf um das galaktische Zentrum etwa 200–250 Millionen Jahre – sind diese Koordinateneffekte aber so klein, daß sie noch heute in den systematischen Fehlern der Messungen untergehen. *Oort* hatte Erfolg, weil er nicht versuchte, die absoluten Effekte nachzuweisen, sondern weil er andere Auswirkungen eines rotierenden Systems betrachtete.

Nur wenn sich eine Galaxis wie ein starrer Körper dreht, bleiben die gegenseitigen Abstände der Sterne dieses Systems unverändert. Eine solche Rotation ist aber etwas Besonderes; so müssen z.B. alle Bestandteile des Systems die gleiche Umlaufperiode haben. Das ist nur unter ganz speziellen Umständen der Fall: Unser Planetensystem erfüllt diese Bedingung nicht, wie man sieht, wenn man die Umlaufzeit von 88 Tagen für Merkur mit den 251,9 Jahren für Pluto vergleicht. In einem solchen Fall ändern sich die gegenseitigen Entfernungen der verschiedenen Bestandteile des Systems. Je nach dem momentanen Wert von Entfernung und Richtung und der Art und Weise, wie die Rotation über das System verteilt ist, kann die Entfernung zu- oder abnehmen. Auch die Änderung der Richtung von einem Objekt zu einem anderen gehorcht einer gesetzmäßigen Beziehung.

Oort stellte 1928 einen Satz von Formeln auf, der diese Zusammenhänge auf verblüffend einfache Weise beschreibt, und konnte diese Formeln dann anhand von empirischem Material bestätigen. Entfernungsänderungen von Sternen und der Erde sind ja als Radialgeschwindigkeiten direkt meßbar, Richtungsänderungen werden als sogenannte «Eigenbewegungen» durch Vergleich von Sternpositionen, die im Abstand von Jahrzehnten (oder Jahrhunderten) gemessen wurden, bestimmt.

Beide Datensätze wiesen die geforderten Abhängigkeiten auf, und nur zwei empirische Parameter, die sogenannten «Oortschen Konstanten A und B», mußten dabei angepaßt werden. Diese Konstanten beschreiben den Charakter der galaktischen Rotation. So gibt A an, wie stark diese von der eines starren Körpers abweicht, denn für einen solchen ist gerade $A \equiv 0$, die Deutung von B ist damit verwandt, aber nicht ganz so einfach.

Oort konnte so nachweisen, daß die Galaxis tatsächlich rotiert, und die Daten erlaubten es sogar, die Richtung zu bestimmen, in

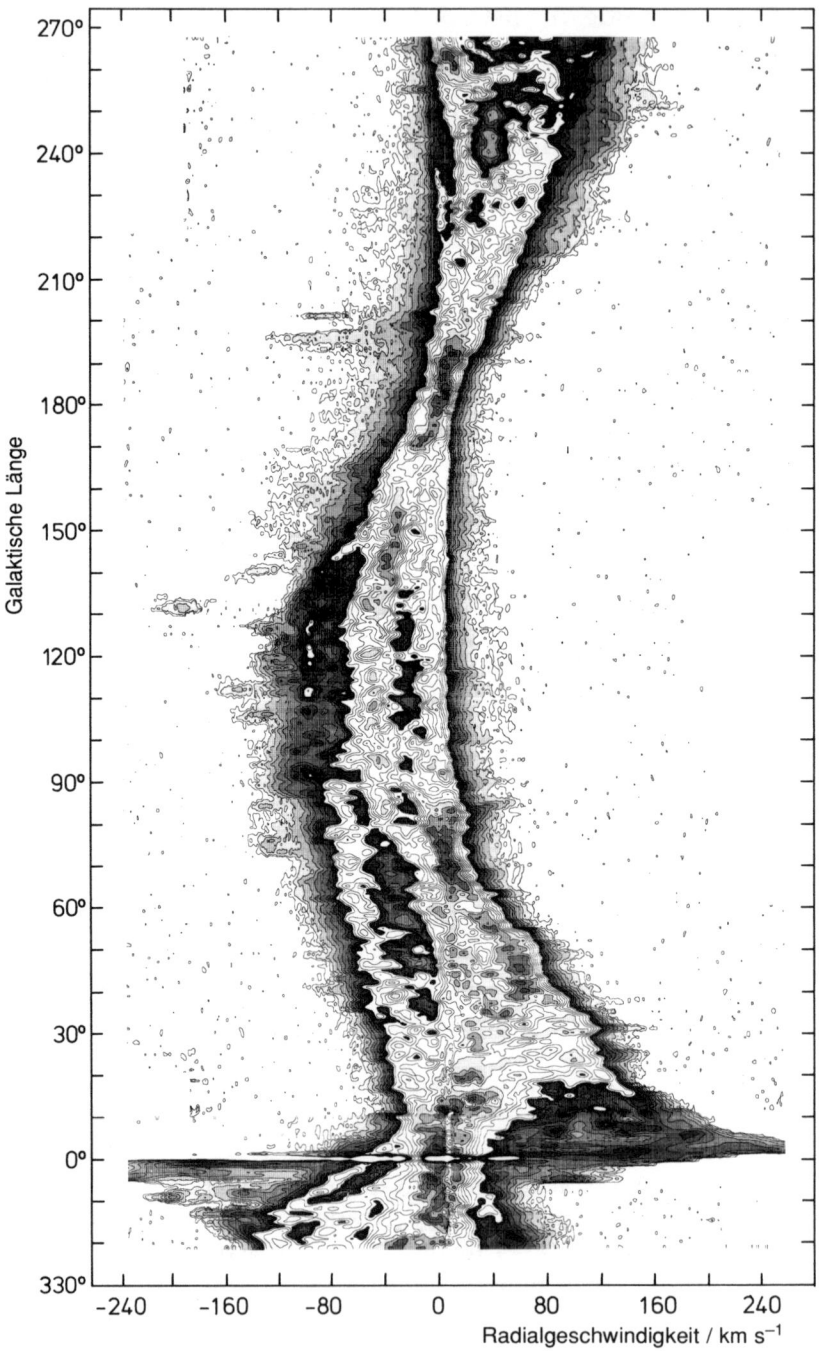

der das Rotationszentrum zu suchen ist. Es konnte daher als Bestätigung der Rotationsvorstellung aufgefaßt werden, daß hier die gleiche Richtung herauskam, die schon *Shapley* aus der Verteilung der Kugelsternhaufen gefunden hatte.

Einen Nachteil hatte aber diese Diskussion der Kinematik der Sterne: Sie beschränkte sich wegen der interstellaren Absorption auf die Sonnenumgebung bis hin zu Entfernungen von einigen kpc. Und dies galt natürlich auch für die Rotationsparameter der Galaxis, man konnte nur lokale Größen bestimmen. Globale Aussagen über die Rotation der gesamten Galaxis wurden erst möglich, als die radioastronomischen Messungen der 21-cm-Linie des neutralen Wasserstoffs Geschwindigkeitsmessungen über die gesamte Galaxis hinweg erbrachten und so den großräumigen Verlauf der galaktischen Rotationskurve meßbar machten. Umgekehrt wurde damit auch in vielen Fällen eine Entfernungsbestimmung mit Hilfe von Radialgeschwindigkeitsmessungen möglich.

Fortschritte bei der Erkundung des Aufbaues der Galaxis waren nur möglich, wenn der Weg der Stellarstatistik verlassen wurde. Diese hatte ja versucht, eine möglichst genaue Vorstellung von der räumlichen Verteilung aller Sterne zu gewinnen. Die neuen Methoden entwickelten das Verfahren von *Shapley* weiter, die gesuchte Information aus der Verteilung bestimmter, dafür besonders gut geeigneter Objekte herauszulesen. In seinem Fall waren es die Kugelsternhaufen, die besonders gut dafür geeignet waren, den Ort des galaktischen Zentrums zu markieren.

Es ist also ein Zwei-Stufen-Verfahren nötig: In einem ersten Schritt müssen die geeigneten Objekte erkannt werden, in einem zweiten werden sie dann in unserer Galaxis identifiziert und ihre Verteilung untersucht. Hierbei ist der Vergleich mit anderen Galaxien von ganz besonderer Wichtigkeit, denn da wir diese von

---

Abb. 21
Die Linienstrahlung des neutralen Wasserstoffs in der Galaxis und die Auswirkung der differentiellen galaktischen Rotation auf die Messungen. Die Abbildung stellt die Verteilung der Strahlung entlang des galaktischen Äquators dar, wobei die y-Achse die galaktische Länge, die x-Achse die Radialgeschwindigkeit entlang des Sehstrahls ist. Da sich die Radialgeschwindigkeit gesetzmäßig entlang des Sehstrahls ändert, kann die Radialgeschwindigkeit als Maß für die Entfernung angenommen werden. Die Strahlungsintensität ist als Konturkarte dargestellt. Eine hohe Intensität bedeutet, daß bei der betreffenden Radialgeschwindigkeit und Länge viel Gas vorhanden ist. «Gebirgszüge» der Strahlungsintensität können als Spiralarme gedeutet werden.

außen betrachten, können wir die räumliche Verteilung ihrer Konstituenten unmittelbar sehen. Es ist daher, wenigstens prinzipiell, «leicht» möglich, geeignete Objektklassen herauszusuchen, die die interessierenden Strukturen der Galaxie besonders gut markieren.

Die Sternpopulationen

Viele Jahre hindurch war auf diesem Arbeitsgebiet der Astronom *Walter Baade* (1893–1960) besonders erfolgreich. *Baade* begann seine astronomische Arbeit in den zwanziger Jahren an der Hamburger Sternwarte. Großzügige amerikanische Stipendien ermöglichten ihm dann aber, am Mt. Wilson-Observatorium in den USA zunächst gastweise und dann später als permanentes Mitglied an dem damals größten Spiegelteleskop der Welt, dem 2.50-m-Hooker-Teleskop, zu arbeiten. Als der Krieg 1942 auch auf die USA übergriff, wurde *Baade* als feindlicher Ausländer interniert, denn er war immer noch deutscher Staatsbürger, obwohl er schon viele Jahre lang in den USA lebte. Es wird erzählt, er habe die Einwanderungspapiere verloren, und da ihn Formalitäten nie interessiert hätten, habe er sich nie wieder darum gekümmert.

Die Internierung war aber für seine Arbeit wie ein vom Himmel gewährter Vorteil, denn sein Internierungsort war das Mt. Wilson-Observatorium, und da die meisten seiner Berufskollegen zum Militärdienst herangezogen wurden, hatte er mehr Möglichkeiten, die großen Teleskope einzusetzen, als je zuvor. Dazu kam noch, daß die Großstadt Los Angeles, die zu Füßen des Mt. Wilson liegt, als Vorsichtsmaßnahme des Nachts verdunkelt wurde, so daß der Nachthimmel über dem Mt. Wilson so dunkel war wie schon lange nicht mehr und wie seitdem niemals wieder.

Baade hatte sich als Aufgabe gestellt, einen möglichst detaillierten Vergleich unserer eigenen Galaxis mit dem uns am nächsten liegenden großen System, der Andromeda-Galaxis M 31, durchzuführen. Dafür mußte er dieses System in Einzelsterne auflösen.

Das hatte als erster schon 1924 *Edwin Hubble* (1889–1953) auch auf dem Mt. Wilson erreicht, als er in M 31 einzelne δ Cephei Variable entdeckte und damit die Entfernung zu diesem System bestimmte. δ Cephei-Sterne sind aber helle und gleichzeitig seltene Objekte; jetzt ging es darum, die anderen, sehr viel häufigeren hellen Sterne des oberen Teils der Hauptreihe und des Riesenastes zu identifizieren. *Baade* stellte in langen Beobachtungsreihen zuerst fest, wie sich der Brennpunkt des 2.50-m-Teleskops bei einer Veränderung der Umgebungstemperatur systematisch verschiebt, um dann anschließend langdauernde Aufnahmen von M 31 zu machen, bei denen er laufend den Fokus nachregelte. Und er hatte den Erfolg des Tüchtigen, er bekam Aufnahmen mit einer bisher unerreichten Reichweite und Qualität, auf denen tatsächlich die hellsten Roten Riesen und natürlich auch die hellsten Hauptreihensterne sichtbar waren, und dies sowohl für M 31 selbst als auch für seine beiden Begleiter, die elliptischen Systeme NGC 205 und M 32. Auch mehrere Kugelsternhaufen von M 31 waren wenigstens in ihren Außenbezirken in Einzelsterne aufgelöst.

Das erstaunliche Resultat dieser Aufnahmen war nun, daß in den Kerngebieten von M 31 wie in den anderen genannten Systemen nicht die blauen OB-Sterne der Hauptreihe die hellsten Sterne sind, so wie es für die Sonnenumgebung oder auch in den Spiralarmgebieten von M 31 der Fall ist, sondern Rote Riesen. Baade erkannte, daß das Sterngemisch in den verschiedenen Teilen einer Galaxis durchaus unterschiedlich sein kann, daß es verschiedene «Sternpopulationen» gibt, die jeweils ganz verschiedene Farben-Helligkeits-Diagramme besitzen. Er unterschied zunächst nur die «Population I» mit einem Farben-Helligkeits-Diagramm ähnlich dem der Sterne der Sonnenumgebung und die «Population II» mit einem Farben-Helligkeitsdiagramm ähnlich dem der Kugelsternhaufen.

Weiterführende Untersuchungen vieler Astronomen brachten später eine Verfeinerung der Einteilung, und außer dem Erscheinungsbild des Farben-Helligkeits-Diagramms wurden noch andere Eigenschaften der Sternpopulationen, wie ihre Geschwindigkeitsverteilung, Verteilung in der Galaxis, Metallhäufigkeit usw., mit in das Klassifikationsschema einbezogen. Einen gewissen Abschluß der Definition der phänomenologischen Klassifikation der Populationen erhielt dieses Schema 1957 durch die Konferenz über Sternpopulationen in Rom.

Wichtiger als die formale Definition der verschiedenen Populationen ist, daß es heute keine Zweifel mehr daran gibt, daß die Ursache für die unterschiedlichen Populationen in dem unterschiedlichen Verlauf der Sternentstehungsgeschichte in diesen Gebieten liegen. Bei der extremen Population II der Kugelsternhaufen handelt es sich durchgehend um sehr alte Sterne mit einem Alter von mehr als 10^{10} Jahren. Damit steht für alle Sterne mit mehr als einer Sonnenmasse genügend Zeit zur Verfügung, um ihre Entwicklungssequenz voll durchlaufen zu haben und nur noch als Weiße Zwerge, Neutronensterne oder Schwarze Löcher zu existieren. Ihre Leuchtkraft ist dann so gering, daß sie aus größeren Entfernungen völlig unsichtbar sind das sichtbare Bild der Population wird von den Roten Riesen geprägt.

Andere Populationen weichen von der extremen Population II in dem Maße ab, in dem es in ihnen jüngere Sterne gibt. Da aber die Sternentstehungsrate an verschiedenen Orten einen sehr unterschiedlichen zeitlichen Ablauf nehmen kann, ist es nicht zu erwarten, daß man die Sternpopulationen in eine einfache, lineare Sequenz einordnen kann. Es ist aber häufig so, daß es für die verschiedenen Populationen charakteristische Sterntypen gibt, die gut wiederzuerkennen sind und die daher als Markierung für diese Population dienen können.

Eine solche Klasse charakteristischer Sterne sind die RR Lyrae-Sterne. Dies sind veränderliche Sterne ganz ähnlich wie die δ Cephei-Variablen, und auch sie verändern ihre Helligkeit, weil sich der Stern periodisch aufbläht und wieder abschwillt. Allerdings ist ihre Periode kürzer als die der δ Cephei-Variablen, sie beträgt nur 0.1–1 Tage, während die Periode der δ Cephei-Sterne zwischen 2 und 40 Tagen liegt.

Wegen ihres geringen Gehalts an schweren Elementen gehorchen die RR Lyrae-Sterne aber einer anderen Perioden-Leuchtkraft-Beziehung als die δ Cephei-Sterne. Diese Problematik zusammen mit anderen Komplikationen führte zu einer bekannten Revision der extragalaktischen Entfernungsskala um mehr als den Faktor zwei. Dies wird aber Thema eines späteren Kapitels sein.

Den grundlegenden Aufbau eines Milchstraßensystems studiert man daher am einfachsten anhand anderer Galaxien, da man diese von außen sieht und so die verschiedenen Komponenten unmittelbar unterscheiden kann. Solche Untersuchungen haben eine lange Tradition. *Hubble* hat in den USA dafür die wichtigsten Grundlagen und Ideen beigesteuert. Sein bekanntes «Stimmgabel-Diagramm» ordnet die Vielzahl der beobachteten Formen auf bequeme Weise. Diese Klassifikation in elliptische Systeme E0–E7, wobei der Zahlenwert Maß für die scheinbare Abplattung ist, Spiralsysteme Sa, Sb und Sc sowie die Balkenspiralen SBa, SBb und SBc können die große Mehrzahl der Systeme beschreiben, der Rest wird als irreguläre Systeme Ir ausgesondert. Die bei *Hubble* ursprünglich mit dieser Klassifikation verbundenen Entwicklungsvorstellungen finden heute keine Unterstützung mehr, da ihnen sowohl Beobachtungen als auch theoretische Überlegungen widersprechen.

Die Bauelemente der Galaxis

Der visuelle Eindruck der Galaxien unterschiedlicher Typen läßt sich am einfachsten beschreiben, indem man sie sich aus drei verschiedenen Bestandteilen zusammengesetzt denkt. Der «bulge» oder Bauch der Galaxie ist die sphärische oder elliptische zentrale Verdichtung um das Zentrum herum. In der galaktischen Ebene bildet die leuchtende Materie eine Scheibe, deren radialer Helligkeitsverlauf gut durch eine Exponentialfunktion dargestellt wird, und das Halo schließlich ist wiederum eine sphärische oder elliptische Verteilung von Sternen, die die Galaxie konzentrisch umgeben. Die verschiedenen Galaxientypen (vgl. S. 134f.) unterscheiden sich in der Bedeutung, welche die einzelnen Komponenten haben: Während elliptische Systeme wahrscheinlich nur aus der Bauchkomponente bestehen, nimmt die Bedeutung dieser Komponente von Sa zu Sc hin ab. Unsere eigene Milchstraße ist nach dem Urteil der auf diesem Gebiet tätigen Astronomen vom Typ Sb bis Sc.

Abb. 22
Scheibe und zentraler «Bauch» der Sombrero-Hut-Galaxis M 104.

Auf seinen hochauflösenden Aufnahmen von M 31 stellte *Baade* fest, daß für den Bauch dieser Galaxis die RR Lyrae-Sterne charakteristisch sind, so daß mit ihrer Hilfe wahrscheinlich auch die Frage nach dem Bauch unserer eigenen Milchstraße beantwortet werden kann. Da der «bulge» aber in Richtung des galaktischen Zentrums zu suchen ist, wird er in unserer Galaxis durch starke interstellare Extinktion verdeckt, nur seine Außenbezirke werden auf Weitwinkelaufnahmen sichtbar.

Glücklicherweise hilft uns hier der Umstand weiter, daß der interstellare Staub nur in zufällig verteilten Wolken vorkommt. Es kann durchaus geschehen, daß in einzelnen Richtungen zufälligerweise weniger Wolken hintereinander aufgereiht sind, so daß wir ein «Durchsichtloch» vor uns haben. Durch systematisches Durchmustern von Weitwinkelaufnahmen hat *Baade* solche Richtungen herausgefunden; besonders eine Gegend, die nur wenige Grad von der Richtung zum galaktischen Zentrum abweicht, ist als das «Baadesche Fenster» bekanntgeworden. Hier sieht man Kugelsternhaufen und extragalaktische Systeme des Hintergrunds, und hier untersuchte *Baade* die Verteilung der RR Lyrae-Sterne entlang des Sehstrahls. Tatsächlich fand er eine deutliche Erhöhung ihrer Häufigkeit in einer Entfernung von ca. 8 kpc. Sie gehört zum galaktischen Bauch, und 8 kpc ist die Entfernung zum galaktischen Zentrum.

Natürlich besteht der Bauch nicht nur aus RR Lyrae-Sternen, der Hauptteil besteht aus anderen Roten Riesen und roten Zwergsternen. Die Wirkung dieser Sterne geht im visuellen Spektralbereich weitgehend unter, sie dominieren aber die Strahlung im nahen Infrarotbereich bei 2 μm, und dort ist daher der galaktische Bauch sehr deutlich sichtbar.

Viel interessanter als die «bulge»-Komponente der Galaxien ist die Scheibe, denn sie enthält das, was vielen dieser Galaxien ihren Namen eingetragen hat: die Spiralstruktur. Die Untersuchungen von *Baade* und *Mayall* stellten fest, daß diese Spiralstruktur vorwiegend von sehr hellen, blauen Sternen der Hauptreihe, sogenannten OB-Sternen, und von hellen Emissionsnebeln gebildet wird. Wenn man daher die Spiralstruktur in unserer eigenen Galaxis nachweisen will, empfiehlt es sich, diese in der Verteilung solcher Sterne zu suchen, und tatsächlich fanden 1951 *W. W. Morgan* vom Yerkes Observatorium bei Chicago und zwei seiner damaligen Studenten, *Osterbrock* und *Sharpless*, erste Andeutungen von galaktischer Spiralstruktur, als sie die räumliche Anord-

nung von OB-Assoziationen und HII-Gebieten der weiteren Sonnenumgebung aufzeichneten.

Man kann die Entfernungen einzelner O- und B-Sterne nicht
mit der notwendigen Genauigkeit bestimmen; dies geht sehr viel
besser, wenn diese Sterne Mitglieder von Sternhaufen bzw. losen
Sternaggregaten, sogenannten Assoziationen, sind. Dabei ergab
sich ein erstaunliches Resultat. Wenn man die Theorie der Sternentwicklung zu Hilfe nimmt, kann man ein Alter für diese Aggre-
gate abschätzen. Es stellt sich heraus, daß man eine deutliche
Spiralstruktur nur dann findet, wenn die Objekte, die für die
Markierung verwandt wurden, jünger als einige Millionen Jahre
sind. Verwendet man ältere Objekte, dann ist die Struktur verwa-
schen und undeutlich. Spiralstruktur ist also ein Phänomen junger
Objekte und nur deshalb so auffällig, weil diese besonders hell
leuchten. *Baade* drückte dies so aus: «Die Spiralstruktur ist nur der
Zuckerguß auf dem Kuchen», die Grundstruktur der Scheibe ist
wahrscheinlich weithin unbetroffen.

Galaktische Mechanik

Ein volles Verständnis für die Bedeutung und die gegenseitigen
Abhängigkeiten dieser unterschiedlichen Bauelemente einer Galaxis wird man erst dann erreichen, wenn die Entwicklungsgeschichte der Galaxien verstanden ist. Davon ist man heute noch
weit entfernt. Aber ebenso, wie als Voraussetzung für eine Theorie
der Sternentwicklung der Aufbau der Sterne verstanden werden
mußte, so muß vor einer Entwicklungstheorie geklärt werden, wie
die unterschiedlichen Bestandteile einer Galaxis aufgebaut sind
und welche Kräfte wirksam sind, um ihre Gestalt aufrechtzuerhalten, und wie sie miteinander wechselwirken.

Wieder ist die Gravitation dabei die maßgebliche Kraft. Der
Bau einer Galaxis wird durch ein Gleichgewicht zwischen der
gravitativen Anziehungskraft seiner materiellen Bestandteile und
einer zweiten Kraft aufrechterhalten, welche versucht, die Materie
auseinanderzutreiben. Ähnliche Verhältnisse hatten ja schon beim
Aufbau einzelner Sterne vorgelegen, dort war der thermodynamische Gasdruck als Gegenkraft zur Gravitation aufgetreten. Für
eine ganze Galaxis ist die Situation allerdings nicht ganz so einfach.

Gasdruck wird durch die thermische Bewegung der Gasmo-
leküle erzeugt, und da die interstellare Materie vorwiegend aus

Gas besteht, gibt es dort natürlich einen Gasdruck. Dieser ist aber nur in ganz bestimmten Ausnahmesituationen so groß, daß er für den Aufbau einer ganzen Galaxis von Bedeutung ist. Auf die Bewegung der Sterne hat er keinen Einfluß.

Trotzdem gibt es in der Bewegung der Sterne eine Größe, die formal so ähnlich wie ein Druckterm aussieht und die immer dann auftritt, wenn die Bewegung der Sterne in einem Volumenelement, das klein ist im Vergleich zum Gesamtsystem, weitgehend ungeordnet ist. Maßgeblich ist hier die Streuung der Geschwindigkeit der Sterne um ihren Mittelwert: je größer diese ist, desto höher ist der kinematische Druck.

Eine andere Möglichkeit, der Gravitationskraft die Waage zu halten, ist gegeben, wenn das Sternsystem rotiert. Es treten dann Zentrifugalkräfte auf, die der Gravitation entgegenwirken. Im Gegensatz zu den Pseudo-Druckkräften kommt es hierbei auf die mittlere Bewegung der Sterne im Volumenelement an. Es ist daher möglich, daß ein Sternsystem durch eine Kombination beider Kräfte im Gleichgewicht gehalten wird, sowohl durch die Rotation als auch durch den Anteil der ungeordneten Bewegung der Sterne.

Dies ist besonders wichtig, da die beiden Kräfte ganz unterschiedliche Auswirkungen haben. Eine Rotation erfolgt immer um eine Achse, und die resultierenden Zentrifugalkräfte sind dann senkrecht zu dieser Achse ausgerichtet. Rotation kann daher immer nur die Gravitationswirkung einer Materieanordnung mit zylindersymmetrischem Aufbau kompensieren.

Das ist anders für den kinematischen Druck. Er kann je nach Art der Geschwindigkeitsverteilung der Sterne wie ein gewöhnlicher Gasdruck in alle Richtungen wirken. Oft wird er allerdings für verschiedene Richtungen eine unterschiedliche Stärke besitzen. Dies sind aber Feinheiten, die uns hier nicht interessieren müssen.

Der unterschiedliche Bau der Bestandteile der Galaxis kann so durch eine entsprechende Gewichtung der Gegenkräfte zur Selbstgravitation der Materie verstanden werden. Der nahezu sphärisch aufgebaute «bulge» oder Bauch der Galaxis ist danach vorwiegend «druckstabilisiert». Tatsächlich weisen auch diejenigen Einzelsterne, die nach unserem heutigen Kenntnisstand zum «bulge» gehören, eine sehr breite Streuung der Radialgeschwindigkeiten auf, ohne daß dabei die Anzeichen für eine galaktische Rotation bemerkbar werden.

Leider ist die Entscheidung, ob Druckstabilisierung oder Stabilisierung durch Rotation vorliegt, nicht immer völlig eindeutig, da immer nur die Radialgeschwindigkeitskomponente meßbar ist und der Verlauf der anderen beiden Geschwindigkeitskomponenten offen bleiben muß.

Geht man aber vom «bulge» zur Scheibenkomponente über, dann wird die Aussage eindeutig. Hier ist die Wirkung der galaktischen Rotation nicht zu übersehen, und je flacher die Anordnung der Objekte in der Scheibe ist, desto ausschließlicher wird sie durch die Rotation bestimmt.

Galaktische Massenmodelle

Rechenschaft über den Beitrag der verschiedenen Strukturelemente kann man sich am besten geben, wenn man ein sogenanntes Massenmodell der Galaxis konstruiert. In ihm werden die Massenverteilung und Geschwindigkeitsverteilung so genau angegeben, daß man die jeweiligen Kräfte explizit berechnen kann. Zwar hängen die Gravitationskräfte nicht vom Geschwindigkeitszustand der Materie ab, dafür spielt hier die räumliche Verteilung eine Rolle. Es ist nämlich für Betrag und Richtung der Gravitationskräfte sehr wichtig, ob die Materie wie bei einem Stern in konzentrischen Kugelschalen verteilt oder ob sie scheibenförmig angeordnet ist. Diese Kräfte müssen dann durch eine Kombination von Druck- und Rotationskräften balanciert werden.

Ziel ist natürlich eine eindeutige Bestimmung der Massenverteilung der unterschiedlichen Bauteile der Galaxis. Dies ist aber leider nur mit Einschränkungen möglich, da die Wirkung der Masse eines Bauteils oft durch eine Modifikation der Massenverteilung eines anderen Bauteils ersetzt werden kann.

Mit relativ großer Sicherheit kann man aber die Verteilung der gesamten gravitierenden Materie in der Galaxis bestimmen. Diese folgt recht direkt aus der gemessenen Rotationskurve, wenn man nur ungefähre Angaben über die räumliche Anordnung der Materie machen kann. Es ist dann besonders interessant, diese Massenverteilung mit den Angaben zu vergleichen, die man aus der Verteilung der leuchtenden Sterne erhält. Und dabei findet man bemerkenswerte Diskrepanzen.

Bereits der Gesamtbetrag der Materie, die notwendig ist, damit ihre Gravitationswirkung ausreicht, die aus der gemessenen Rotationsgeschwindigkeit berechnete Zentrifugalkraft zu kompensieren, ist um die Faktor 100 größer, als aus der leuchtenden Materie erschlossen wurde. Da die Gravitationskraft aber nur durch Materie erzeugt werden kann, muß es nichtleuchtende, «dunkle» Materie geben.

Forderungen nach der Existenz einer solchen unsichtbaren Materiekomponente wurden zuerst vom Schweizer Astronomen *Fritz Zwicky* (1898–1974) im Jahr 1935 angemeldet. Von der astronomischen Öffentlichkeit werden diese Forderungen allerdings erst seit etwa 10 Jahren richtig zur Kenntnis genommen.

Woraus diese «dunkle Materie» besteht, ist zur Zeit noch völlig offen, obwohl man Einschränkungen angeben kann, was alles sie *nicht* sein kann. Die Argumentation läuft häufig wie folgt: Man zeigt, daß ein Vorschlag zu bestimmten Konsequenzen führen würde, die aber nicht beobachtet werden. Zum Beispiel kann die dunkle Materie nicht aus kaltem Gas bestehen, da dann die davon ausgesendete 21-cm-Linie im Radiobereich sichtbar sein müßte. Andere Vorschläge führen zu anderen Konsequenzen, daher werden zur Zeit als mögliche Kandidaten nur einige wenige Möglichkeiten diskutiert.

So könnte die dunkle Materie aus «kleinen Jupitern» bestehen, d.h. aus Sternen, deren Masse zu gering ist, als daß in ihrem Inneren Kernfusion im nennenswerten Umfang ablaufen könnte. Die Größe dieser Brocken könnte herabreichen bis zu Durchmessern von wenigen Kilometern. Allerdings kann bisher niemand erklären, warum die Materie sich vorzugsweise zu solch kleinen Brocken zusammengeballt hat, aber das ist nicht unbedingt ein Argument gegen diesen Vorschlag.

Viele theoretische Physiker vertreten dagegen die Vorstellung, daß die unsichtbare Masse in Form von exotischen Elementarteilchen vorliegt, deren Existenz aufgrund von bisher sehr spekulativen einheitlichen Feldtheorien postuliert wird. Hier ist zur Zeit noch alles im Fluß, so daß es schwierig ist, einigermaßen zuverlässige Auskünfte zu erhalten. Es ist aber bemerkenswert, daß einige der wenigen empirischen Entscheidungskriterien für die Brauchbarkeit solcher Theorien aus astrophysikalischen Konsequenzen bestehen.

Spiralstruktur

Die Auswirkungen der galaktischen Rotation sind am deutlichsten in der Scheibenkomponente zu bemerken. Hier ist die Tatsache besonders wichtig, daß in dieser eine starke differentielle Rotation herrscht. Die Scheibe rotiert also nicht wie ein starrer Körper. Vielmehr haben Gegenden mit einem unterschiedlichen Abstand vom Zentrum auch eine unterschiedliche Umlaufperiode. Dadurch wird jede räumliche Struktur in der Scheibe in kurzer Zeit in ein spiralförmiges Gebilde auseinandergezogen. Dies geschieht mit einer Zeitskala, die durch die Rotationsperiode gegeben ist. Mit der gleichen kurzen Zeitskala wird dann aber diese Spiralstruktur so eng aufgewickelt, daß sie wieder verschwimmt.

Spiralförmige Strukturen sind daher für ein differentiell rotierendes System ganz natürlich, allerdings ist die Lebensdauer so entstandener Gebilde immer nur sehr kurz. Wenn wir daher spiralige Strukturen in Galaxien beobachten, dann ist allenfalls der Umstand erstaunlich, daß es Gründe für die Vermutung gibt, daß diese Strukturen trotz der Wirkung der differentiellen Rotation sehr langlebig sein müssen. Dieser Schluß stammt von der Beobachtung, daß ca. 30% aller Galaxien eine großräumige Spiralstruktur aufweisen. Es muß also einen Mechanismus geben, der laufend eine solche Spiralstruktur immer wieder neu auffrischt oder sie phasengetreu zur alten Struktur wieder neu erzeugt.

Seit etwa 20 Jahren gibt es zwei Theorien, die versuchen, eine solche Erklärung zu liefern: die Dichtewellentheorie der Spiralstruktur und die Theorie der stochastischen Sternentstehung. Beide Theorien sind in gewisser Weise komplementär zueinander: Jede kann besonders gut solche Beobachtungen erklären, die der anderen Theorie Schwierigkeiten bereiten. Eine definitive Theorie wird daher wahrscheinlich Züge beider Ansätze vereinen.

Die Dichtewellentheorie

Die Dichtewellentheorie der galaktischen Spiralstruktur wurde nach Vorarbeiten von *Lindblad* und anderen von dem chinesisch-amerikanischen Hydromechaniker *Lin* und seinen Schülern und Mitarbeitern am MIT in den USA im Zeitraum von 1964–1970 entwickelt. Für diese Theorie ist wichtig, daß eine Verdichtung in einem kompressiblen Medium eine Fortpflanzungsgeschwindigkeit hat, die völlig unterschiedlich von der Strömungsgeschwindigkeit der Materie in diesem Medium sein kann. Insbesondere kann eine spiralförmige Verdichtungswelle in einem Medium mit differentieller Rotation trotzdem wie ein starrer Körper rotieren.

Die Materie strömt dann durch das Spiralmuster hindurch. Dieses bewirkt nur, daß die einzelnen Partikel sich an den Orten erhöhter Raumdichte etwas länger aufhalten als an den Orten verminderter Dichte.

Dies ist in vieler Hinsicht ganz ähnlich wie bei der Ausbreitung einer Schallwelle. Auch hier bedeutet eine Ausbreitungsgeschwindigkeit von 340 m s^{-1} in Luft nicht, daß sich die Luftmoleküle mit dieser Geschwindigkeit in Ausbreitungsrichtung bewegen – im Gegenteil, jedes Luftmolekül entfernt sich nur wenig von seiner Gleichgewichtsposition.

Ganz Analoges gilt für die Sterne, die Träger der Dichtewelle in der galaktischen Scheibe. Sie bewegen sich als Gleichgewichtszustand auf sehr kreisähnlichen Bahnen um das galaktische Zentrum. Die Spiralwelle besteht aus einer kleinen Störung dieser Gleichgewichtsbahn, der Stern bewegt sich von seiner Bahn fort, pendelt um diese herum. Wenn diese Bahnstörungen benachbarter Sterne phasengleich sind, dann kommt es zu einer spiralförmigen Dichtewelle, und ihre Gravitationswirkung sorgt dann wiederum für die Aufrechterhaltung der großräumigen Struktur.

Folgt man der Bewegung dieser Verdichtungswelle durch die galaktische Scheibe, dann strömen die Sterne durch die Spiralwelle hindurch; es ist immer wieder neue Materie, welche die Dichtewelle bildet. Der Gesamtbetrag, um den die Anzahldichte der Sterne in einer solchen Welle verändert wird, ist nur relativ gering – sicher unter 30%, und oft nur in der Gegend von einigen Prozent. Trotzdem kann ihre Wirkung auf das Gesamtbild der Galaxis ganz bedeutend sein. Dies liegt daran, daß eine Dichtewelle großen Einfluß auf die Sternentstehungsrate haben kann.

Dies geschieht auf folgende Weise: Ganz ähnlich, wie Sterne durch die Dichtewelle hindurchströmen, tun dies auch interstellare Wolken und Wolkenkomplexe, sie bewegen sich von den Innenseiten der Spiralarme in diese hinein und verlassen sie dann nach ca. 20–100 Millionen Jahren auf den Außenseiten. Aber während sie sich im Bereich des Spiralarms aufhalten, wirkt sich die erhöhte Anzahldichte der Sterne und die Veränderung des Gravitationsfeldes wie eine Erhöhung des Außendrucks der Wolke aus, und die Dichte in ihr steigt. Wenn die Bedingungen günstig sind, reicht dieser Druckanstieg gerade aus, die Wolke gravitationsinstabil zu machen, sie kollabiert und bildet neue Sterne. Damit werden die Dichtewellen zu Gegenden mit erhöhter Bildungsrate von Sternen. Die neuen Sterne erscheinen dann als leuchtkräftige

Abb. 23
Die Spiralgalaxis M 83, eine der schönsten Spiralgalaxien des südlichen Stern-
himmels.

O- und B-Sterne, die damit vor allem in der Nähe der Spiral-Ma-
xima vorkommen sollten. Die Beobachtungen, daß Spiralarme
vorzugsweise von jungen O- und B-Sternen sowie von leuchtenden HII-Gebieten markiert werden, finden hier somit eine zwanglose Erklärung.

Diese Theorie hat darüber hinaus noch viele weitere Vorzüge.
Sie macht Aussagen über Besonderheiten der Geschwindigkeits-
felder, die im Zusammenhang mit der Spiralstruktur auftreten
sollten, und die auch weitgehend so gemessen werden. Daher
wurde sie lange Zeit nahezu unbestritten akzeptiert. Es blieben
aber einige Probleme trotz vieler Versuche einer Klärung ungelöst,
und dies führte dazu, daß heute die Situation als weitgehend
ungeklärt angesehen wird, was die Gültigkeit der Dichtewellentheorie angeht.

Eines der Hauptprobleme wird dadurch aufgeworfen, daß
sich auch eine Dichtewelle wie andere Wellenphänomene ausbreitet. So wird eine Dichtewelle zwar nicht von der differentiellen
Rotation aufgewickelt, sie pflanzt sich aber je nach Typ entweder
zum Rotationszentrum der Galaxis oder nach außen hin fort.
Dabei wird die Wellenamplitude stark gedämpft, so daß ein «Mo-

tor» nötig ist, wenn sie über Zeiträume von 10^9 Jahren weiterleben
soll. Ein solcher Antrieb für die Wellenanregung ist noch nicht
gefunden worden; alle bisherigen Konstruktionen, auch wenn sie
mathematisch noch so raffiniert aufgebaut waren, haben die Erwartungen enttäuscht.

An dieser Situation haben auch umfangreiche Simulationsrechnungen gegenüber Dichtewellenstörungen nichts Wesentli-
ches geändert. Es war immer möglich, wunderschöne Spiralbilder
mit solchen Modellrechnungen zu erzeugen. Da aber dabei so
viele freie Parameter angepaßt werden mußten, ist die Signifikanz
all dieser Rechnungen unklar und umstritten.

Stochastische Spiralstruktur

Eine Eigenschaft der Dichtewellentheorie, die für ihren Erfolg bei
der Erklärung des Aussehens der galaktischen Spiralstruktur
maßgebend war, ist der Umstand, daß die Verdichtung der Materie beim Durchwandern der interstellaren Wolken durch einen
Spiralarm als Anregung zur Entstehung neuer Sterne wirkt. Solche «induzierte Sternentstehung» kann man aber auch auf andere
Weise erreichen, und dies verwendet die andere Theorie der galaktischen Spiralstruktur, die in den letzten Jahren Beachtung
gefunden hat: die Theorie der «stochastischen Sternentstehung».

Wenn Sterne unterschiedlicher Masse in einer großen Wolke
entstehen, dann verläuft der ganze Vorgang für massereiche Sterne mit $M > 10\ M_o$ so schnell ab, daß diese Sterne sich längst
gebildet haben und ihre Entwicklung bis hin zu einer Supernova-
explosion abgeschlossen haben, bevor sich die massearmen Sterne
mit $M < 0.8\ M_o$ überhaupt bilden konnten. Damit beeinflußt der
starke Sternwind der massereichen Sterne ebenso wie die gewaltige Schockfront, die von einer Supernova-Explosion ausgelöst
wird, die Eigenschaften des Mediums, aus dem sich erst die mas-
senärmeren Sterne bilden wollten. Sternwind und Schockfront
können die bisher ungestörten Wolken komprimieren und neue
Sternentstehung auslösen – es kommt zu induzierter Sternentstehung.

Andererseits werden natürlich die interstellaren Wolken
durch den Wind und die Schockfront teilweise zerrissen und im
Raum verteilt – beide Effekte sind wirksam.

Rechnet man diese Situation in einem Modell durch, dann
zeigt es sich, daß es bei einer Vielzahl von Situationen zu einer

Abb. 24
Bei dieser Galaxis ist der Kern und der Bauch der Galaxis kleiner, die Spiralarme
sind offener und besser getrennt als in Abb. 23. Die Abb. zeigt, wie unterschiedlich das Aussehen von Galaxien sein kann.

fortschreitenden Sternentstehung kommt. Die Sternentstehungs-
fronten werden von der differentiellen Rotation zu spiraligen
Mustern auseinandergezogen, und oft entstehen sogar großräumige Spiralstrukturen. Die so erzeugten «Modellspiralen» sehen
oft erstaunlich realistisch aus.

Bisher ist offen, welche der beiden Theorien die Beobachtungen am besten erklären kann. Wenn tatsächlich kinematische und
dynamische Besonderheiten mit der Spiralstruktur verbunden
sind, dann scheint der Dichtewellentheorie der Vorzug zu gehören. Viele Details der Beobachtung und auch die Spiralstruktur,
wie sie die mehr unregelmäßigen Spiralsysteme aufweisen, scheinen besser durch die stochastische Sternentstehung beschreibbar
zu sein.

Kapitel 6:
Bausteine der Welt im Großen

Welteninseln

Die Antwort auf die Frage nach dem Aufbau unserer Galaxis ist untrennbar verbunden mit der Bestimmung der Entfernung der sogenannten «spiralförmigen und elliptischen Nebelflecken» und damit der Beantwortung der weitergehenden Frage, welches ihre Rolle als Strukturelement des Universums ist. Es ist die Entscheidung, ob diese Objekte selbst unabhängige Milchstraßensysteme sind, Welteninseln, ganz analog unserem eigenen System und mit ähnlichen geometrischen Dimensionen, oder ob sie eine besondere Klasse von Objekten unserer eigenen Galaxis sind.

Die Vorstellung von den «Welteninseln» wurde schon 1755 von *Kant* in seiner Schrift *Allgemeine Naturgeschichte und Theorie des Himmels* aufgestellt. Er schreibt dort im ersten Teil: «Wenn ein System von Fixsternen, welche in ihren Lagen sich auf eine gemeinschaftliche Fläche beziehen, so wie wir die Milchstraße entworfen haben, so weit von uns entfernt ist, daß alle Kenntlichkeit der einzelnen Sterne, daraus er bestehet, sogar dem Sehrohre nicht mehr empfindlich ist ..., so wird dieselbe unter einem kleinen Winkel als ein mit schwachem Licht erleuchtetes Räumchen erscheinen, dessen Figur zirkelrund sein wird, wenn seine Fläche sich dem Auge geradezu darbietet und elliptisch, wenn es von der Seite gesehen wird. ...

Man darf sich unter den Beobachtungen der Sternkundigen nicht lange nach dieser Entscheidung umsehen. Sie ist von unterschiedlichen Beobachtern deutlich wahrgenommen worden. Man hat sich über ihre Seltsamkeit verwundert.»

Dies ist ein weitreichendes Szenarium mit großer innerer Überzeugungskraft, so daß es nicht verwunderlich ist, daß es in Kreisen naturwissenschaftlich interessierter Laien und unter Philosophen weite Verbreitung und starke Unterstützung fand. Fachastronomen waren dagegen meistens wesentlich skeptischer,

denn die entscheidende Bestimmungsgröße, die über das Schicksal dieses Bildes entscheidet, die Entfernung zu diesen «Nebelflecken», war erstaunlich schwierig zu messen. Es sollte mehr als
150 Jahre dauern, bis die Entscheidung fiel.

Typisch für diese Situation ist der Meinungswandel, den der
große Astronom *Wilhelm Herschel* im Laufe seines Lebens in bezug
auf diese Frage durchmachte. Bei der Interpretation seiner «Sterneichungen» von 1785 – es ist dies die Arbeit, in der er sein
bekanntes Bild der Milchstraße als Galaxis vorstellte – legte er die
Vorstellung der Nebelflecken als Welteninseln zugrunde. Später,
in Veröffentlichungen von 1811 und 1817, tendierte er mehr zur
Überzeugung, daß diese alle Mitglieder unseres eigenen Milchstraßensystems sind.

Während des ganzen 19. Jahrhunderts gab es sehr unterschiedliche Meinungen zu dieser Frage, im letzten Jahrzehnt verstärkte sich sogar die Überzeugungskraft der Argumente für die
lokale Interpretation. Der Grund dafür waren Beobachtungen im
Andromedanebel, die nach dem damaligen Kenntnisstand nur
auf diese Weise gedeutet werden konnten. Es handelt sich hierbei
um Beobachtungen einer «Nova», eines sogenannten «Neuen
Sterns».

Neue Sterne – Novae

Während die Helligkeit der meisten Sterne am Himmel unveränderlich zu sein scheint – wenigstens wenn man die Lebensspanne
der Menschen oder sogar die Dauer der europäischen Überliefe-
rung zugrunde legt –, gibt es bestimmte Klassen von Sternen mit
veränderlicher Intensität. Einige ändern ihre Helligkeit periodisch
in immer wiederkehrender Weise wie die bereits früher erwähnten δ Cephei-Sterne, andere dagegen sind sogenannte «Neue Sterne» oder «Novae». Diese zeigen, ausgehend von einem schwachen, oft unbeobachteten Praenova-Stadium konstanter Helligkeit, einen plötzlichen Strahlungsausbruch, in dem die Helligkeit
um den Faktor 10000 und mehr zunimmt. Der Helligkeitsaus-
bruch erfolgt innerhalb von Stunden, die Abnahme dauert dann
Wochen bis Monate.

Wir wissen heute, daß solche «Novae» keine neuen Sterne
sind, sondern vielmehr alte Sterne, die am Ende ihrer Entwicklung
angekommen sind. Sie werden als sogenannte kataklysmische
Variable gedeutet. Dies sind Doppelsternsysteme mit einem küh-

len, relativ massearmen Stern und einen Weißen Zwerg. Dieser hat seine Kernbrennstoffe weitgehend verbraucht und leuchtet nur noch schwach aufgrund seiner thermischen Energiereserven.

Der kühle Begleiter dieses Weißen Zwergs bläst im Zuge seiner Sternentwicklung Masse von seiner Oberfläche ab, die wegen der Nähe zum Weißen Zwerg größtenteils von diesem eingefangen wird. Dies geschieht nicht direkt, die Materie sammelt sich vielmehr zunächst in einer sogenannten «Akkretionsscheibe» um den Weißen Zwerg an. Auf die wichtige Rolle, die solche scheibenförmigen Ringe um Sterne für viele Prozesse im Kosmos spielen, sind wir ja schon weiter oben eingegangen. Hat diese Scheibe eine kritische Masse erreicht, bricht sie zusammen, und ihr Inhalt regnet auf den Weißen Zwerg hinab.

Da der Druck und die Dichte in der Atmosphäre eines Weißen Zwergs wesentlich größer ist, als es für normale Sterne der Fall ist, können Dichte und Temperatur der frisch herabgeregneten Materie solche Werte erreichen, daß Kernfusionsprozesse möglich werden, in denen der Wasserstoff zu Helium verschmilzt. Es wird daher plötzlich eine neue, große Energiequelle angezapft, die in Form einer gewaltigen Explosion abläuft.

Dabei wird die Hülle der Nova abgestoßen und expandiert als Kugelschale mit einigen tausend km/s in den Raum hinaus. Damit vergrößert sich die abstrahlende Fläche, so daß die Helligkeit des Sterns extrem schnell anwächst. In der Hülle nehmen die Dichte und die Temperatur ab, zuerst brechen die Fusionsprozesse ab, nach einigen Tagen oder Wochen wird die Hülle durchsichtig, und schließlich fällt auch die Energieabstrahlung wieder langsam auf den Wert ab, den der Stern schon vor dem Ausbruch hatte.

Die abgestoßene Hülle in einem solchen Novaausbruch enthält nur 10^{-4}–10^{-5} Sonnenmassen, und das System übersteht ihn relativ unbeschädigt. Für manche Novae sind solche Ausbrüche schon mehrfach beobachtet worden. Es gibt Vermutungen, daß alle Novae in Wahrheit solche «rekurrierende Novae» sind, nur mit wesentlich längeren Perioden.

Die Astronomen beobachten pro Jahr mehrerer solcher Nova-Ausbrüche. Über die ganze Galaxis verteilt können es bis zu 100 pro Jahr sein, von denen allerdings der größte Teil wegen der interstellaren Absorption unentdeckt bleibt. Als daher 1885 *Ernst Hartwig* (1851–1923) in Dorpat/Estland im Andromedanebel eine Nova entdeckte, wurde dies zwar als bemerkenswert notiert, aber nicht als Sensation empfunden. Bei dieser Entdeckung hat, wie so oft, der Zufall eine große Rolle gespielt, denn Hartwig soll sie gefunden haben, als er den Andromedanebel einer Besucherin im 9½ Fraunhofer Refraktor mit 9,5 Zoll zeigte, mit dem *Struve* seinerzeit seine bahnbrechenden Arbeiten durchgeführt hatte.

Die Helligkeit dieser «Nova» erreichte im Maximum 6^m. Sie war daher gerade mit dem bloßen Auge sichtbar, und ein solcher Wert paßte auch gut zu den Maximalhelligkeiten der anderen galaktischen Novae. Sie wurde daher als starkes Indiz dafür genommen, daß der Andromedanebel Mitglied des Milchstraßensystems sein muß.

Supernovae

Wir wissen heute, daß dies falsch ist – die Ursache des Fehlschlußes war, daß die Nova im Andromedanebel keine gewöhnliche Nova war, sondern eine viel hellere und seltenere Supernova. Von der Existenz einer solchen Klasse von Objekten wußte man zu Hartwigs Zeiten noch nichts, diese entdeckten erst *Baade* und *Zwicky* 1934.

Damals war durch die Arbeiten von *Hubble* schon seit fast zehn Jahren geklärt, daß die «Nebelflecken» tatsächlich Galaxien, vergleichbar mit unserem eigenen Milchstraßensystem, sind, deren Lichtschwäche nur durch ihre große Entfernung verursacht wird. Als *Baade* und *Zwicky* daher feststellten, daß die große Helligkeit der Hartwigschen Nova im Andromedanebel keine Einzelerscheinung ist, sondern daß auch in anderen Galaxien plötzlich Sterne aufgeleuchtet waren, die im Maximum eine Helligkeit, vergleichbar mit der Strahlung des ganzen Systems, erreichen, erkannten sie die Existenz einer besonderen Klasse von hellen Novae, den sogenannten «Supernovae».

Bei dem Ausbruch einer Supernova muß es sich um einen Vorgang handeln, der am Ende der Entwicklung von massereichen Sternen liegt. Die Kernfusion im Sterninneren führt ja schrittweise zum Aufbau schwerer Atomkerne aus der ursprünglich vorwiegend aus Wasserstoff bestehenden Sternmaterie. Dieser Vorgang kann unter Abgabe von Energie bis hin zum Eisen ablaufen, dann wird er zum Stehen kommen, da die Bindungsenergie der Atomkerne beim Eisen ihr Maximum hat. Schwerere Atomkerne können daher nur unter Energiezufuhr entstehen.

In einem massereichen Stern – denn nur bei solchen wird die Entwicklung alle Phasen durchlaufen – sammelt sich also um den

Mittelpunkt des Sterns herum «verbrauchte» Sternmaterie aus Eisen an und bildet einen passiven Kern. Er wird im Laufe der Zeit
immer massereicher, seine Dichte nimmt immer mehr zu, bis
schließlich der Druck in seinem Inneren nicht mehr ausreicht, die
darüber liegende Sternmaterie zu unterstützen. Der Kern des
Sterns kollabiert und wird zu einem Neutronenstern oder sogar zu
einem Schwarzen Loch. Durch den Kollaps entsteht eine gewaltige
Explosionswelle, die in der Sternhülle weitere Kernreaktionen aus-
löst und schließlich die Hülle in einer gewaltigen Explosion in den
Raum hinausschleudert. Die Masse dieser Hülle ist von der Größenordnung einer Sonnenmasse, und auch die Gesamtenergie des
Ausbruchs ist ein Vielfaches von derjenigen eines Novaausbruchs.

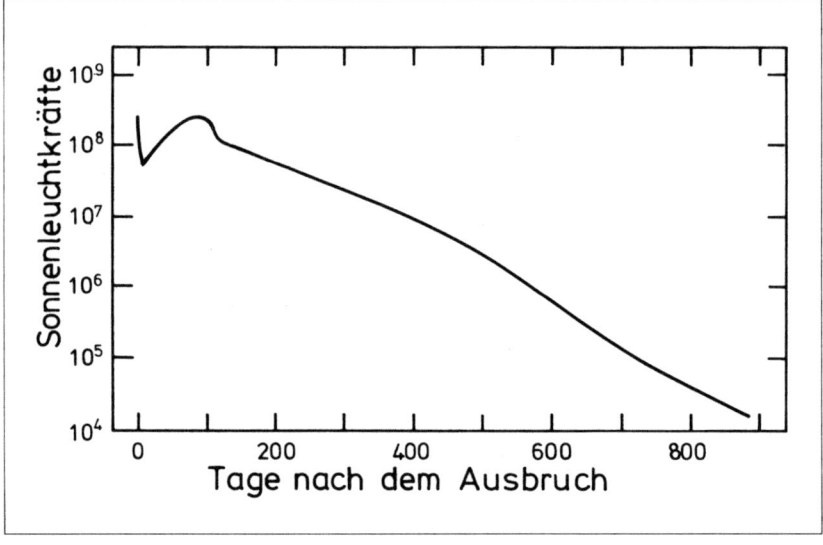

Abb. 25
Die Lichtkurve der Supernova 1987A. Der Kollaps des Vorgängersterns wird
durch einen sehr hellen, kurzdauernden ($< 2^d$) Lichtblitz angezeigt, die expandierende Explosionswolke setzt dann einen Teil der freigesetzten Energie in
Strahlung um. Vom 130. Tag an wird die Strahlungsenergie der Supernovahülle
vorwiegend durch den radioaktiven Zerfall von ^{56}Co geliefert, das erst durch die
Supernovaexplosion selbst erzeugt worden war.

Wenn der Stern auch den Supernova-Ausbruch überlebt, geht
er doch als völlig verändertes Objekt daraus hervor. Ein solcher
Ausbruch ist für einen Stern ein einmaliger Vorgang. Die Explosionswolke bleibt für einige 1000 Jahre als Supernova-Überrest

radioastronomisch nachweisbar. Daher kann man über die Häu-·
figkeit solcher Supernova-Ausbrüche recht gut verbürgte Aussagen machen.

Sie sind wesentlich seltener als die gewöhnlichen Novae.
Wenn man auch abschätzt, daß in unserer Galaxis etwa alle 30–50
Jahre ein solcher Ausbruch stattfinden sollte, so sind tatsächlich
nur sehr wenige beobachtet worden. Im Jahr 1572 beobachtete
Tycho Brahe seinen neuen Stern im Sternbild der Cassiopeia, von
dem wir heute wissen, daß es sich um eine galaktische Supernova
handelte, und im Jahr 1604 wurde von *Kepler*, *Galilei* und anderen
die Supernova im Ophiuchus verfolgt.

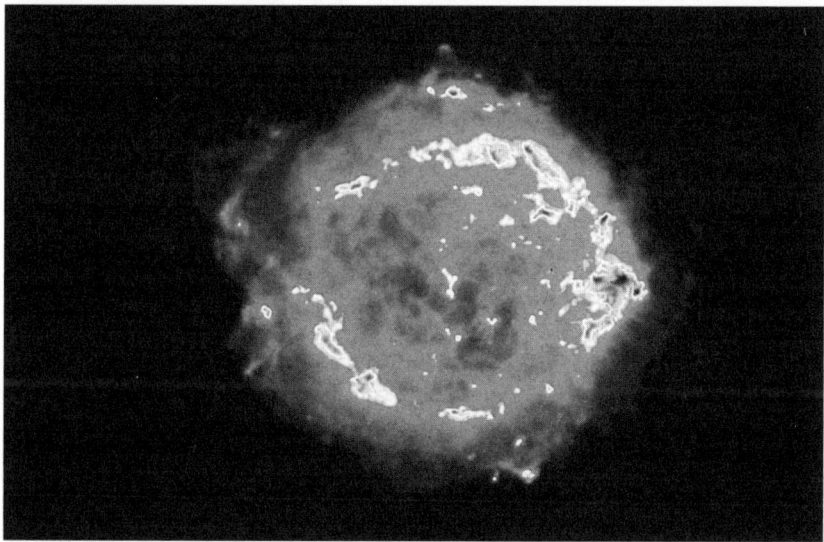

Abb. 26
Radiobild des Supernova-Überrests Cas A. Diese Supernova ist vor etwa 250
Jahren ausgebrochen. Die expandierende Hülle ist aufgrund der von ihr emittier-
ten Radiostrahlung im Detail nachweisbar, im visuellen Licht sind nur einige
Wolkenfetzen sichtbar.

Seitdem sind in unserer Galaxis keine Supernovae mehr gesehen worden. Um das Jahr 1700 herum muß wieder im Sternbild
Cassiopeia eine weitere Supernova aufgeleuchtet sein, denn wir
können noch heute die Explosionswolken als starke Radioquelle
nachweisen und aus den Expansionsbewegungen den Zeitpunkt
der Explosion recht genau bestimmen. In den astronomischen

Beobachtungsprotokollen aus dieser Zeit ist aber kein neuer Stern verzeichnet – wahrscheinlich ist sein Licht so stark durch den interstellaren Staub absorbiert worden, daß es zu schwach war, um den Astronomen damals aufzufallen.

Eine andere galaktische Supernova hat aber ihren Niederschlag in historischen Quellen gefunden. Die Chinesen beobachteten im Jahre 1054 einen neuen Stern im Sternbild des Stiers. Die astrologischen Implikationen dieses Vorgangs sorgten damals für große Aufregung. Heute finden wir an dieser Himmelsposition eine schwach leuchtende Gaswolke, die wegen ihrer Form «Krebsnebel» genannt wird. Aus den Expansionsbewegungen der Gasfilamente kommt man auch hier mit recht guter Genauigkeit auf den Zeitpunkt des Ausbruchs. Zusätzlich ist hier sogar der Überrest des explodierten Sterns gefunden worden – er ist als Pulsar sowohl im Radiowellenbereich wie auch im optischen Bereich nachweisbar. Der Pulsar rotiert mit einer rasenden Geschwindigkeit um seine Achse, er macht mehr als 30 Umdrehungen pro Sekunde – auch ein solcher Befund läßt sich zwanglos durch eine Entstehung aus einem kollabierenden Stern verstehen.

Die Hartwigsche Nova von 1885 im Andromedanebel muß eine solche Supernova gewesen sein. Leider konnte man damals noch nicht den Verlauf des Ausbruchs im Detail verfolgen, da die Spektroskopie noch in ihren Anfängen war. Wir waren lange auf die Untersuchung von Supernovae in weit entfernten und lichtschwachen System angewiesen.

Dies wurde anders, als am 23. Februar 1987 das Aufleuchten einer Supernova in der Großen Magellanschen Wolke gemeldet wurde. Entdeckt wurde sie von einem Kanadier an der amerikanischen Südsternwarte Las Campanas. Die bekannte Entfernung zur Großen Magellanschen Wolke erlaubte es sofort, die gemessenen scheinbaren Helligkeiten in absolute Größen umzurechnen, und da die Große Magellansche Wolke, gemessen an anderen extragalaktischen Systemen, in nur sehr geringer Entfernung von uns steht, wurde die Supernova sehr hell. Deshalb konnten auch kleinere Teleskope für die Messung eingesetzt werden, so daß die Beobachtungsreihen für diese Supernova eine bisher nie erreichte Vollständigkeit erzielten. Die Diskussion dieser Meßreihen hat schon viele neue, unerwartete Details der physikalischen Vorgänge bei einem solchen Ausbruch ergeben. Bei dieser Supernova konnte man auch erstmals Genaueres über den Vorläuferstern herausfinden, denn dieser war als Blauer Überriese in einem Katalog enthalten, und auch sein Spektrum war bekannt. Dies ist besonders bemerkenswert, denn die bisher vorgetragenen Theorien gingen immer von einem *Roten* Überriesen als Vorläuferstern aus. Inzwischen gibt es natürlich Modifikationen dieser Theorien, die mit der neuen Beobachtung verträglich sind.

Besonders wichtig ist auch, daß es empirische Evidenz für den Kollaps des Vorgängersterns gibt. Beim Kollaps entsteht eine Neutrino-Lawine, und tatsächlich wurde einige Stunden vor dem optischen Ausbruch in mehreren Neutrino-Detektoren rund um den Erdball ein schwacher Neutrino-Impuls nachgewiesen. Unsere Vorstellung von einem Supernova-Ausbruch scheint daher alle beobachtbaren Tests zu bestehen.

Die Entfernung zum Andromedanebel

Die Verwechslung der Supernova von 1885 in der Andromeda-Galaxis mit einer gewöhnlichen Nova führte die Astronomen lange Zeit in die Irre, was die Entfernung dieses Systems betrifft. Endgültig aufgeklärt wurde dieser Irrtum von *Edwin Hubble* im Jahre 1923 nach Vorarbeiten von *Lundmark*, *Curtis* und *Shapley*. Die Lösung wurde durch die Entdeckung von δ Cephei-Variablen in M 31 geliefert. Dies erfordert wiederum, daß man die Spiralgalaxis in Einzelsterne auflösen muß.

Der Amerikaner *Ritchey* hatte schon 1910 mit dem 60-Zoll-Reflektor auf dem Mt. Wilson die Technik der photographischen Aufnahmen von Galaxien so weit verbessert, daß er feststellen konnte: «...alle diese [Systeme, darunter M 33, 51, 101 etc.] enthalten eine große Zahl weicher, sternähnlicher Kondensationen». Es blieb aber ungeklärt, ob dies tatsächlich die Bilder einzelner Sterne oder aber die von ganzen Sterngruppen waren. *Hubble* konnte diese Frage eindeutig beantworten, als er unter diesen sternähnlichen Kondensationen veränderliche Sterne vom Typ δ Cephei entdeckte.

Von galaktischen δ Cephei-Sternen wie auch von solchen in den Magellanschen Wolken ist nicht nur die Perioden-Leuchtkraft-Beziehung bekannt, sondern auch der Befund, daß zwischen der Maximal- und der Minimalhelligkeit ein Unterschied von ca. 1 Größenklasse besteht, sich der Strahlungsfluß also um etwa einen Faktor 2 unterscheidet. Wenn aber ein Sternbild auf der photographischen Platte in Wahrheit von zwei separaten Sternen verursacht würde, einem δ Cephei-Stern und einem anderen Stern

Abb. 27
Der Andromedanebel. Die Galaxis M 31 ist das nächste große Spiralsystem, das
eine Entfernung von etwa 800 000 pc von unserer Galaxis besitzt.

konstanter Helligkeit, dann würde die Veränderung des Strah-
lungsflusses der Veränderlichen nur zu einer Variation des Ge-
samtflusses von bestenfalls 2:3 führen, statt der geforderten 1:2.

    Hubble konnte aber zeigen, daß seine Cepheiden in M 31 ganz
ähnliche Eigenschaften hatten wie die galaktischen und daß er
somit eine echte Auflösung in Einzelsterne erreicht hatte. Mit Hilfe
dieser δ Cephei-Veränderlichen konnte er dann die Entfernung zu
M 31 bestimmen. Ein moderner Wert dafür ist 0.69 Mpc, d.h. 2.2
Millionen Lichtjahre. M 31 und damit alle Galaxien sind somit
echte extragalaktische Systeme mit Dimensionen, die vergleichbar
mit denen unserer eigenen Galaxis sind. *Kants* Bild von den Welteninseln setzte sich damit endgültig durch.

    Entfernungen mittels der Perioden-Leuchtkraft-Beziehung
der δ Cephei-Sterne kann man natürlich nur dann bestimmen,
wenn Galaxien wenigstens in ihren Randbezirken in Einzelsterne
aufgelöst werden können. Das ist leider nur für Systeme aus
unserer allernächsten Nachbarschaft möglich, man erreicht damit
bestenfalls Entfernungen bis zu 6 Mpc, d.h. etwa 19 Millionen
Lichtjahre.

Sollen größere Entfernungen gemessen werden, muß man auf weniger genaue Methoden zurückgreifen, die nur im statistischen Mittel korrekte Resultate liefern, im Einzelfall zu durchaus falschen Ergebnissen führen können. Diese Methoden beruhen auf der Maximalhelligkeit von Novae und Supernovae. Auch die Helligkeit von Kugelsternhaufen kann als Helligkeitsnormal Verwendung finden. Und schließlich können als ganz grobe Entfernungskriterien sowohl die Gesamthelligkeit einer Galaxis wie auch ihr Durchmesser Anwendung finden, wenn alle anderen Entfernungskriterien versagen.

Die Fluchtbewegung der Galaxien

Bei der Entscheidung der Frage nach der Natur der «elliptischen und spiralförmigen Nebelflecken» versuchte man natürlich auch das Werkzeug einzusetzen, das bei der Klärung des Unterschiedes von Sternen und selbstleuchtenden Gaswolken die entscheidende Rolle gespielt hatte: den Spektrographen. Es war aber wegen der geringen Flächenhelligkeit der Nebelflecken gar nicht so einfach, brauchbare Spektren zu erhalten. So veröffentlichte erst *Scheiner* am Astrophysikalischen Observatorium in Potsdam 1899 das erste brauchbare Spektrum von M 31, ein sonnenähnliches Spektrum mit breiten Absorptionslinien. Damit erwies sich M 31 als Sternsystem, ein Ergebnis, das *Fath* in Paris und *Wolf* in Heidelberg auf andere Galaxien ausweiteten.

Radialgeschwindigkeiten waren mit Hilfe so diffuser Spektren nur schwer zu bestimmen. Auf diesem Gebiet war *Vesto M. Slipher* (1875–1969) vom Lowell Observatorium in Arizona führend. Durch Aufsummieren extrem langer Belichtungszeiten bis hinauf zu 100 Stunden konnte er die Liste mit Radialgeschwindigkeiten langsam verlängern. 1925 umfaßte sie 46 Radialgeschwindigkeiten, die zwischen -306 km s^{-1} und $+1810$ km s^{-1} lagen.

Die Bewegung der Nebel war offensichtlich unsymmetrisch in bezug auf den Beobachter: Es gab wesentlich mehr Nebel, die sich vom Beobachter fortbewegen, als solche, die auf ihn zukommen. Die mittlere Geschwindigkeit der Nebel betrug 603 km s^{-1} vom Beobachter fort gerichtet, sie zeigten also eine «Rotverschiebung» (vgl. hierzu S. 145–146).

Sliphers Messungen wurden von *Karl Wilhelm Wirtz* (1876–1939) aus Kiel analysiert. Er zeigte, daß die Messungen die Tendenz enthalten, daß die Radialgeschwindigkeit der Nebel um so

größer wird, je weiter diese von uns entfernt sind. Er verwendete
als Entfernungsmaß den scheinbaren Durchmesser: Je kleiner dieser ist, desto weiter muß der Nebel entfernt sein. *Wirtz* erhielt aber
nur eine statistische Relation mit einer großen Streuung; ob dies
ein echter funktioneller Zusammenhang war, vermochte er nicht
zu sagen.

Im Jahre 1929 wandte *Hubble* sein Interesse und die unver-
gleichlichen instrumentellen Möglichkeiten des Mt. Wilson-Observatoriums dieser Frage zu. Für 22 der 46 Galaxien mit bekannten Radialgeschwindigkeiten konnte er mit Hilfe seiner Methoden
individuelle Entfernungen bestimmen, und mit diesen Größen
verwandelte sich die lose Korrelation von Entfernung und Radialgeschwindigkeit in einen viel engeren Zusammenhang, der die
Vermutung nahelegte, daß eine echte funktionelle Beziehung besteht. Die Daten legten zudem die Vermutung nahe, daß es sich
dabei um eine einfache Proportionalität handelte.

Diese Entdeckung schlug wie eine Bombe ein, denn sie hatte
ganz wichtige kosmologische Konsequenzen, wie wir sehen werden. *Hubble* ging zunächst daran, die Gültigkeit der Relation auch
für Objekte in noch größerer Entfernung nachzuweisen und den
Wert der Proportionalitätskonstanten von Radialgeschwindigkeit
und Entfernung zu bestimmen. Diese Konstante erhielt bald den
Namen «Hubble-Konstante». Für seine Arbeiten konnte er auf die
Hilfe von *Mitton L. Humason* (1891–1972) setzen, und dies sollte
sich als unschätzbarer Vorteil erweisen. *Humason* war schon immer eng mit dem Mt. Wilson-Observatorium verbunden gewesen.
Er war Maultiertreiber beim Bau des Mt. Wilson-Observatoriums
und schaffte die schweren Bauteile der Teleskope – zuerst das
60-Zoll- und dann später das 100-Zoll-Teleskop – die engen und
steilen Pfade den Berg hinauf. Nach Fertigstellung blieb er zuerst
als Faktotum für alles, dann als Nachtassistent an den Teleskopen.
Und hier entwickelte er solches Talent und solche Geduld, daß er
schließlich selbständig arbeitete und für *Hubble* die Bestimmung
von Radialgeschwindigkeiten immer schwächerer Galaxien über-
nahm. So konnte *Hubble* sich voll auf die schwierige Aufgabe der
Entfernungsbestimmung werfen.

Je besser die Qualität der Radialgeschwindigkeits- und Entfernungsangaben wurde, desto schärfer wurde die Beziehung.
Abweichungen von der Linearität des Zusammenhangs sind bis
heute nicht verbürgt. Ein Sorgenkind war aber von Anfang an der
Skalenwert der Entfernung – auch dies ist bis heute so geblieben.

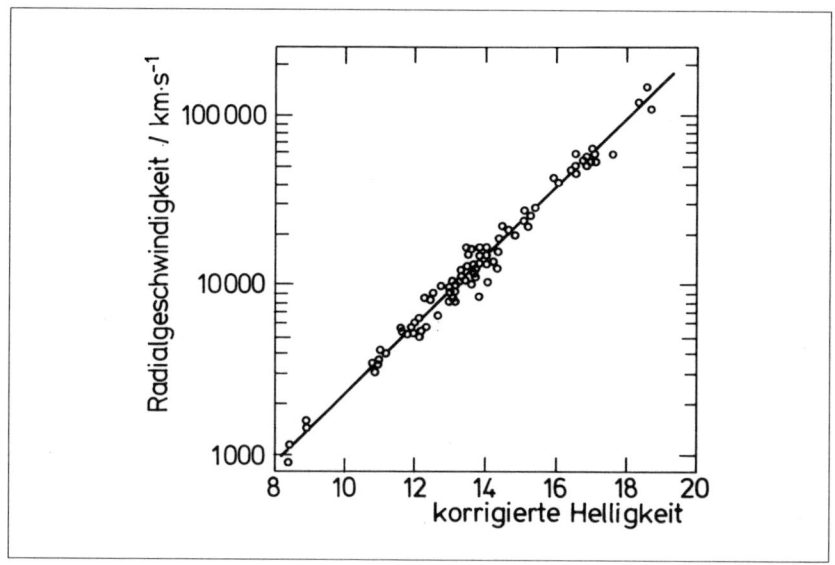

Abb. 28
Das Hubble-Diagramm: Radialgeschwindigkeit der Galaxien als Funktion der
scheinbaren Helligkeit. Diese wird dabei für die Vordergrundabsorption in der
Galaxis korrigiert, damit der reine Entfernungseffekt übrigbleibt.

Während *Hubble* und nach ihm andere mit guter Präzision messen
konnten, ob und wieviel die eine Galaxis weiter entfernt war als
die andere, blieb der Skalenwert selbst ziemlich unsicher. Und so
erhielt *Hubble* für die Hubble-Konstante H_0, die diesen Zusammenhang ausdrückt, 1929 einen Wert von 530 km s^{-1} Mpc^{-1}, der
dann mehrfach revidiert wurde, zuerst von ihm selbst, dann von
seinem Schüler und Nachfolger *Allan Sandage* (geb. 1926), bis
schließlich *Sandage* und *Tammann* seit 1974/75 einen Wert von H_0
= 50 km s^{-1} Mpc für gut verbürgt halten und diese Angabe auch
durch neuere Untersuchungen bestätigen.

Demgegenüber ergeben andere Untersuchungen von *Gerard
de Vaucouleurs* und anderen Zahlenwerte um 75–100 km s^{-1} Mpc^{-1}.
Die Unterschiede sind ausschließlich durch die Entfernungsangaben bedingt, und sie sind wesentlich größer als die zufälligen Fehler. Es ist also eine Frage der Interpretation der Meßdaten, ein Problem, das nicht durch eine Vermehrung des Materials gelöst werden kann, sondern nur durch ein besseres
Verständnis.

Radialgeschwindigkeiten geben an, wie groß die Relativgeschwindigkeit zwischen Beobachter und dem Objekt in Richtung
der Verbindungslinie ist. *Hubble* entdeckte, daß diese Relativgeschwindigkeit um so größer wird, je weiter die Objekte entfernt
von uns sind. Darüber hinaus zeigte sich, daß diese Expansion für
alle Richtungen gleich ist, sie ist innerhalb der Nachweisgrenze
isotrop.

Das scheint auf den ersten Blick eine bemerkenswerte Son-
derstellung der Position unserer eigenen Galaxis zu bedeuten, da
alle Radialgeschwindigkeiten vom Beobachter fort gerichtet sind.
Bei genauerer Betrachtung zeigt sich aber, daß dies nur scheinbar
so ist. Denn was gemessen wird, ist ja nur die radiale Komponente
der Relativgeschwindigkeit, und diese bleibt unverändert, wenn
wir eine beliebige zusätzliche Raumgeschwindigkeit bei allen
Meßpunkten hinzuaddieren, solange diese Geschwindigkeit nur
für alle gleich ist und in die gleiche Richtung zeigt. Durch eine
geschickte Wahl dieser Zusatzgeschwindigkeit kann man jeden
beliebigen Punkt des Geschwindigkeitsfeldes zum ausgezeichneten Mittelpunkt machen, von dem sich alle anderen Punkte in
radialer Richtung entfernen. Auch wenn dieser Umstand auf den
ersten Blick verwunderlich erscheinen sollte, handelt es sich doch
um ein mathematisches Resultat der elementaren Vektorrechnung
und ist somit nicht anzuzweifeln. Jeder Punkt ist daher gleichberechtigt, solange er weit genug vom Rand des Feldes entfernt ist.
Wir werden auf dieses Problem zurückkommen, wenn wir die
kosmologischen Implikationen der *Hubble*-Relation betrachten.

Ein weiteres wichtiges Resultat all dieser Untersuchungen ist,
daß die Galaxien mit nur sehr geringen Abweichungen der *Hubble*-Beziehung folgen. Damit stellt die Radialgeschwindigkeit das
beste Maß für die Entfernung dar, das wir kennen. Wenn man
daher die räumliche Verteilung der Galaxien untersucht, sollte
man auf Radialgeschwindigkeiten zurückgreifen.

Da das großräumige Strömungsfeld durch Galaxien markiert
wird, ist die räumliche Verteilung dieser Gebilde von besonderem
Interesse. Schon die Verteilung der Galaxien an der Sphäre kann
im Prinzip die Frage entscheiden, ob die Galaxien großräumig
gleichförmig verteilt sind und ob sie vorwiegend einzeln oder in
Haufen vorkommen.

Daher führten *Shapley* und *Hubble* große Beobachtungspro-
gramme durch, um diese Frage zu beantworten, und auch das
riesige Unternehmen von *Shane* und *Wirtanen*, das die genaue

Verteilung aller Galaxien bis hinab zu einer sehr schwachen Grenzgröße über den gesamten, von der Lick-Sternwarte aus zugänglichen Teil des Himmels zu bestimmen suchte, hatte die gleiche Zielsetzung. Aber trotz des großen Aufwandes, sowohl was den Einsatz von Beobachtungsinstrumenten als auch von statistischer Theorie betrifft, ergaben sich keine sehr deutlichen Aussagen über die fast triviale Erkenntnis hinaus, daß Galaxien vorwiegend in Haufen vorkommen.

Fortschritte ergaben sich erst, als man ernsthaft versuchte, die dreidimensionale Verteilung der Galaxien zu messen. Als radiale Koordinate wurde die Radialgeschwindigkeit eingesetzt. Sie erlaubte eine viel feinere Auflösung in radialer Richtung, als es die groben direkten Methoden der Entfernungsmessung möglich machten. Und erst so stellte sich heraus, daß die Galaxienverteilung eigentlich sehr merkwürdig aussieht.

Sie ist am einfachsten als Aufteilung des Raumes in unregelmäßige Zellen zu beschreiben, wobei die Galaxien und Galaxienhaufen die Zellenwände bilden. Schäume oder schwammartige Gebilde sind Beispiele für solche Raumstrukturen. Übertragen auf die Verteilung der Galaxien bedeutet dies, daß Galaxien und Galaxienhaufen die Wände der «Schaumzellen» bilden, die Bereiche dazwischen sind leer. Auch im intergalaktischen Raum gibt es solche großen Bereiche, die frei von Materie sind. Die typischen Dimensionen dieser Hohlräume reichen hinauf bis zu mehreren 100 Mpc.

Wenn dies eine zutreffende Beschreibung der Beobachtungsbefunde ist, dann ist es natürlich eine Hauptforderung der Kosmologie und noch mehr der Kosmogonie zu erklären, wieso es zu solchen Strukturen kommt.

Die Hubblesche Klassifikation der Galaxien

Betrachtet man photographische Aufnahmen von Sternfeldern in hohen galaktischen Breiten, die eine Grenzgröße von mehr als der 20. Größenklasse aufweisen, dann findet man neben den fast zahllosen scharfen Sternscheibchen noch mehr leicht diffuse Lichtflecken: Dies sind die Abbilder von Galaxien, deren Anzahl also die der Sterne übersteigt. Nähere Auskunft über ihr Aussehen kann man natürlich nur für die geringer entfernten helleren «Nebelflecken» erhalten, und daher hat auch *Edwin Hubble* von 1927 an, aufbauend auf Vorarbeiten von *Wolf*, *Lundmark* und *Curtis*, sein bekanntes

Klassifikationsschema mit dem «Stimmgabeldiagramm» anhand
von Aufnahmen solcher helleren Systeme entwickelt, die er mit den
60"- und 100"-Teleskopen auf dem Mt. Wilson gewann. Seine definitive Fassung erhielt dieses Schema durch *Sandage* 1961 mit dem
Hubble Atlas of Galaxies. Durch die Angabe einiger weniger charakteristischer Parameter kann mit diesem Schema das Aussehen eines Bildes einer Galaxis beschrieben werden.

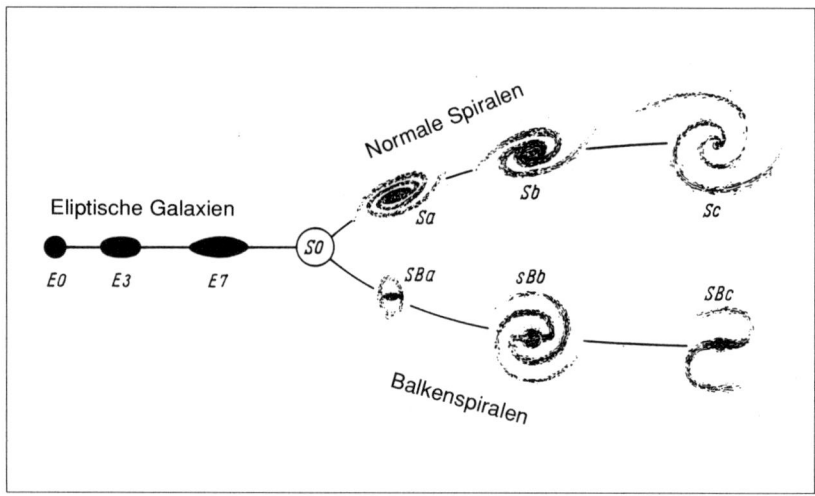

Abb. 29
Klassifikation der Galaxien nach ihrem Erscheinungsbild – das Hubblesche
«Stimmgabel-Diagramm». Elliptische Galaxien: E0 – E7 je nach ihrer scheinbaren
Abplattung und die beiden Familien der Spiralgalaxien: Die normalen Spiralen
Sa – Sc und die Balkenspiralen SBa – SBc sind durch den Typ S0 miteinander
verbunden. Vorstellungen von einer Folge der Typen als Entwicklungssequenz
werden heute allerdings nicht mehr vertreten.

    Zunächst wird angegeben, ob es sich um ein elliptisches (E)
oder ein spiraliges (S) System handelt. Elliptische Systeme haben
einen glatten, nach außen abfallenden Helligkeitsverlauf in einem
elliptischen Umriß. Je nach beigefügter Zahl 0–7 haben sie einen
runden (0) bis stark abgeplatteten, elliptischen Umriß (7). Spiralige Systeme (S) weisen einen helleren Kernbereich und eine um-
gebende Scheibe auf, in der die Spiralstruktur sichtbar ist. Je nach
Ausdehnung und Helligkeit des Kernbereichs werden die Unter-
klassen a, b und c zugeteilt, es gibt aber auch eine zweite Familie
von Spiralen, die im Zentralbereich ein balkenartiges Gebilde

aufweisen, die sogenannten Balkenspiralen, die mit SB a, b, c bezeichnet werden. Etwa 2% aller Galaxien schließlich lassen sich nicht mit diesem Schema beschreiben. Sie werden als Irreguläre Galaxien (Ir) klassifiziert.

Es ist wichtig zu bedenken, daß dieses Schema nur eine Beschreibung des Aussehens liefert. Vorstellungen über die Entwicklung der Systeme von einem Typ zum anderen sind nicht mehr damit verbunden, wenn auch natürlich die Hoffnung besteht, daß ein scharf definierter *Hubble*-Typ auch eine physikalisch homogene Klasse von Objekten beschreibt. Dies kann aber sehr wohl falsch sein, und hier ist Vorsicht durchaus angebracht.

So wurde z.B. erst in den letzten 10 Jahren erkannt, daß die wahre räumliche Figur der elliptischen Systeme E0–E7 keineswegs in jedem Fall durch rotationssymmetrische Gebilde mit diskusähnlicher Form beschrieben wird, sondern oft 3achsige Ellipsoide, also zigarrenähnliche Formen, angenommen werden müssen. Auch weicht das Aussehen von manchen Galaxien, von denen man aus anderen Gründen weiß, daß es Zwergsysteme sein müssen, nur sehr wenig von Riesensystemen gleichen Typs ab.

Aber trotz all dieser Unsicherheiten ist das Hubblesche Klassifikationsschema erstaunlich erfolgreich. Etwa 98% aller Galaxien, die bis zu einer festen Grenzgröße sichtbar sind, lassen sich dadurch einordnen. Daß sich aber unter diesen unscheinbar aussehenden Lichtflecken noch aufregende Objekte verbergen, wurde deutlich, als nach dem zweiten Weltkrieg neue Beobachtungsfenster durch die Radioastronomie und später die UV-, Röntgen- und Infrarotastronomie eröffnet wurden.

Radiogalaxien

Schon sehr bald, als gegen Ende der vierziger Jahre die Verteilung der Radiostrahlung über den Himmel vermessen wurde, erkannte man, daß nur ein Teil der Strahlung diffus verteilte Strahlungsquellen hat, die irgendwie mit unserer eigenen Milchstraße verknüpft sind; ein großer Anteil stammt von einzelnen, örtlich scharf definierten Quellen. Es war allerdings sehr schwierig festzustellen, um welche Objekte es sich dabei handelt, denn die damals erreichbare Genauigkeit der Richtungsangaben war viel zu gering.

Es bedeutete daher einen großen Fortschritt, als *Graham Smith* aus England 1951 die Positionen der vier hellsten Quellen

Abb. 30
Optisches Bild der Radiogalaxis Cen A. Eine große elliptische Galaxis ist quer
durch eine Gas- und Staubscheibe geteilt. Eine Zeitlang glaubte man, hier die
Kollision einer elliptischen Galaxis mit einer Spiralgalaxis zu sehen, heute weiß
man, daß wir hier eine große Staubscheibe sehen, die die eigentliche Energiequelle der Radiogalaxis vor unseren Augen verbirgt und die ausbrechende Strahlung
in zwei Strahlenbüschel senkrecht zur Scheibe bündelt. Die großen Gebiete mit
Radioemission befinden sich in der Fortsetzung dieser Strahlenbüschel.

des Nordhimmels mittels eines einfachen Radiowelleninterfero-
meters mit einer Genauigkeit von einigen Bogenminuten bestimmen konnte. *Baade* und *Hermann Minkowski* (1864–1909) konnten
daraufhin mit Hilfe des 5 m-Teleskopes auf dem Mt. Palomar
nachweisen, daß für die Quelle Cyg A als einziger möglicher
Kandidat eine schwache Galaxis mit einer Rotverschiebung von
ca. 6% der Lichtgeschwindigkeit in Frage kommt. Nach der
Hubble-Beziehung bedeutet dies eine Entfernung von mehr als
200 Mpc und damit für die Strahlung im Radiowellenbereich
eine Energieabstrahlung von ca. 10^{39} Watt, d.h. eine Strahlungs-
leistung, wie sie 10^{13} sonnenähnliche Sterne über den gesamten
Spektralbereich hinweg abgeben.

Der technische Fortschritt der fünfziger Jahre brachte eine
sehr große Verbesserung des Winkelauflösungsvermögens im
Radiowellenbereich mit sich. Mit Hilfe solcher verbesserter Instrumente wurde bald deutlich, daß die Radiostrahlung dieser

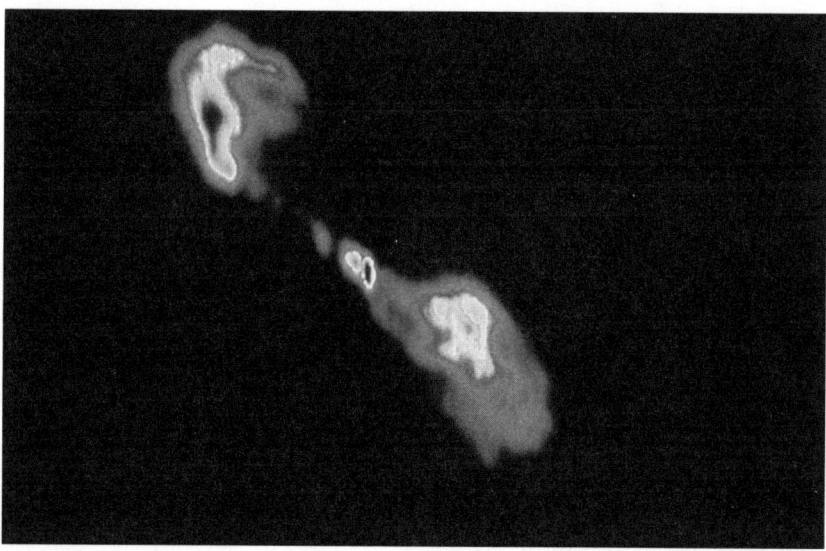

Abb. 31
Radiobild der Radiogalaxis Cen A. Das optische Bild hat nur eine Größe von einigen Millimetern in diesem Maßstab und sitzt im Mittelpunkt zwischen den beiden großen keulenförmigen Radiostrukturen.

sogenannten «Radiogalaxien» nicht direkt von der betreffenden Galaxis selbst ausgesendet wird, sondern von zwei annähernd symmetrisch um diese Galaxis angeordneten «Radiokeulen», die Ausdehnungen von mehreren 100 000 kpc haben können. In diesen «Radiokeulen» befinden sich Elektronen mit Geschwindigkeiten nahe der Lichtgeschwindigkeit und ausgedehnte Magnetfelder. Die Radiostrahlung wird im Zusammenwirken dieser beiden Bestandteile als Synchrotronstrahlung ausgesendet. Da aber dadurch der Energieinhalt dieser Bestandteile relativ schnell verbraucht wird, ist ein ständiger Energienachschub von der zentral angeordneten Galaxis, in der auch die eigentliche Energiequelle stecken muß, notwendig. Spuren dieses Vorgangs sind unter günstigen Umständen sichtbar, aber weder die Art der Energiequelle noch die genauen Methoden des Energietransports in die entfernten «Radiokeulen» sind bis heute wirklich verstanden.

Quasare

Die Verbesserung der Positionsgenauigkeit von Radioquellen machte die Identifizierung von immer mehr Radioquellen mit solchen Objekten möglich, die aus der optischen Astronomie bekannt sind. Als jedoch um das Jahr 1960 herum *Allan Sandage* zeigen konnte, daß am Ort zahlreicher Radioquellen im Rahmen der Positionsgenauigkeit weder gasförmige Objekte noch Galaxien sichtbar sind, sondern nur sternförmig aussehende Gebilde, war das Erstaunen groß, denn Sterne sind immer nur sehr schwache Radiostrahler. Hinzu kam, daß die Spektren dieser Objekte völlig unverständlich aussahen.

Den Durchbruch schaffte 1963 *Maarten Schmidt* (geb. 1929), als er erkannte, daß das Spektrum des «Radiosterns» 3C273 vorwiegend aus Emissionslinien des Wasserstoffs, den wohlbekannten Balmerlinien, besteht, die aber mit 16% der Lichtgeschwindigkeit rotverschoben sind. Diese Erkenntnis zeigte den Weg, wie weitere Fortschritte erzielt werden konnten; *Greenstein* identifizierte anschließend sofort die Quelle 3C48 mit einem «Stern» mit einer Rotverschiebung von $z = 1.37$. Heute sind solche sogenannten Quasare mit Rotverschiebungen bis zu mehr als $z = 4$ bekannt. Dabei bedeutet z die Verschiebung der Wellenlänge einer Linie relativ zu ihrer ungestörten Laborwellenlänge, ausgedrückt in Einheiten dieser Laborwellenlänge.

Natürlich stellte sich sofort die Frage, wie eine solch gewaltige Rotverschiebung zu interpretieren war: Kosmologisch oder als Auswirkung anderer Effekte. *Schmidt* und *Greenstein* machten deutlich, daß alle anderen bekannten Mechanismen zu unakzeptablen Konsequenzen führten, so daß nur die kosmologische Deutung übrigblieb. Aber auch diese bedeutete sehr ungewöhnliche Eigenschaften für die so identifizierten Quellen.

Die Hubble-Beziehung ergibt eine Entfernung von mehreren Hundert Millionen Parsec für diese Radioquellen und damit eine entsprechend hohe Leuchtkraft. Die sternförmigen Bilder sind nicht von Sternen, sondern von quasistellaren Objekten – Quasaren – erzeugt, deren Leuchtkraft ein Vielfaches derjenigen einer normalen Galaxis ist. Trotzdem muß der lineare Durchmesser solcher Gebilde sehr klein sein, denn die Beobachtung, daß sich die Helligkeit von Quasaren gelegentlich innerhalb eines Zeitraumes von Wochen bis zu wenigen Monaten um einen wesentlichen Bruchteil ändert, bedingt zweifelsfrei, daß dieser Durchmesser

geringer sein muß als die Entfernung, die das Licht in einem
solchen Zeitraum zurücklegen kann. Quasare haben daher eher
die Dimensionen von Planetensystemen als die von Sternsyste-
men, ihr Energieausstoß ist aber viel größer als der einer ganzen
Galaxis.

Über die Quelle dieser Energie ist auch nach 25 Jahren noch
immer nichts Sicheres bekannt, von ihrem Bau und der entwick-
lungsgeschichtlichen Einordnung ganz zu schweigen. Man kann
nur abschätzen, daß Kernenergie, in welcher Form auch immer,
hierfür nicht ausreicht. Dagegen scheinen Vorgänge im Zusammenhang mit «Schwarzen Löchern» denkbar und plausibel. So
werden die Quasare als besonders aktive Vertreter sogenannter
«aktiver galaktischer Kerne» diskutiert. Die ganze Galaxis, die zu
dem Kern dazugehört, wäre auch im Fall eines Quasars vorhanden, nur ist bei ihm der Kern so hell, daß die ausgedehnte
Helligkeitsverteilung der Galaxis völlig überstrahlt wird. Quasare
geben übrigens keine guten «Normalkerzen» ab, ihre absolute
Helligkeit scheint von Objekt zu Objekt um viele Größenordnungen unterschiedlich auszufallen. Man sieht dies, wenn man die
scheinbare Helligkeit gegen die gemessene Rotverschiebung auf-
trägt. Während Galaxien in einem solchen Diagramm ein relativ
schmales Band bevölkern, streuen die Quasare über einen sehr
breiten Bereich: Ihre Helligkeit ist daher kein gutes Maß für die
Entfernung.

Wichtig scheint dagegen die stark konzentrierte Energiequelle im Zentrum des Quasars zu sein. Der Winkeldurchmesser dieser Quellen ist oft extrem klein, weniger als 0.01″, und man kann
ihn nur mit Hilfe sogenannter VLB-Interferometer messen. Dieser
Name des Instruments ist ein Akronym für *very long baseline
interferometer*, und es besteht aus mehreren getrennten, unabhän-
gigen Radioteleskopen, von denen jedes für sich die Strahlung der
Quelle mißt und auf Magnetband registriert. Gleichzeitig werden
auf das gleiche Band extrem genaue Zeitmarken aufgebracht, die
es dann später gestatten, die genaue zeitliche Relation der Messungen zueinander zu rekonstruieren und dadurch die genaue
Lage der Wellenfront der Strahlung der Quelle zu bestimmen.
Man kann so schließlich sogar Winkeldurchmesser von 0.0001″–
0.001″ messen, eine Größe, die im optischen Bereich unerreichbar
ist. Allerdings ist es dafür notwendig, daß die Teleskope um
mehrere 1000 km voneinander getrennt sind, das Interferometer
hat also wahrlich interkontinentale Dimensionen.

Eine der Überraschungen dieser Messungen war die Entdeckung, daß die Durchmesser der zentralen Energiequellen der Quasare so extrem klein sind. Auch wenn man kosmologische Entfernungen zugrunde legt, wie sie aus dem Hubbleschen Rotverschiebungsgesetz für die Quasar-Rotverschiebungen folgen, werden die linearen Dimensionen dieser Objekte sehr klein: deutlich kleiner als typische Milchstraßenobjekte wie Sternhaufen und nur wenig größer als das Planetensystem. Die Messungen zeigen aber starke zeitliche Veränderungen, die Quellen teilen sich und expandieren. Und legt man wieder die kosmologischen Entfernungen zugrunde, dann findet man eine Expansionsgeschwindigkeit quer zum Sehstrahl, die größer als die Lichtgeschwindigkeit ist – man nennt dies eine «superluminale Expansion».

So etwas scheint im direkten Widerspruch zu den Postulaten der Relativitätstheorie zu stehen, nach der ja die Lichtgeschwindigkeit die größte mögliche Signalgeschwindigkeit darstellt. Ein wenig Nachdenken zeigt aber, daß eine superluminale Expansion dazu kein Widerspruch zu sein braucht, wenn der expandierende Teil der Quelle nicht aus eigener Energiereserve leuchtet, sondern von einer zentralen Quelle gespeist wird. Es ist dann möglich, durch entsprechende perspektivische Effekte eine solche scheinbare superluminale Expansion vorzutäuschen. Trotzdem bleibt natürlich der Charakter dieser Quellen rätselhaft, und bis heute sind noch viele Eigenschaften unverstanden.

Eine superluminale Expansion der Quasarzentren würde völlig vermieden, wenn man auf die kosmologischen Entfernungen verzichten würde und ihnen Entfernungen zuschriebe, die vergleichbar mit denen ganz gewöhnlicher Galaxien sind. Dies wird daher auch von einigen Astronomen vertreten. Diese Vorstellung macht es dann aber nötig, die große gemessene Rotverschiebung der Quasare mit z bis hinauf zu fast $z = 5$ zu erklären. Und da gibt es noch nicht einmal den Ansatz einer Theorie, auch andere empirische Evidenz für eine solche nicht-kinematische Rotverschiebung fehlt völlig. Daher steht *Halton Arp*, der Hauptvertreter dieser Richtung, mit seiner Meinung relativ isoliert da.

Als man im Laufe der Jahre immer mehr Quasare genauer untersuchte, wurde deutlich, daß die Radiostrahlung nur eine zusätzliche Eigenschaft ist, die möglicherweise nur wenig mit den wesentlichen physikalischen Effekten zu tun hat, die dem Quasarphänomen zugrunde liegen, denn es wurden zahlreiche Objekte gefunden, die alle Eigenschaften eines Quasars aufweisen bis auf seine Radiostrahlung. Man spricht so von radio-lauten und radio-leisen Quasaren.

Es gibt viele Gründe für die Vermutung, daß es sich bei Quasaren nur um eine Klasse von Galaxien handelt, in denen die Zentralgebiete besonders aktiv sind in dem Sinne, daß dort auf engstem Raum Hochenergieprozesse ablaufen. Denn auch in ganz normalen Galaxien wie unserer eigenen weist das Zentrum solche Aktivitäten auf, in anderen Systemen sind sie entweder stärker oder auch schwächer. Die große Galaxis im Sternbild der Andromeda M31 ist ein solches System mit besonders schwacher Zentrumsaktivität. In sogenannten Seyfert-Galaxien – diese wurden zuerst von *Karl Seyfert* (1911–1960) 1943 als besondere Klasse herausgesondert – ist diese Aktivität größer. Was hier in Wahrheit vorgeht und ob es tatsächlich eine einheitliche Sequenz zunehmender Kernaktivität von ruhigen Systemen wie M31 bis hin zu den Quasaren gibt, ist heute noch ungeklärt.

Sicher scheint aber zu sein, daß die Quasare die Objekte mit den größten Entfernungen im Universum sind. Damit stellen sie auch gleichzeitig die ältesten bekannten Objekte dar, denn Licht von weit entfernten Objekten stammt ja stets auch aus der fernen Vergangenheit.

Kapitel 7:
Kosmologie als Naturwissenschaft

Kosmologische Weltbilder

Kosmologische Spekulationen gehören zum festen Bestandteil der meisten frühen Religionen, und auch die griechischen Naturphilosophen legten ihren Begriffssystemen kosmologische Bilder zugrunde. Natürlich ist auch der Kampf des Ptolemäischen Weltsystems mit dem des *Kopernikus* eine Auseinandersetzung der damit verbundenen Kosmologien. Dies wird besonders deutlich, wenn *Giordano Bruno* als Parteigänger des *Kopernikus* die Unendlichkeit der Welt und die Vielzahl der bewohnten Planeten beschreibt.

Die Implikationen einer unendlichen Welt haben seit *Bruno* immer wieder einzelne Gelehrte beunruhigt. Die Diskussion der Lichtausbreitung in einem unendlichen sternerfüllten Universum führte zum Olbersschen Paradoxon. Kosmologie als Naturwissenschaft war aber fast undenkbar, weil es nicht vorstellbar schien, Eigenschaften des Universums als Gesamtheit zu beobachten, wenn immer nur Einzelobjekte im Universum sichtbar sind. Und auch was die begriffliche Seite betrifft, stieß man immer wieder auf Widersprüche, wenn man kosmologische Probleme aufgriff. *Kant* hielt dies als die erste Antinomie der Vernunft fest. Er errichtete sozusagen ein Warnschild, sich überhaupt auf solche Fragen einzulassen.

Trotzdem gab es natürlich immer wieder einzelne Wissenschaftler, die sich hierdurch nicht abschrecken ließen. Praktisch alle beschäftigte dabei die Frage, ob es möglich sei, die Gültigkeit der lokal für unsere Erde erkannten physikalischen Gesetze auch global auf das ganze Universum zu übertragen.

Für die *Newtonsche* Gravitationstheorie war dies nicht möglich, ohne daß innere Widersprüche auftraten. Denn eine unendlich ausgedehnte Welt brachte es mit sich, daß bestimmte fundamentale Größen nicht auf eindeutige Weise definiert werden konnten, wenn der Welt eine von Null verschiedene mittlere Materiedichte zugeschrieben wurde.

Dies brachte *Neumann* (1874) und *Seeliger* (1895/96) dazu, eine Modifikation des Newtonschen Gravitationsgesetzes vorzuschlagen, die zwar lokal und innerhalb unseres Planetensystems und auch der Galaxis keine beobachtbaren Auswirkungen hat, die aber für die «Welt als Ganzes» die Widersprüche der Newtonschen Theorie beseitigt. Als *Einstein* 1917 ähnliche Überlegungen für seine neugeschaffene «Allgemeine Relativitätstheorie» (im folgenden mit ART abgekürzt) anstellte, stieß er auf die gleichen Schwierigkeiten. Seine Lösung ähnelte stark derjenigen, die *Seeliger* seinerzeit vorgeschlagen hatte. Er modifizierte seine Feldgleichungen, indem er das sogenannte «kosmologische Glied» einführte.

Allerdings wurde die Modifikation im Rahmen der ART nicht ganz so willkürlich und «ad hoc» eingeführt, wie es bei *Neumann* und *Seeliger* gewesen war, weil *Einstein* zeigen konnte, daß all die mathematischen Strukturpostulate, die ihn bei der Aufstellung der Feldgleichungen geleitet hatten, die Hinzufügung eines kosmologischen Gliedes zulassen. So war es dann möglich, Weltmodelle zu konstruieren, in denen alle Größen wohldefiniert sind.

Aber dann zeigte 1922 *Alexander Friedmann* (1888–1925), daß auch die ursprünglichen Einsteinschen Feldgleichungen ohne kosmologisches Glied konsistente Weltmodelle als Lösung hatten, wenn man nur darauf verzichtete, daß das Weltmodell zeitlich unveränderlich sein sollte. *Friedmann* war ein junger russischer Wissenschaftler, der in den Wirren der Kriegszeit und der Revolution ein bewegtes Leben geführt hatte und schon 1925 am Typhus starb. *Einstein* mißfiel die von *Friedmann* vorgebrachte Vorstellung von einer zeitlich veränderlichen Welt; er glaubte zuerst sogar, in dessen Arbeit einen Fehler gefunden zu haben, der das Grundprinzip der Argumentation in sich widersprüchlich erscheinen ließ.

Daher blieb *Friedmanns* Diskussion zunächst eine unbeachtete mathematische Spekulation. Erst als *Hubbles* Nachweis der Nebelflucht die Vorstellung von einer zeitlich veränderlichen Welt in den Bereich des Denkmöglichen rückte, wurden die Friedmannschen Lösungen wieder ausgegraben. Wenn die gemessene Rotverschiebung des Spektrums der Galaxien nicht nur als eine Eigenschaft des lokalen Strömungsfeldes der Galaxien gedeutet werden sollte, und dagegen sprach ja die Tatsache, daß die Proportionalität von Rotverschiebung und Entfernung überall zu gelten schien, auch für die entferntesten Objekte, die Radialgeschwindigkeit bis zu einigen Prozent der Lichtgeschwindigkeit aufweisen, dann mußte dies eine Eigenschaft der «Welt als Ganzem» sein. Von 1929 an wurden daher die Untersuchungen von *Friedmann* ernstgenommen, und vor allem wurde untersucht, welche beobachtbaren Konsequenzen solche Weltmodelle haben würden.

Das kosmologische Prinzip

Legt man die Feldgleichungen der ART in voller Allgemeinheit solchen Überlegungen zugrunde, dann ist die Lösungsvielfalt unüberschaubar, übersichtliche Verhältnisse bekommt man erst, wenn man für das Modell gewisse Postulate der Einfachheit aufstellt. Dies hatte schon *Friedmann* getan, jetzt wurden diese Grundsätze zum sogenannten «Kosmologischen Prinzip» formalisiert. Danach soll das Weltbild sowohl «isotrop» aussehen als auch frei von großräumigen Inhomogenitäten sein.

Die erste Forderung besagt, daß es keine ausgezeichneten Richtungen in der Welt gibt, wie sie z.B. eine Rotationsachse darstellen würde. Dies ist zwar eine Verschärfung des Beobachtungsbefundes, aber doch durch diesen nahegelegt. Die zweite Forderung überträgt die Erfahrung des *Kopernikus*, daß die Erde sich nicht im Mittelpunkt der Welt befindet, sondern daß sich ihr Ort in nichts von anderen auszeichnet, auf die Welt im Großen und ist natürlich eine Extrapolation, die nie direkt durch Beobachtungen bestätigt werden kann, sondern höchstens widerlegt werden könnte.

Nimmt man das kosmologische Prinzip als gültig an, dann ist mit den Feldgleichungen nur eine wohldefinierte Schar von Lösungen vereinbar. In einem solchen Modell wird jedes Ereignis durch Koordinaten – Angaben von Ort und Zeit – beschrieben. Diese Koordinaten sind aber nur Markierungen, so wie Ortsangaben in einer amerikanischen schachbrettförmig angelegten Stadt, wo eine Adresse W17N12 zwar erlaubt, den Ort in der Stadt zu finden, aber nur wenig darüber aussagt, wie weit der Weg über Berg und Tal dorthin ist.

Genauso ist es in der ART. Entfernungsangaben werden erst möglich, wenn man die Koordinatenangaben ergänzt durch den sogenannten «metrischen Tensor». Er fügt die Informationen über

«Berg und Tal» hinzu, und will man beobachtbare Größen für ein Weltmodell diskutieren, werden diese mit Hilfe dieses «metrischen Tensors» ausgedrückt.

Das kosmologische Prinzip erlaubt es nun, für diesen metrischen Tensor eine besonders einfache Form anzusetzen, in der alle Größen einen gemeinsamen Maßstabfaktor R(t) enthalten, der mit der Zeit veränderlich ist. Diese Funktion R(t) ist durch die Friedmannsche Gleichung festgelegt, und ihr Verlauf ist für das betreffende Weltmodell charakteristisch; die Zeit t, die im Maßstabfaktor R(t) enthalten ist, hat als Weltzeit allgemeine Gültigkeit.

Die Koordinaten sind in solchen Modellen in der Materie, d.h. in den Galaxien, verankert. Sie bleiben also für eine einmal ausgewählte Galaxis zeitlich unveränderlich. Betrachtet man aber die Entfernung zwischen zwei Galaxien, sieht dies anders aus. Hier geht jeweils der Wert des Skalenfaktors R ein, der gerade gültig ist. Die Entfernung wird sich also im Laufe der Zeit ändern, und tatsächlich wird die Frequenz eines Lichtsignals, das von einer Galaxis ausgesendet wird, von einer anderen Galaxis mit einer anderen Frequenz empfangen – wir beobachten eine Rotverschiebung, deren Betrag gerade gegeben ist durch das Verhältnis der Skalenfaktoren R(t) bei Ankunft bzw. Emission des Lichtsignals.

Ein Problem, das viele Astronomen, Physiker und Philosophen bewegte und teilweise noch heute bewegt, ist die Interpretation der Radialgeschwindigkeitsmessungen. Die Verschiebung der Spektrallinien im Spektrum der Galaxien ist die Beobachtungsgröße; sie ist, ausgedrückt in Einheiten der unverschobenen Wellenlänge, über das gesamte Spektrum hinweg konstant. Der einzige physikalische Effekt der Laboratoriumsphysik, der so etwas bewirkt, ist der kinematische Dopplereffekt: Die Galaxis bewegt sich mit der betreffenden Geschwindigkeit von uns fort. Die gemessenen Linienverschiebungen in den Spektren der Galaxien wurden daher auch durch eine solche Radialgeschwindigkeit gedeutet, gerade so, wie dies auch bei den Verschiebungen der Spektrallinien in den Spektren von einzelnen Sternen unserer Milchstraße gemacht wurde.

Als dann aber die gemessenen Radialgeschwindigkeiten von Galaxien immer größer wurden und bis zu 20% der Lichtgeschwindigkeit erreichten, wenn man zu ganz schwachen, weil weit entfernten Galaxien überging, und für Quasare, einem Typ extragalaktischer Objekte, deren Natur bis heute noch nicht recht verstanden ist, die gemessenen z sogar noch wesentlich größere

Werte ergaben, die bis hinauf zu z ≈ 4 reichen, da wurde klar, daß die naive Interpretation als kinematische Relativgeschwindigkeit sicher nicht ohne Einschränkungen gelten kann. Einige Astrophysiker begannen daher, nach anderen Deutungsmöglichkeiten zu suchen, z.B. nach «Theorien der Ermüdung der Lichtausbreitung», in denen die Frequenz eines Photons proportional zum zurückgelegten Weg abnimmt. Eine solche Interpretation wird aber, wenn wir es recht verstehen, gerade von der ART in der oben geschilderten Weise geliefert, und wenn man die gemessene Linienverschiebung durch Radialgeschwindigkeiten ausdrückt, dann ist das nur eine bequeme Redewendung.

Im Rahmen der allgemeinen Relativitätstheorie findet die Rotverschiebung daher eine erstaunlich einfache und weitreichende Deutung. Wenn wir für eine entfernte Galaxis eine Rotverschiebung z der Spektrallinien messen, dann zeigt uns dies an, daß der Skalenfaktor R(t) der Welt in der Zeit, den das Licht von seiner Emission in der beobachteten Galaxis bis zu seinem Nachweis durch unser Teleskop benötigt, gerade um diesen Faktor zugenommen hat, daß also $1+z = R_{empfang}/R_{emiss}$ ist.

Dies ist ein bemerkenswertes Resultat, denn damit wird die anschauliche, doch schwer einzuordnende kosmologische Größe R(t) auf sehr unmittelbare Weise mit der direkt meßbaren Größe z verknüpft. Die Hubblesche Nebelflucht findet damit in den zeitlich veränderlichen Weltmodellen der allgemeinen Relativitätstheorie ihre natürliche Deutung.

Gab es einen Anfang?

Die universelle Gültigkeit der Hubble-Beziehung für die Radialgeschwindigkeit der Galaxien brachte einen völlig neuen Gesichtspunkt in alle Überlegungen zur Kosmologie, denn die gesetzmäßige Zuordnung einer radial vom Beobachter fort gerichteten Geschwindigkeit zu jedem Punkt des Raumes bringt eine zeitliche Entwicklungstendenz in alle Weltmodelle, seien sie relativistisch oder klassisch. In jedem Fall bedeutet die gemessene Radialgeschwindigkeit, daß alle gegenseitigen Entfernungen mit der Zeit zunehmen: In vergangenen Zeiten waren die Entfernungen also kleiner.

Und wenn man die in der Realität sicherlich falsche Annahme macht, daß die Galaxien bei dieser Expansion die ihnen zugeschriebene Geschwindigkeit beibehalten, dann kann man sogar angeben, wann ihr gegenseitiger Abstand verschwindend klein war, wann die gesamte Expansion im «Urknall» begonnen hat. Es ergibt sich ein Zeitpunkt, der 10–20 Milliarden Jahre zurückliegt; der genaue Zahlenwert hängt davon ab, welchem Wert für die Hubble-Konstante man Glauben schenkt.

Will man in diesen Überlegungen berücksichtigen, daß die Hubble-Geschwindigkeit der Galaxien früher vielleicht unterschiedlich von ihrem heutigen Wert war, muß man die Prozesse studieren, die solche Geschwindigkeiten ändern könnten, d.h. man muß die Physik zur Hilfe nehmen.

Kräfte mit einer Reichweite, die sich bis zu den fernen Galaxien erstreckt, kann nur die Gravitation liefern. Die elektrischen Kräfte sind zwar prinzipiell ebenfalls in ihrer Reichweite unbegrenzt, da sie aber nur auf die geladenen Teilchen anziehend oder abstoßend wirken und die Materie gleich viele positiv und negativ geladene Teilchen enthält, so daß sich die Kraftwirkung weitgehend aufhebt, ist die elektrische Wirkung nur über sehr geringe Entfernungen hinweg zu spüren. Die atomaren Kräfte haben noch geringere effektive Reichweiten, so daß als einzige über große Entfernungen wirksame Kraft die Gravitation übrigbleibt. Die gegenseitige Anziehungskraft der Galaxien bewirkt aber, daß die Hubble-Expansion im Laufe der Zeit abgebremst und verlangsamt wird.

Genauere Aussage kann man natürlich nur dann machen, wenn man diese Überlegungen in Formeln faßt, und überzeugen kann nur die Gravitationstheorie der Allgemeinen Relativitätstheorie, in der die Einsteinschen Feldgleichungen diesen physikalischen Inhalt ausdrücken. Fordert man darüber hinaus, daß das resultierende Geschwindigkeitsfeld die Homogenitäts- und Isotropievoraussetzungen erfüllt, so wie dies uns unsere philosophischen Grundannahmen zusammen mit den Beobachtungen nahelegen, dann erhalten wir die Friedmann-Gleichungen.

Wir haben hier noch eine gewisse Freiheit, welche Eigenschaften der Materie in den Gleichungen berücksichtigt werden. Die Lösungsfamilien sehen aber in jedem Fall sehr ähnlich aus, und vor allem zeigen alle in der Vergangenheit einen Zustand extrem hoher Dichte, eine Singularität, von der aus die Entwicklung begonnen hat.

Auch wenn man die Modifikation der Gravitationstheorie durch das kosmologische Glied einführt, ändert sich hieran nur wenig. Die meisten Lösungen der Friedmann-Gleichungen, die eine Expansion aufweisen, sind in der Vergangenheit aus einem Zustand extrem hoher Dichte, einer Singularität, hervorgegangen, einem Zustand, in dem alle physikalischen Bedingungen so verschieden von denen sind, wie wir sie heute kennen, daß man mit guten Gründen von einem Ursprung der Welt und einem Anfang der Zeit sprechen kann.

Vorstellungen von einem Anfang, von der Genesis der Welt sind aber Begriffe, die nicht in die Vorstellungswelt der abendländischen Naturphilosophie hineinpassen. Diese geht ja in ihren Grundvorstellungen auf die klassischen griechischen Denksysteme mit einer Welt ohne einen Anfang oder auf zyklische Weltvorstellungen zurück, während der eschatologische Begriff von einem Weltenanfang, der von einem Schöpfer durch einen willkürlichen Akt gesetzt wurde, aus der judäisch-christlichen Tradition stammt.

Die «Steady-State-Theorie» und der Urknall

Es ist verständlich, daß eine solche Annäherung naturwissenschaftlicher und religiöser Vorstellungen nicht ohne Auswirkungen blieb, und dies sowohl im Bereich der Theologie als auch in dem der Naturwissenschaft, die ja noch zu Beginn dieses Jahrhunderts stolz darauf war, alle religiösen «Eierschalen» abgeschüttelt zu haben. So verwundert es nicht, daß Astronomen und Physiker versuchten, theoretische Konstruktionen aufzustellen, welche die Anfangssingularität «fortdiskutieren».

Eine Zeitlang, von 1948 bis in die sechziger Jahre, wurde die sogenannte «Steady State Theory», die Theorie vom stationären expandierenden Universum, von *Hermann Bondi* (geb. 1919) , *Thomas Gold* (geb. 1920) und *Fred Hoyle* (geb. 1915) vertreten. Diese Theorie erweitert das kosmologische Prinzip – «die Welt sieht überall und in allen Richtungen gleich aus» – zum sogenannten «perfekten kosmologischen Prinzip», indem sie hinzufügt: «und sah zu allen Zeiten gleich aus». Das bedeutet, daß es für das Universum als Ganzes – was immer das bedeuten mag – keine zeitliche Entwicklung geben soll, das Weltmodell muß zeitunabhängig sein.

Da aber andererseits die Hubble-Beziehung eine Beobachtungstatsache ist, die Abstände zwischen den Galaxien also mit der Zeit immer größer werden und die mittlere Materiedichte aus diesem Grund immer geringer würde, was aber dem perfekten kosmologischen Prinzip widerspricht, muß gemäß der «Steady-State-Theorie» ständig Materie neu entstehen! Diese Entstehungsrate ist sehr gering, so klein, daß es hoffnungslos erscheint, diese Neuentstehung von Materie direkt nachzuweisen. Jeder herausgegriffene Materiebrocken hat nach dieser Vorstellung ein endliches Alter, denn es gibt einen Zeitpunkt seiner Entstehung; die Welt als Ganzes hat jedoch kein definiertes Alter, sie reicht beliebig weit in der Zeit zurück, und sie sah immer genauso aus wie heute.

Dieses Weltbild weicht grundsätzlich von dem evolutionären Weltmodell mit dem Urknall als Anfang ab, und eine empirisch nachprüfbare Entscheidung zwischen den beiden Alternativen wäre von großer Bedeutung. Tatsächlich gibt es solche Prüfmöglichkeiten, und diese führten dann auch dazu, daß die Steady State Theory ihre Unterstützung verlor.

Eine Welt, für welche die Steady State Theory zutrifft, darf keine empirische Evidenz für eine frühe Phase sehr großer Dichte, den Urknall, aufweisen, und sie darf außerdem keine Anzeichen für eine geschichtliche Entwicklung der Welt als Ganzes besitzen. Unser Universum weist jedoch Anzeichen für beide Effekte auf!

Grundlage ist die Überlegung, daß jeder Blick in große Entfernungen gleichzeitig ein Blick in die Vergangenheit bedeutet. Wenn wir Galaxien mit einer Radialgeschwindigkeit von 20% der Lichtgeschwindigkeit beobachten und aus der Hubble-Beziehung berechnen, daß sie eine Entfernung von 1.2 Gigaparsec besitzen, das sind 3.9 Milliarden Lichtjahre, dann bedeutet dies auch, daß wir um genau dieses Zeitintervall in die Vergangenheit blicken. Wenn die Welt tatsächlich nur ein Alter von 10–20 Milliarden Jahren hat, dann stammt das Licht dieser Galaxien aus einer früheren Epoche der Welt, und diese könnte damals sehr wohl systematisch anders als heute ausgesehen haben.

Tatsächlich findet man systematische Unterschiede für die Eigenschaften dieser weit entfernten Galaxien im Vergleich zu denen in größerer Nähe. In einer Welt, die der Steady State Theory folgt, dürfte dies nicht so sein, die Beobachtung spricht also gegen diese Theorie. Auch was die Anfangssingularität betrifft, blieben alle Versuche erfolglos, diese durch Kunstgriffe zu vermeiden. Es war sogar möglich zu beweisen, daß eine Anfangssingularität für eine sehr große Klasse von Weltmodellen unvermeidlich ist.

Grundlage für alle Modellvorstellungen ist ja das kosmologische Prinzip, wenn auch in seiner abgeschwächten Form, in der eine zeitliche Entwicklung möglich ist. Es wird aber sowohl Isotropie als auch Homogenität für die Welt vorausgesetzt. Die reale Welt folgt diesen Voraussetzungen natürlich nur näherungsweise, so daß z.B. die Hubble-Beziehung für verschiedene Richtungen durchaus leicht unterschiedlich sein könnte. Wenn man nun diese «reale» Welt in die Vergangenheit verfolgt, könnte dies bedeuten, daß die globale Anfangssingularität für unterschiedliche Richtungen zu verschiedenen Zeitpunkten berechnet wird, ja daß eine solche globale Singularität für ein reales Modell überhaupt nicht auftreten würde.

Solche Hoffnungen wurden eine Zeitlang gehegt, bis *Roger Penrose* und *Stephen W. Hawking* (geb. 1942) in Cambridge, England, in den Jahren von 1965–1967 beweisen konnten, daß die Anfangssingularität unausweichlich ist, solange bestimmte, sehr schwache Voraussetzungen erfüllt sind. Die Singularität ist also kein mathematischer Betriebsunfall, der nur durch eine unzulässig starke Idealisierung realer Verhältnisse erzeugt wird, sondern drückt etwas aus, das seine Wurzel in grundlegenden Eigenschaften der Welt hat. Es ist daher wichtig, einige Ausführungen über die Physik in solchen expandierenden Welten zu machen, um zu verstehen, was wir über die Zustände des Universums in unmittelbarer zeitlicher Nachbarschaft der Anfangssingularität aussagen können.

Die kosmische Hintergrundstrahlung

Wenn die Existenz einer Anfangssingularität wohl unvermeidbar zu sein scheint, hängen ihre Eigenschaften im Detail doch sehr stark davon ab, welche Eigenschaften wir der Welt, so wie sie heute ist, zuschreiben müssen. Natürlich ist das keine kausale Abhängigkeit in dem Sinne, daß der Zustand des Universums kurz nach dem «Urknall» kausal durch den heutigen Zustand bedingt ist, sondern bedeutet nur die Forderung, daß dieser Zustand so gewählt werden muß, daß sich unsere heutige Welt daraus nach den bekannten Naturgesetzen entwickelt haben könnte. Damit kommen natürlich sehr große Unsicherheiten in dieses Bild, denn es ist ja immer möglich, daß es irgendwelche Eigenschaften der Welt in diesen frühen Stadien gab, die seitdem, ohne Spuren zu hinterlassen, verschwunden sind, oder aber, daß wir vorhandene Spuren heute noch gar nicht richtig zu interpretieren verstehen. Man redet daher meistens auch nur von möglichen «Szenarien» der Welt, und je näher man an den Zeitpunkt des Urknalls herankommt, desto unsicherer werden diese.

Die Gravitationswirkungen zum heutigen Zeitpunkt werden praktisch ausschließlich durch die «schwere Materie» geliefert. Dies ist zum einen die übliche sichtbare Materie, aus der Sterne und Galaxien bestehen und die wir außerdem als Gas und Staub im interstellaren Raum vorfinden. Daneben muß es aber auch noch sogenannte «dunkle Materie» geben, die zwar Gravitationswirkungen aufweist, die aber nicht sichtbar ist. Sie muß in Galaxien und Galaxienhaufen etwa um den Faktor 10- bis 100mal häufiger sein als die sichtbare Masse, über ihre Natur wissen wir aber sonst praktisch nichts. Im vorhergehenden Kapitel sind wir ja auf die Beobachtungen eingegangen, die für die Existenz eines solchen Anteils der schweren Materie sprechen. Wenn die schwere Masse nur geringe Strömungsgeschwindigkeiten relativ zum «Hubble-Fluß» des Galaxienfeldes aufweist, dann ergeben die Newtonsche Gravitationstheorie und diejenige der ART praktisch identische Resultate. Die Menge dieser Materie in der Welt bleibt erhalten, und wenn die Dimensionen der Welt expandieren, muß die mittlere Materiedichte entsprechend abnehmen.

Weniger selbstverständlich ist es, daß auch elektromagnetische Strahlung Gravitationswirkungen ausübt. Wie sich ein solches Strahlungsfeld in einem expandierenden Weltmodell verhält, ist auf eindeutige und überzeugende Weise nur mit den Mitteln der ART zu beschreiben; man kann dies aber anschaulich machen, wenn man das Photonenbild der Strahlung zugrunde legt. Ein Strahlungsfeld besteht danach aus Energiequanten, den sogenannten Photonen, deren Größe nur von der Wellenlänge bzw. der Frequenz der Strahlung abhängt, die Strahlungsintensität dagegen wird durch die Anzahldichte der Photonen beschrieben. Die natürliche Temperaturstrahlung eines heißen Körpers besteht dann aus einem Gemisch von Photonen unterschiedlicher Größe, am häufigsten findet man solche Quanten, deren Frequenz ein bestimmtes Vielfaches der Temperatur des heißen Körpers ist. Die Photonen üben nun ebenfalls eine Gravitationswirkung aus, die aber wie alle anderen Eigenschaften dieser Photonen von ihrer Wellenlänge bzw. Frequenz abhängt.

Ein Weltmodell mit elektromagnetischer Strahlung kann daher auch als Welt beschrieben werden, die ein Photonengas enthält. Expandiert diese Welt, dann nimmt die Dichte des Photonengases entsprechend ab, wie es auch die Gasdichte eines gewöhn-

lichen Gases tun würde. Aber im Unterschied zu den Eigenschaften der Gaspartikel, die bei der Expansion der Welt unverändert
bleiben, ändern sich diejenigen der Photonen. Denn wegen der
Expansion der Welt erfahren die Lichtwellen eine Rotverschiebung, ihre Wellenlänge vergrößert sich um einen Faktor, der gerade dem Verhältnis der Weltradien zum Zeitpunkt des Empfangs
der Welle zu dem bei ihrer Emission entspricht.

Das bedeutet, daß sich auch die Gravitationswirkung der
Photonen entsprechend verringert. Damit nimmt die Gravitationswirkung eines Strahlungsfeldes mit der Expansion der Welt
schneller ab, als es für ein Gas aus schwerer Masse der Fall wäre.

Wenn wir daher die Verhältnisse in einer Welt betrachten, die
eine Mischung von schwerer Materie und Strahlung enthält, dann
wird sich die relative Bedeutung der beiden Komponenten mit
der Expansion ändern. Auch wenn zu einem späteren Zeitpunkt
der Beitrag der Strahlung zur Struktur der Welt vernachlässigbar
gering sein sollte, kann es sehr wohl sein, daß zu einem früheren
Zeitpunkt die Struktur vorwiegend durch die Strahlung bestimmt
war. Überlegungen dieser Art wurden schon in den dreißiger
Jahren angestellt, und so kam es, daß *Georg Gamow* (1904–1968)
1948 überlegte, wie wohl die physikalische Entwicklung in einer
solchen Welt ausgesehen haben könnte. Da die Wellenlänge der
Photonen immer kürzer sein wird, je jünger die Welt ist, bedeutet
dies, daß die Materie, von der diese Strahlung schließlich einmal
emittiert wurde, immer heißer sein muß, je näher wir in die
zeitliche Nähe des Urknalls kommen. *Gamow* spricht daher vom
«heißen Urknall» (hot big bang model).

Wenn dieser Begriff tatsächlich der realen Welt angemessen
sein soll, dann müßten noch heute Überreste von diesem heißen
Urknall beobachtbar sein. Wegen der starken Rotverschiebung
wären die Photonen weit ins Infrarot verschoben, und *Gamow*
schätzte ab, daß die Strahlung heute höchstens einer Temperatur
von 25 ° K entsprechen könnte. Ein solch schwaches Strahlungsfeld
war aber mit den technischen Möglichkeiten von 1948 nicht nachweisbar, und so gerieten die Überlegungen *Gamows* in Vergessen-
heit, bis *Dicke* und *Peebles* in Princeton sie 18 Jahre später wieder
aufgriffen und eine Empfangsapparatur für solche Strahlung
planten.

Die besten Chancen, dieses Strahlungsfeld zu messen, finden
sich im Bereich der Radiowellen, und hier stellte sich auch ganz
unerwartet der Erfolg ein, noch bevor die Apparatur von *Dicke*

und *Peebles* überhaupt einsatzfähig war. Es war eine fast klassische Geschichte, wie durch sorgfältiges Verfolgen aller Fehler und Störquellen in der Meßapparatur schließlich der Nachweis einer unerwarteten Signalquelle geliefert wurde. Die beiden Radioastronomen *Arno Penzias* (geb. 1933) und *R. Wilson* (geb. 1936) waren von den Bell Telephone Laboratories in Holmdel, New Jersey, dafür eingesetzt worden, um die für Telekommunikationszwecke nicht mehr benötigte Hornparabolantenne mitsamt dem hochempfindlichen Maser-Empfänger für radioastronomische Zwecke nutzbar zu machen. Die Bell Telephone Laboratories ist übrigens die gleiche Firma, die schon 1928 *Karl G. Jansky* auf die Untersuchung der Störungen im Kurzwellen-Funkverkehr angesetzt hatte, die dann 1931 zur Entdeckung von kosmischer Radiostrahlung führte.

Die Hornparabolanlage im Holmdel war seinerzeit Anfang der sechziger Jahre gebaut worden, um Kommunikationsexperimente mit dem Echo-Satelliten durchzuführen. Dies war ein großer, verspiegelter Plastikballon auf einer Satellitenbahn, der Radio-

Abb. 32
Das Hornparabol in Holmdel, N.Y. Im Vordergrund befinden sich *A. Penzias* und *R. Wilson*, die Entdecker der Hintergrundstrahlung.

wellen reflektieren konnte, so daß mit seiner Hilfe transkontinentale Telekommunikation möglich wurde. Aktive Satelliten mit einem Empfänger und Sender an Bord, so wie es heute alle Fernsehsatelliten besitzen, waren damals noch nicht technisch realisierbar. So war man auf das sehr schwache reflektierte Signal angewiesen. Deshalb mußten auf der Bodenstation extrem empfindliche und rauscharme Anlagen eingesetzt werden.

Diese Versuche waren abgeschlossen, die Empfangsanlage wurde für andere Zwecke frei. *Penzias* und *Wilson* wollten sie wegen ihrer besonders günstigen Eigenschaften zum Kalibrieren von Eichquellen einsetzen; dafür war es zunächst nötig, die Eigenschaften der Anlage selbst sehr sorgfältig zu untersuchen. Wie jeder andere Empfänger auch, hatte der vorhandene Maserempfänger ein Eigenrauschen, dessen Ursachen und Quellen die beiden herauszufinden suchten. Sie konnten schließlich die allergrößten Anteile des gemessenen Störsignals belegbaren Ursachen zuordnen, es blieb nur ein ganz geringer Anteil von 3 °K übrig, für den es keine aufzeigbaren Gründe gab. Sogar der Verdacht, daß Unrat von Tauben und anderen Vögeln, die sich im Hornparabol eingenistet hatten, für diese Strahlung verantwortlich war, konnte im wörtlichen Sinne «ausgeräumt» werden. Es blieb nur der Verdacht, daß dieses Signal Strahlung vom Himmel ist, die nicht einzelnen diskreten Quellen zugeordnet werden kann, sondern die diffus über die ganze Sphäre verteilt ist.

Die Auflösung dieses Rätsels wurde gefunden, als *Penzias* und *Wilson* mit der Gruppe um *Dicke* und *Peebles* zusammentrafen, die ja nur wenige Kilometer entfernt in Princeton arbeitete. Sie hatten tatsächlich die kosmische Hintergrundstrahlung nachgewiesen, eine Entdeckung, für die ihnen 1978 der Nobelpreis verliehen wurde.

Strahlung und Materie

In den Jahren seit 1965 wurden die Eigenschaften der kosmischen Hintergrundstrahlung natürlich sehr genau untersucht. Die Strahlung konnte innerhalb des gesamten Wellenlängenbereichs zwischen 70 cm und ca. 0.05 cm nachgewiesen werden, das Maximum liegt etwa bei einer Wellenlänge von etwa 1 mm. Auch die Form des Spektrums weicht nicht nachweisbar von der eines schwarzen Körpers ab. Noch verblüffender ist die Isotropie dieser Strahlung: Aus jeder Richtung ist ihre Intensität gleich groß, und dies mit einer Genauigkeit, die nur durch die Grenzen der Meßtechnik gegeben ist. Nach allem, was wir wissen, handelt es sich tatsächlich um Schwarzkörperstrahlung von 2.7 °K.

Damit spielt diese Strahlung in der Energiebilanz der Welt, so wie wir sie heute kennen, nur eine untergeordnete Rolle. Nur wenig mehr als 1 Promille der derzeitigen Gesamtenergie entfällt auf diese Strahlung. Wenn wir aber in der Zeit zurückrechnen, dann nimmt ihre Bedeutung laufend zu, und wenn der Skalenfaktor der Welt auf den tausendsten Teil des heutigen Wertes geschrumpft ist, dann ist der Energiegehalt der Strahlung ungefähr ebenso groß wie derjenige der schweren Materie. Für all die Zeiten, die vor diesem Augenblick liegen, waren Struktur und Entwicklung der Welt vorwiegend durch den Gehalt an Strahlung bestimmt.

Die Energiebilanz von Strahlung und Materie gestattet es auf relativ direkte Weise, sowohl die Rotverschiebung als auch die relative Größe des Skalenfaktors der Welt zu diesem Zeitpunkt zu berechnen; wenn wir dagegen das Alter der Welt für diesen Augenblick angeben wollen, muß außer der Hubble-Konstanten auch noch das Weltmodell selbst bekannt sein. Dies bringt große Unsicherheiten in eine solche Angabe, man gibt meistens ein Weltalter von etwa 10^{12} Sekunden, d.h. von ca. 30000 Jahren, für den Zeitpunkt an, an dem die Energiedichte von Strahlung und Materie gleich groß waren.

Etwa um die gleiche Zeit gab es noch einen weiteren wichtigen Augenblick, der für das Aussehen der Welt entscheidend war. Strahlung entsteht meistens nicht aus dem Nichts, sondern sie wird von der Materie emittiert. Ein so entstandener Lichtstrahl pflanzt sich dann ungestört fort, bis er schließlich wieder von Materie absorbiert wird. Dies war ja schon bei der Darlegung des Olbersschen Paradoxons wichtig gewesen, jetzt aber stellt sich die Frage, wann die Hintergrundstrahlung emittiert wurde.

Rechnen wir von der Welt, so wie wir sie heute vorfinden, auf frühere Zustände mit kleineren Weltradien zurück, dann steigt nicht nur die Materiedichte an, sondern auch die Temperatur. Nun wird aber gasförmige Materie bei Temperaturen gegen 5000 °K für die Strahlung sehr undurchlässig. Dies liegt an den Atomeigenschaften des häufigsten Elements Wasserstoff, das bei einer solchen Temperatur ionisiert wird. Das Elektron der Atomhülle des Wasserstoffs wird aus seiner Bindung gelöst und kann sich dann

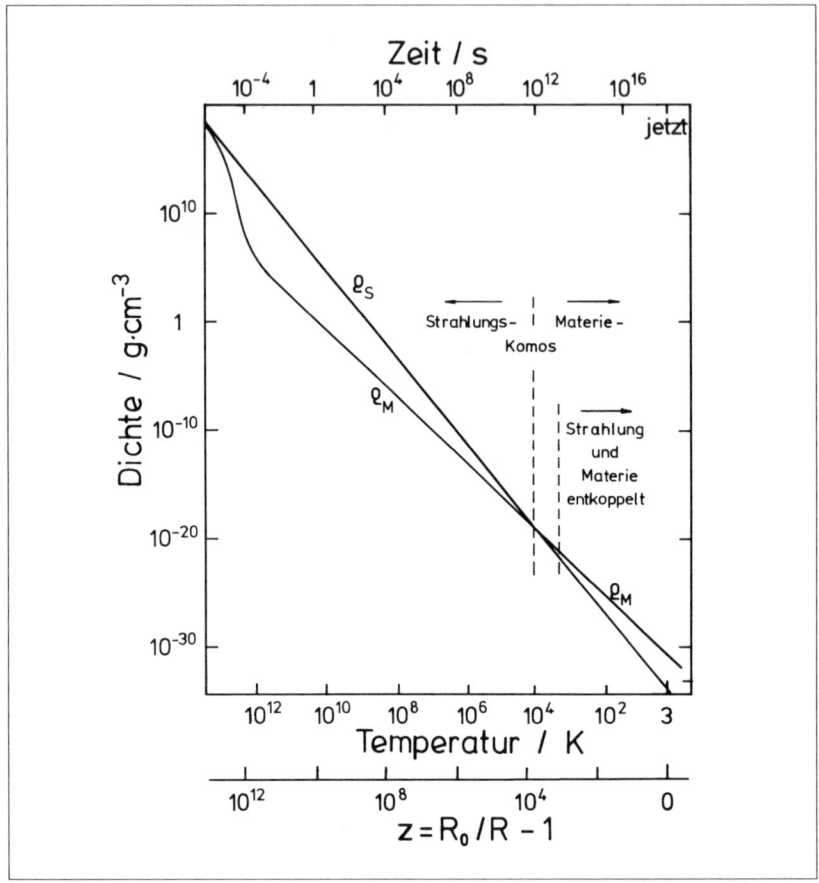

Abb. 33
Energie- und Materiedichte (ρ_S bzw. ρ_M) des Universums als Funktion der Temperatur der Hintergrundstrahlung, der Rotverschiebung z bzw. des Weltalters.

frei im Gas bewegen. Strahlung und Materie stehen dadurch in einer sehr engen Wechselwirkung. Sinkt die Temperatur durch die kosmische Expansion aber unter diese 5000°K ab, dann werden Strahlung und Materie weitgehend unabhängig voneinander und durchlaufen getrennte Entwicklungen. Ein Photon der Hintergrundstrahlung läuft seit der letzten Wechselwirkung mit der Materie ungestört durch das Universum, nur seine Wellenlänge hat wegen der allgemeinen kosmischen Expansion um einen dramatischen Faktor zugenommen. Alle anderen Eigenschaften der Strahlung spiegeln jedoch noch immer den Zustand der Welt zum Zeitpunkt der Emission wider.

Für diesen Zustand findet man erstaunlich moderate Werte: eine mittlere Massendichte von nur etwa 200 Atomen pro Kubikzentimeter bei einer Temperatur von ca. 5000 °K. Dies sind Bedingungen, wie man sie auch in leuchtenden Gaswolken der Galaxis vorfindet, etwa im Orionnebel. Daher muß auch die Physik im Universum zu diesem Zeitpunkt, als Strahlung und Materie zuletzt im Gleichgewicht waren, ganz ähnlich wie im Orionnebel gewesen sein.

Es gibt allerdings einen gravierenden Unterschied: Der Zustand von Strahlung und Materie in einem galaktischen Emissionsnebel variiert stark von Ort zu Ort, wie man leicht auf jeder photographischen Aufnahme sehen kann, da es in den Wolken hellere und dunklere Partien gibt. Wir wissen dagegen aus zahlreichen Messungen, daß die Hintergrundstrahlung keinerlei örtliche Intensitätsvariationen größer als 1 Promille aufweist, und dies gilt dann in ähnlicher Weise auch für den Zustand der Welt zur Zeit der Strahlungsemission. Warum dies so ist, wissen wir nicht, es muß wohl mit der Entwicklungsgeschichte der Welt bis zu diesem Zeitpunkt zu tun haben, mit dem Umstand, daß die Materie vorher eine höhere Temperatur hatte und durch die kosmische Expansion schneller abkühlte, als es durch Strahlungsverluste möglich wäre.

Diese Gleichförmigkeit der Materieverteilung in der Welt zu der Zeit, als Strahlung und Materie voneinander abkoppelten, steht in ganz krassem Gegensatz zu der Materieverteilung, die wir heute kennen. Die Materie ist zu Sternen, Galaxien und Galaxienhaufen zusammengeballt, dazwischen gibt es riesige leere Räume. Vergleicht man die Dichte für eine Richtung mit derjenigen von dazu benachbarten, findet man für alle Winkelskalen große Unterschiede. Erst wenn man über sehr große Bereiche mittelt, gleichen sich die Unterschiede langsam aus.

Gehen wir in größere Entfernungen, also zurück in der Zeit, ändert sich nichts an diesem Befund. Dies gilt bis zu den größten erreichbaren Entfernungen, wie sie durch Quasare markiert werden und die etwa $z = 4$–5 ergeben. Die Hintergrundstrahlung bei $z \approx 1000$ ergibt dagegen die große Gleichförmigkeit. Wenn wir also heute große Dichtefluktuationen finden, müssen sich diese in der Zwischenzeit herausgebildet haben.

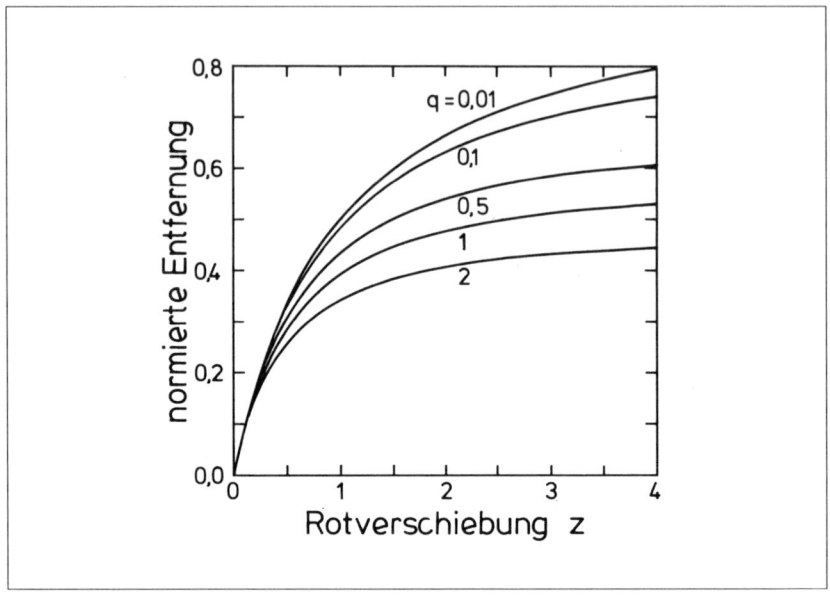

Abb. 34
Die normierte Entfernung als Funktion der Rotverschiebung z für verschiedene
Weltmodelle q. q < 0.5 entspricht offenen Welten, die unbegrenzt expandieren, q
> 0.5 solchen mit endlicher Gesamtdauer und periodischer Expansion und Kon-
traktion. Wenn z.B. eine Galaxis einen Meßwert z = 3 liefert, dann entspricht dies
für $q = 0.5$ einer normierten Entfernung von Ht = 0.60, also bei $H = 60 \text{ km s}^{-1}$
Mpc^{-1} einer Entfernung von 3000 Mpc.

Man stellt sich nun vor, daß diese Herausbildung von Dichtefluktuationen genauso geschieht, wie wir es auch aus den kühlen Gaswolken unserer Galaxis im Zusammenhang mit der Sternentstehung kennen, durch ein Wechselspiel von Gravitations-
kräften und den thermodynamischen Eigenschaften der Materie.
Wenn sich auf irgendeine Weise an einem Ort eine Verdichtung
der Materie gebildet hat, dann treten zwei zusätzliche Kräfte auf,
die einander entgegenwirken. Die Gravitation der zusätzlichen
Masse bewirkt eine zusätzliche Anziehungskraft; ihr entgegen
wirkt eine vergrößerte Druckkraft. Je nachdem, welche Kraft
größer ist, erhalten wir ein Anwachsen der Dichtefluktuation oder
aber wieder eine Verringerung.
     Stellt man die entsprechenden Formeln auf, findet man, daß
die Materiedichte in solchen Kondensationen immer dann wächst,
wenn die Masse der Kondensation größer ist als ein bestimmter

Grenzwert, der um so höher ausfällt, je höher die Temperatur des Mediums ist. Massenkondensationen von der Größenordnung einer Galaxis, also einer Masse von typischerweise 10^{11}–10^{12} Sonnenmassen, können aus diesem Grund erst nach der Trennung von Strahlung und Materie gravitationsinstabil werden.

Verfolgt man dann allerdings, wie das weitere Schicksal einer solchen Kondensation aussieht, dann zeigen sich die großen Schwierigkeiten einer solchen Vorstellung. Bei der Sternentstehung in einer Galaxis geht die weitere Entwicklung sehr schnell voran. Durch die Verdichtung wachsen die Gravitationskräfte, neue Materie wird dadurch herangeführt, und das Wachstum geht exponentiell vor sich. Im Fall der Entstehung einer Galaxis ist das genauso, der Vorgang läuft aber vor dem Hintergrund der kosmischen Expansion ab. Dadurch kann die zusätzliche Materie nicht schnell genug herangeführt werden, und das Wachstum der Kondensation ist nicht mehr exponentiell, sondern viel langsamer: Sie wächst nicht einmal proportional mit der Zeit an.

Die Folgen für die Entwicklungsgeschwindigkeit einer solchen Kondensation sind sehr weitreichend: Die nach den üblichen Weltmodellen zur Verfügung stehende Zeit für die Ausbildung einer Galaxis reicht nach allem, was wir wissen, nicht aus. Diese Diskrepanz wird noch stärker, wenn wir die Ausbildung der Galaxienverteilung mit den großen Leerräumen betrachten. Die Erklärung dieser Beobachtungen wird sicher noch zu Modifizierungen der Theorie führen.

Die zeitliche Entwicklung einer Dichtefluktuation wurde zuerst 1946 von *Lifschitz* in voller Strenge mit Hilfsmitteln der ART berechnet, *Bonnor* wies dann zuerst 1957 nach, daß bereits die Newtonsche Gravitationstheorie in einem expandierenden Kosmos genau das gleiche Resultat liefert.

Die Häufigkeitsverteilung der chemischen Elemente

Eine der großen Leistungen der Quantenmechanik ist die Erklärung des Aufbaus der chemischen Elemente und ihrer Einordnung in das periodische System. Mit ihrer Hilfe werden die unterschiedlichen chemischen Eigenschaften verstehbar, und es wird deutlich, warum es von einem einzelnen Element mehrere Isotope geben kann, die zwar chemisch praktisch nicht unterscheidbar sind, die aber völlig unterschiedliche Eigenschaften haben, was ihre Stabilität gegenüber radioaktivem Zerfall angeht.

Ein wichtiger Beobachtungsbefund blieb aber von diesen Fortschritten der Theorie völlig unberührt, nämlich die Tatsache, daß die verschiedenen Elemente mit so unterschiedlichen Häufigkeiten vorgefunden werden. Warum z.B. Gold soviel seltener als Eisen ist, findet keine theoretische Begründung, sondern bleibt eine «kontingente Eigenschaft der realen Welt». Es bleibt offen, ob dies eine tiefere Bedeutung hat oder nicht.

Hier können kosmogonische Modellvorstellungen eine Antwort geben, wenn sie eine Theorie der Elemententstehung liefern, die frei von willkürlichen ad hoc-Annahmen ist. Wenn dann sogar quantitative Angaben möglich sind, kann dies darüber hinaus noch zu einem Prüfstein der kosmologischen Theorie ausgebaut werden. Aber vorher müssen die empirischen Angaben über die Häufigkeitsverteilung der chemischen Elemente gewonnen werden, und wir müssen darlegen, wie man daraus eine Kurve der kosmischen Elementhäufigkeit konstruieren kann.

Die Schwierigkeiten auf dem Wege dahin sind nämlich sehr groß. Dies war ja schon deutlich geworden, als es um die Interpretation der so verschieden aussehenden Sternspektren ging und sich schließlich herausstellte, daß praktisch alle Sterne eine sehr ähnliche chemische Zusammensetzung aufweisen, bei der ein Gewichtsanteil von ca. 75% aus Wasserstoff besteht, ca. 23% vom Helium eingenommen wird und für alle anderen Elemente nur der Rest von 1–2% übrigbleibt.

Da man die Sonnenatmosphäre spektroskopisch besonders genau untersuchen kann – einfach, weil genügend Licht dafür zur Verfügung steht –, ließ sich für sie die chemische Zusammensetzung einigermaßen genau bestimmen. Eine direkte laborchemische Analyse war schließlich für solche Materie möglich, die als Meteorit vom Himmel auf die Erde gefallen war oder die später von Astronauten vom Mond herabgebracht wurde. Natürlich enthielten diese Materiebrocken die flüchtigen Bestandteile wie Wasserstoff, Helium und andere Gase nur in stark verminderter Konzentration, aber es war immerhin möglich, die Mengenzusammensetzung der anderen Elemente, bezogen z.B. auf Silizium, anzugeben.

Auf diese Weise konnten in den fünfziger Jahren zuerst *Harold Clayton Urey* (1893–1981) und *Suess* eine allgemeine Tabelle der kosmischen Elementverteilung angeben. Im Laufe der Jahre wurde diese immer weiter verbessert, und es stellte sich heraus, daß die Unterschiede der chemischen Zusammensetzung der verschiedenen Objekte erstaunlich gering sind – wenigstens, solange man sich auf solche Objekte konzentriert, in denen noch die gesamte Materie enthalten ist und in denen nicht, wie bei den Planeten und Kleinkörpern unseres Planetensystems, eine fraktionierte Destillation stattgefunden hat, bei der die leicht flüchtigen Bestandteile wie Wasserstoff und Helium, aber auch andere gasförmige Elemente, abdestilliert wurden.

Vor allem das gleichmäßige Verhältnis Wasserstoff zu Helium von 75% : 23% verlangt nach einer Erklärung. Denn wenn nur Kernfusion in den Sternen für die kosmische Heliumhäufigkeit verantwortlich wäre, dann sollte man erwarten, daß je nach dem

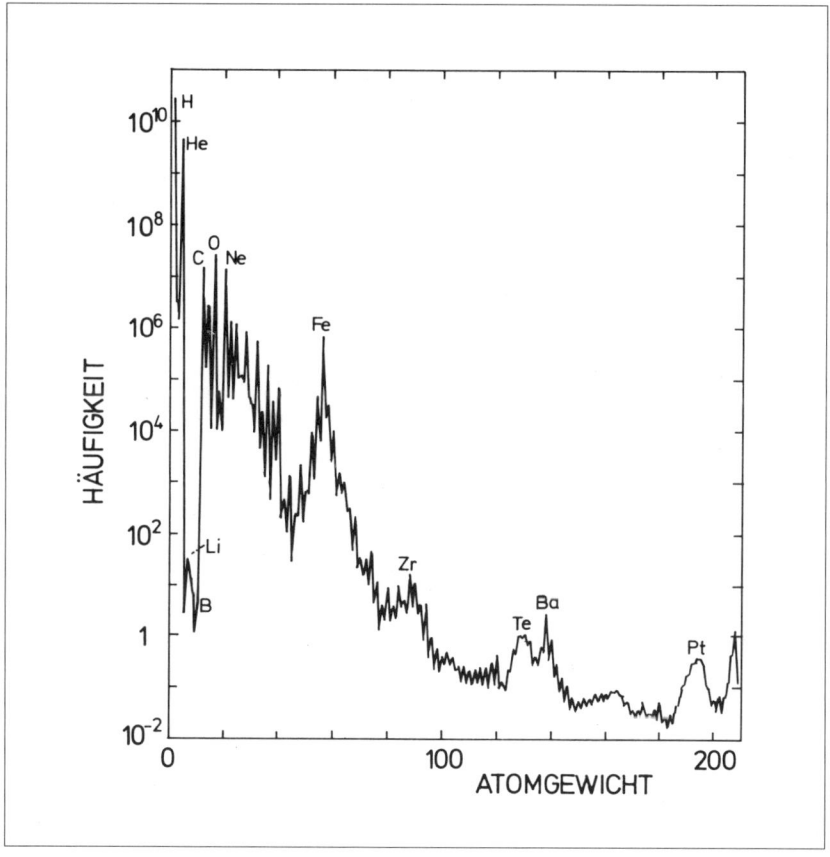

Abb. 35
Die kosmische Häufigkeitsverteilung der Elemente. Die Häufigkeit ist in einem Relativmaßstab angegeben, so daß die Häufigkeit von Si gleich 10^6 ist.

Alter des betreffenden Sterns einmal mehr, einmal weniger Helium vorhanden sein müßte. Warum ist dies nicht so, gibt es vielleicht noch einen anderen Vorgang, bei dem Helium aus Wasserstoff gebildet wurde und der maßgeblich für die Heliumhäufigkeit ist? Wir suchen also nach einer physikalischen Situation, in der eine Heliumsynthese aus Wasserstoffkernen möglich ist.

Die Kernphysik sagt, daß dazu zweierlei nötig ist: eine große Dichte, so daß viele Partikel pro Volumeneinheit für die Reaktionen zur Verfügung stehen, und zweitens eine hohe Temperatur. Denn dann stoßen die Teilchen mit hohen Geschwindigkeiten zusammen, so daß sich die Stoßpartner trotz abstoßender elektrischer Ladung so nahe kommen, daß die Kern-Wechselwirkungen zum Tragen kommen können. Hierbei ist übrigens ein quantenmechanischer Effekt ausschlaggebend. Der sogenannte «Tunneleffekt» sorgt dafür, daß gelegentlich sogar solche Teilchen miteinander reagieren, deren Energiegehalt eigentlich gar nicht dafür ausreicht, die vorhandene Energieschwelle zu überwinden.

Wenn man nun das bekannte Universum danach durchmustert, wo die Bedingungen für eine Kernfusion gegeben sein könnten, findet man zwei Situationen, die erfolgversprechend zu sein scheinen: die Zeit kurz nach dem Urknall, als die gesamte Welt heiß und dicht war, und das tiefe Innere der Sterne. Beide Situationen sind daher auch für die Elemententstehung verantwortlich gemacht worden, und wie sich zeigen wird, müssen auch beide beteiligt gewesen sein, wenn man die gemessene Häufigkeitsverteilung der Elemente verstehen möchte.

Elementsynthese in den frühen Phasen des Universums

Brauchbare theoretische Vorstellungen über eine kosmische Elementsynthese wurden zuerst von *Georg Gamow* und seinen Schülern in den Jahren 1946–50 entwickelt. *Gamow* war einer der Physiker, die Entscheidendes zur Entwicklung der Quantenmechanik beigetragen haben. So hatte er als junger Mann 1928 den Tunneleffekt entdeckt und quantenmechanisch verständlich gemacht, wonach Teilchen mit einer nichtverschwindenden Wahrscheinlichkeit miteinander reagieren können, auch wenn sie durch eine Potentialschwelle voneinander getrennt sind und ihre Energie nicht ausreicht, diese Schwelle zu überwinden..*Gamow* war dann in den dreißiger Jahren unter abenteuerlichen Umständen von Rußland in die USA ausgewandert.

Da er ein Mann mit unerschöpflichem und oft skurrilem Witz war und es liebte, sich und andere nicht ganz ernst zu nehmen, war es für seine Kollegen nicht immer einfach zu entscheiden, ob eine seiner zahlreichen Theorien ernst gemeint war oder nur dazu dienen sollte, sie auf den Arm zu nehmen. Dies galt sicher auch für seine Theorie der kosmischen Elemententstehung, die er zusammen mit seinem Schüler *Alpher* entwickelt hatte. Und weil es so gut paßte, setzte er einfach den Namen seines Freundes *Hans Bethe* (geb. 1906) mit auf die Veröffentlichung, weil die Theorie dann so schön α-β-γ-Theorie heißen konnte, obwohl *Bethe* nichts damit zu tun gehabt hatte.

Die chemischen Eigenschaften eines Elements werden durch seine Elektronenhülle bestimmt, im wesentlichen also durch die Anzahl der Elektronen darin. Diese Hülle wird aber durch die positive elektrische Ladung des Atomkerns im Gleichgewicht gehalten. Da die Kernladung durch die Anzahl Protonen im Kern gegeben ist, bestimmen diese auch die chemischen Eigenschaften des Elements. Ein Kern, der nur aus Protonen besteht, wird aber von der gegenseitigen Abstoßung dieser geladenen Teilchen auseinandergetrieben, die Kernkräfte können ihn nur dann binden, wenn zusätzlich Neutronen vorhanden sind. Dies sind Teilchen mit einer Masse, die ganz ähnlich der von Protonen ist, die aber keine Ladung besitzen, also neutral sind. Um einen stabilen Atomkern zu erhalten, sind etwa gleich viel Protonen und Neutronen nötig.

Lagert man an einen Atomkern ein weiteres Proton an, dann erhöht man die Ordnungszahl des Kerns, gewinnt also das nächsthöhere chemische Element. Allerdings ist es fraglich, ob dieser neue Atomkern stabil ist. Lagert man dagegen ein Neutron an den Kern an, ändert sich die Ordnungzahl nicht, man erhält nur ein anderes Isotop des gleichen Elements. Da aber Neutronen durch Aussenden eines Elektrons (und gleichzeitig eines Neutrinos) in ein Proton übergehen können, erhöht sich auch in einem solchen Fall die Ordnungszahl des Elements. Diesen Vorgang nennt man dann den Beta-Zerfall des Neutrons.

Ein Aufbau neuer Elemente durch Anlagerung von immer mehr Neutronen ist leichter möglich als durch Anlagerung von Protonen, da den Neutronen die abstoßende Wirkung einer elektrischen Ladung fehlt. Deshalb ist eine Theorie der Elemententstehung durch schrittweisen Einbau von Neutronen so attraktiv. Notwendig für ihre Effektivität ist aber, daß es Situationen gibt, in denen Neutronen in der notwendigen Häufigkeit vorhanden sind.

Diese Theorie versucht also, die Entstehung der Elemente durch schrittweisen Einbau von immer mehr Neutronen in die Atomkerne zu deuten. Durch nachfolgenden Beta-Zerfall werden dann aus den eingebauten Neutronen Protonen, so daß die verschiedenen Elemente entstehen können.

Extrapoliert man von dem Zustand der Welt, der vorlag, als die kosmische Hintergrundstrahlung emittiert wurde, weiter zurück in die unmittelbare zeitliche Nähe der Anfangssingularität, dann nehmen die Temperatur und die Dichte der Welt solche Werte an, daß Kernfusionsprozesse möglich werden. Welche Reaktionen allerdings ablaufen und wie die resultierende Elementhäufigkeit schließlich aussehen wird, hängt stark davon ab, welche Anfangsverteilung die Reaktionspartner haben. Zu eindeutigen Angaben kommt man erst, wenn man zu so frühen Phasen der Entwicklung der Welt zurückgeht, daß aufgrund der hohen Temperatur alle Elemente in ihre Grundbestandteile Protonen und Neutronen zerlegt sind.

Die Temperatur des Universums betrug damals 100 000 Millionen Kelvin ($10^{11\,\circ}$ K), und die Welt war nur etwa $1/100$–$1/10$ Sekunde alt. Eine Temperatur dieser Größe ist natürlich anschaulich nicht vorstellbar, trotzdem ist aber die Physik, die damals gültig war, sehr gut bekannt und nicht umstritten. Denn die große Temperatur ist nur deshalb wichtig, weil sie den Protonen und Neutronen eine große thermische Geschwindigkeit verleiht. Genau dasselbe macht aber der Kernphysiker, wenn er die Partikel durch eine seiner Beschleunigermaschinen schickt. Vergleichbare Geschwindigkeiten zu einer Temperatur von $10^{11\,\circ}$ K erreicht man schon mit 10 MeV-Maschinen, kleinen Geräten, die es in großer Zahl sogar an Universitätsinstituten gibt.

Der Zustand der Welt war damals so einfach wie seitdem niemals wieder: Sie bestand aus recht gleichmäßig verteilten Protonen, Neutronen, Elektronen, Positronen, Neutrinos und Photonen. Dabei war die Photonenenergie ausreichend, daß ein Photon spontan in ein Elektronen-Positronen-Paar zerfallen konnte und sich außerdem laufend Protonen und Neutronen ineinander umwandeln konnten. Die Baryonen – Protonen und Neutronen – waren in einer verschwindenden Minderheit gegenüber den Photonen und den anderen Teilchen: Auf ein Baryon kommen ca. 10^9 von ihnen, und dieses Verhältnis ist bis heute erhalten geblieben. Die Photonen der kosmischen Hintergrundstrahlung sind so zahlreich, daß noch heute ca. 400 auf einen Kubikzentimeter kommen, während die schwere Materie es nur auf 1 Wasserstoffatom in einem Würfel mit 1.7 m Seitenlänge bringt. Neutronen und Protonen sind bei einer Temperatur von $10^{11°}$ K gleich häufig, sie befinden sich im Gleichgewicht untereinander und mit den anderen Partikeln.

Diese Gleichgewichtssituation wurde durch die schnelle Expansion der Welt gestört. Alle Entwicklungsvorgänge in der Welt wurden durch sie ausgelöst. Zunächst hatte die Expansion zwei Auswirkungen: Die Materiedichte sinkt rapide, und dadurch steigt das Durchdringungsvermögen der Neutrinos. Diese laufen ja praktisch ungestört sogar durch ganze Sterne hindurch, erst wenn die Dichte annähernd gleich derjenigen von Kernmaterie ist, wird ein Neutrino mit einer nennenswerten Wahrscheinlichkeit «steckenbleiben» und Kernreaktionen auslösen.

Im expandierenden Universum fallen die Neutrinos als erste aus den Wechselwirkungen heraus – sie laufen ungestört durchs Weltall, nur ihre kinetische Energie nimmt nach der Hubble-Beziehung laufend ab. Als nächstes koppeln die Elektronen-Positronen ab, denn als weitere Wirkung der kosmischen Expansion sinkt ja die Temperatur. Ein Photon kann nur dann spontan in ein Elektron-Positron-Paar zerfallen, wenn seine Energie ausreichend groß ist. Daher können keine neuen Elektronen-Positronen-Paare mehr entstehen, wenn die Temperatur des Universums wesentlich unter $10^{10°}$ K fällt. All dies hatte Einfluß auf das Mengenverhältnis von Protonen und Neutronen – dieses verschiebt sich immer mehr zugunsten der Protonen. Wenn die Welt schließlich ca. 190 Sekunden alt ist und sich auf $10^{9°}$ K abgekühlt hat, dann kommen auf 86 Protonen nur noch 14 Neutronen.

Die Ursache für dieses Verhältnis der beiden Kernbausteine Neutronen und Protonen in dieser Situation liegt nur in ihrer geringförmig unterschiedlichen Masse. Ein Neutron wiegt nämlich etwa 1.4 Promille mehr als das Proton, und deshalb muß für die Bildung eines Protons weniger Energie aufgewendet werden, als dies für die Bildung eines Neutrons notwendig ist. Wenn die zur Verfügung stehende Energiedichte gerade eben noch für die Bildung dieser Teilchen ausreicht, dann führt schon ein solch geringer Unterschied der Bildungsenergie zu so großen Häufigkeitsunterschieden.

Diese Erkenntnis ist wichtig, denn sie zeigt, daß eine scheinbar so willkürliche Eigenschaft wie die Häufigkeit, mit der eine Partikelsorte vorkommt, nicht zu den kontingenten Eigenschaften der Welt gehören muß, sondern ganz gesetzmäßig aus den Naturkonstanten folgen kann. Es ist dann eine andere Frage, ob die Werte der Naturkonstanten im Rahmen einer anderen, umfassenden Theorie zur kontingenten Verfügungsmasse gehören oder ob sie notwendigerweise an die gegebenen Werte gebunden sind. Hier müssen wir diese Zahlenwerte als vorgegeben akzeptieren.

Die Entstehung des Heliums

Bei einer Temperatur von $10^{9\circ}$ K beginnen auch die Reaktionen von Neutronen und Protonen untereinander eine Rolle zu spielen. Da die Neutronen keine elektrische Ladung besitzen, kann ein Neutron einem Proton sehr nahe kommen, ohne daß abstoßende elektrische Kräfte dabei stören. Dadurch können mit Neutronen sehr viel leichter Kernreaktionen eingeleitet werden als z.B. mit Protonen. Aus einem Proton und einen Neutron können sich so relativ leicht Deuterium oder schwerer Wasserstoff bilden.

Solche Reaktionen gab es natürlich auch schon in großer Zahl, als das Universum noch heißer als $10^{9\circ}$ K war. Da aber im Deuterium Proton und Neutron nur sehr lose aneinandergebunden sind, reicht bei $T > 10^{9\circ}$ K die kinetische Energie der freien Teilchen aus, das Deuterium genauso schnell wieder zu zerlegen, wie es gebildet wurde. Erst wenn die Temperatur niedriger wird, hat das Deuterium eine Chance zu überleben.

Das ist aber notwendig, wenn weitere Elemente mit größeren Ordnungszahlen und höheren Atomgewichten entstehen sollen. Denn dies kann wieder nur durch weitere Reaktionen mit Neutronen geschehen oder aber, indem daß zwei Deuteriumkerne kollidieren. Es bilden sich so schließlich Heliumkerne, und diese sind so stabil, daß sie unter den zu dieser Zeit im Universum herrschenden Bedingungen nicht mehr zerfallen können. Die Neutronen werden daher in sehr kurzer Zeit praktisch alle in Heliumkernen eingebaut sein – aus 2 Neutronen und 2 Protonen wird 1 Heliumkern aufgebaut, so daß aus dem Zahlenverhältnis 86 Protonen zu 14 Neutronen 72 Protonen zu 7 Heliumkernen wird. Das bedeutet einen Gewichtsanteil von 72% Wasserstoff und 28% Helium. Die Heliumhäufigkeit ist also praktisch nur davon bestimmt, welchen Anteil die Neutronen ursprünglich hatten.

Wenn man die einzelnen Reaktionsgleichungen hinschreibt und dies komplizierte System genauer untersucht, findet man heraus, daß auch die schwereren Elemente wie Lithium und Bor in ganz geringem Umfang gebildet werden. Sie tauchen als eine Art Spurenelemente auf und gestatten es so, genauer zu untersuchen, wie die Bedingungen bei ihrer Entstehung aussahen, insbesondere, wie groß damals die Materiedichte war. Dies sind aber Feinheiten, über die noch nicht das letzte Wort gesprochen ist.

Heliumkerne sind daher die schwersten Kerne, die bei der Elementsynthese im Verlauf des «Urknalls» in größerem Umfang entstehen konnten, denn der schrittweise Aufbau von immer schwereren Elementen durch sukzessiveren Einfang von Neutronen endet zunächst mit ^{4}He, weil es kein stabiles Isotop mit dem Atomgewicht 5 gibt. Solche Kerne zerfallen spontan so schnell, daß keine Chance besteht, ein stabiles Isotop mit dem Gewicht 6 aufzubauen. Eine ähnliche Stabilitätslücke gibt es übrigens auch beim Atomgewicht 8. Daher kann die Urknall-Elementsynthese sicher nicht die gesamte Elemententstehung erklären. Die Frage, woher das Gold stammt und warum es soviel seltener ist als Eisen, kann so also nicht beantwortet werden.

Elementsynthese durch Kernfusion in Sternen

Der andere Ort, an dem die Fusion von Wasserstoffkernen zu schweren Elementen ablaufen kann, ist das tiefe Sterninnere. Dies wurde ja bereits im Kapitel über Bau und Zusammenhang der Sterne besprochen. Die Energie, die bei dieser Fusion freigesetzt wird, erlaubt es den Sternen über viele Millionen von Jahren hinweg, ihre Leuchtkraft aufrechtzuerhalten. Die Veränderung der chemischen Zusammensetzung der Sternmaterie ist der Motor der Sternentwicklung.

Aber auch wenn das Endresultat der Fusion von Wasserstoff zu Helium bei der Elementsynthese im Verlauf des Urknalls das gleiche ist wie bei der Fusion im Sterninneren, so spielen doch sehr verschiedene physikalische Mechanismen dabei eine Rolle. Kurz nach dem Urknall standen Neutronen in großer Zahl bei der Fusion zur Verfügung. Da diese keine elektrostatische Abstoßung erfahren, können sie sehr nahe an das Proton herankommen und so eine schnelle Umwandlung von Wasserstoff in Helium auslösen.

Das ist ganz anders im Sterninneren. Hier sind nur wenige freie Neutronen vorhanden, die Reaktion muß vorwiegend durch Protonen bewirkt werden. Die Kollision kann dabei nur dann zu

Deuterium führen, wenn das instabile Zwischenresultat der Kollision während seiner kurzen Existenz ein Positron aussendet. Hier spielen die sogenannten schwachen Wechselwirkungen die bestimmende Rolle, und deshalb ist die Bildung von Deuterium auf diese Weise sehr selten und läuft mit einer sehr langen typischen Zeitskala von $1.4 \cdot 10^{10}$ Jahren ab.

Diese Reaktion kann daher bei der Elementsynthese kurz nach dem Urknall keine Rolle gespielt haben, da damals höchstens einige Minuten Zeit zur Verfügung standen, bis die Temperatur so weit abgesunken war, daß überhaupt keine Fusion mehr möglich war. Auch die Reaktionen des Bethe-Weizsäcker-Zyklus mit Kohlenstoff, Stickstoff und Sauerstoff haben typische Zeitskalen von 10^6–10^7 Jahren, können daher nur für die Entwicklung der Sterne eine Rolle spielen.

Im Sterninneren gibt es ferner auch die Möglichkeit, die Instabilitätsschranken bei den Atomgewichten 5 und 8 zu überwinden, denn der weitere Aufbau neuer Elemente geschieht nicht durch Reaktion mit Neutronen oder Protonen, also Teilchen mit der Masse 1, sondern mit Heliumkernen, die eine Masse von 4 besitzen. Nach dem Helium wird als nächstes Element Kohlenstoff ^{12}C durch die Fusion von 3 Heliumkernen gebildet. Natürlich ist es sehr unwahrscheinlich, daß drei Heliumkerne exakt gleichzeitig miteinander kollidieren, es geschieht aber doch, daß ganz kurz, nachdem 2 Heliumkerne zusammengestoßen sind, ein dritter Heliumkern auf den instabilen Zwischenkern stößt, bevor dieser wieder zerfallen ist. Dies ist ein seltener Vorgang, man kann aber ausrechnen, daß trotzdem eine meßbare Menge an Kohlenstoff auf diese Weise entsteht, dies um so mehr, als eine sogenannte Resonanz in dem Beryllium-Zwischenkern dafür sorgt, daß die Bildungsrate für Kohlenstoff erhöht wird.

Explosive Nukleosynthese

Reaktionen ganz ähnlicher Art gelten für die Bildung weiterer schwerer Elemente bis hin zum Eisen. Noch schwerere Elemente können auf diese Weise nicht gebildet werden. Das liegt daran, daß Eisen der Atomkern mit der größten Bindungsenergie ist. Wenn Kerne miteinander verschmelzen und der resultierende Summenkern ein Atomgewicht besitzt, das unter dem des Eisens liegt, dann wird bei dieser Fusion Energie freigesetzt; ist der Kern aber schwerer als das Eisen, dann benötigt diese Fusion

Energie, um sie voranzutreiben. Bei diesen schweren Elementen, wenn der Ursprungskern schwerer als Eisen ist, wird vielmehr bei dem umgekehrten Vorgang, der Kernspaltung, Energie freigesetzt. Wir kennen ja das Resultat dieser Aufspaltung des Urans in Barium, Krypton und Caesium in Form von Atomenergie oder Atombomben. Mit Hilfe dieser Reaktionen tief im Inneren der Sterne kann man somit verstehen, wie es zur Bildung der chemischen Elemente bis hin zum Eisen kommt. Die Theorie ist sogar sehr erfolgreich, denn sie erklärt auf zwanglose Weise den generellen Abfall der Elementhäufigkeit vom Wasserstoff bis hin zum Eisen, ferner, warum die Elemente Kohlenstoff, Sauerstoff und Stickstoff mit einer erhöhten Häufigkeit aus dieser Kurve herausragen. Sie kann allerdings nicht verständlich machen, wieso es trotzdem zahlreiche Elemente gibt, deren Ord-

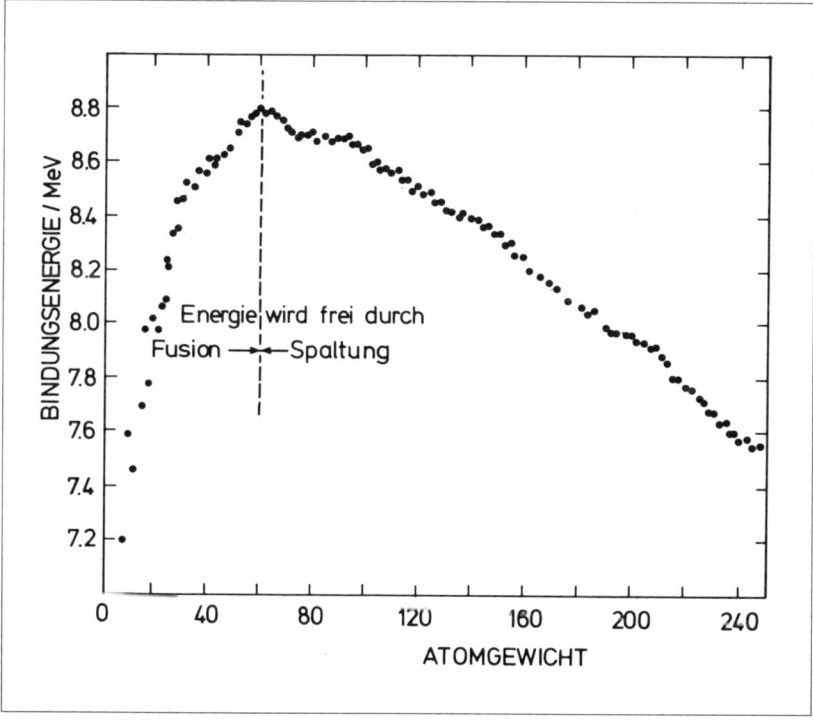

Abb. 36
Die Bindungsenergie der chemischen Elemente. Die Elemente mit Atomgewichten in der Gegend um 52 (Fe) sind am festesten gebunden, daher wird durch Fusion von Elementen leichter als Fe Energie frei, für Elemente schwerer als Fe führt dagegen Spaltung zur Freisetzung von Energie.

nungszahl größer als die des Eisens ist, obwohl doch zu ihrer Bildung ein großer Energiebetrag aufgewendet werden muß. Dazu kommt noch das Problem, wie denn all die schweren Elemente aus dem tiefen Sterninneren heraustransportiert und wieder im interstellaren Raum verteilt werden. Denn dies ist offenbar notwendig, da wir ja all diese Elemente überall finden, in Sternatmosphären wie im interstellaren Raum.

Beide Probleme wurden durch die Theorie der Elementsynthese von *Geoffrey und Margaret Burbidge, William A. Fowler* und *Fred Hoyle* aus dem Jahr 1957 gelöst. Diese Arbeit, die meist als B^{2}FH zitiert wird, bildet noch heute die Grundlage für ein Verständnis der Elementsynthese der Elemente jenseits des Eisens.

In gewisser Weise greift diese Theorie wieder auf Grundvorstellungen der α-β-γ-Theorie zurück, wonach der Aufbau der schweren Elemente durch sukzessiven Einfang von Neutronen geschieht. Aber dies geschieht hier nicht in den Anfangszeiten des Universums kurz nach dem Urknall, sondern passiert noch heute im Zuge der Sternentwicklung. Das ist auch nötig, denn in den Spektren bestimmter Sterne wurden Linien des Technetiums gefunden. Dies ist ein radioaktives Element mit einer Halbwertszeit von weniger als einer Million Jahre, so daß es keine natürlichen Vorkommen dieses Elements auf der Erde gibt. Wenn dieses Element in einer Sternatmosphäre gefunden wird, muß es also erst kürzlich dort entstanden sein. Die freien Neutronen, die bei dieser Theorie benötigt werden, entstehen im Verlaufe der Kernfusionsreaktionen im Inneren der Roten Riesen entweder kontinuierlich, im Zuge der laufenden Entwicklung oder aber, wenn der Kern des Sterns schließlich zu einem Neutronenstern kollabiert und die Hülle als Supernova-Explosion auseinanderfliegt. Alle schweren Elemente entstehen schließlich aus dem Eisenkern, der das Endprodukt regulärer Sternentwicklung ist. Nur etwa 3% davon werden benötigt, um alle schweren Elemente in der gemessenen Häufigkeit zu erzeugen. Es handelt sich also nur um einen kleinen «Schmutzeffekt».

Details dieser B^{2}FH-Theorie, etwa die Tatsache, daß mehrere verschiedene Klassen von Reaktionen unterschieden werden – sogenannte s oder slow, r oder rapid und schließlich die p oder Protonreaktionen –, können hier übergangen werden. Die Theorie ist so erfolgreich, daß auch kleine Details der gemessenen Verteilungskurve der Elementhäufigkeiten verstanden werden können. Um auf die zu Anfang dieses Kapitels aufgeworfene Frage zurückzukehren, warum Gold soviel seltener ist als Eisen – nun können wir sie beantworten:

Eisen ist das Endprodukt der spontanen Kernfusionsreaktionen in den Sternen. Es entsteht, wenn all die Energie aus den Baryonen herausgeholt worden ist, die man freisetzen kann, wenn die Baryonen möglichst energiegünstig gepackt werden. Gold ist dagegen ein Element, das als Resultat von komplizierten Reaktionsketten als «Schmutzreaktion» im weiteren Verlauf aus diesem Eisen entstanden ist. Dabei spielt sogar der zufällige Umstand, daß Gold eine nahezu abgeschlossene Neutronenschale des Kerns hat, eine Rolle, denn er sorgt dafür, daß Gold um etwa eine Zehnerpotenz häufiger vorkommt als andere Elemente mit vergleichbarem Entstehungsmodus.

Die B^2FH-Theorie ist so erfolgreich, daß sich ganz natürlicherweise die Frage stellt, ob denn überhaupt noch die Gamowsche α-β-γ-Theorie benötigt wird, um den Heliumgehalt der Materie zu begründen. Daß man sich dies fragt, ist sicher kein Zufall, denn wenigstens einer der Begründer der Theorie, *Fred Hoyle*, war auch einer der Väter der «Steady State Theory» (vgl. S. 148–150), nach der es ja gar keinen Urknall gegeben hat, sondern die durch die Hubble-Expansion der Galaxien abnehmende mittlere Dichte des Universums durch ständige Neuentstehung von Wasserstoff kompensiert wird.

Es gibt mehrere Gründe, weshalb auf die Heliumsynthese in den Frühphasen der Expansion der Welt in zeitlich engem Zusammenhang mit dem Urknall nicht verzichtet werden kann. Der eine ist die Beobachtung, daß überall die Heliumhäufigkeit den gleichen Betrag hat. Wäre das Helium in Sternen «gekocht», dann müßte es auch noch Gegenden geben, in denen noch ein geringer Heliumgehalt vorliegt. Doch auch die ältesten Objekte, die ein Alter besitzen, das nur wenig geringer ist als das des Universums, weisen den gleichen Heliumgehalt auf wie die jüngsten Sterne.

Den zweiten Grund liefert der Umstand, daß bei der Umwandlung von Wasserstoff in Helium soviel Energie frei wird, die dann ja irgendwie abgestrahlt werden muß. Die Leuchtkraft der Sterne ist bei weitem nicht ausreichend, dies in der zur Verfügung stehenden Zeit zu leisten. Natürlich wird diese Energie ebenfalls freigesetzt, wenn die Heliumsynthese im Verlauf des Urknalls vor sich geht. Hier wird sie aber direkt in die Expansion des Raumes umgewandelt. Ein Ausdruck dafür ist ja die laufende Verminderung der Photonenenergie durch den Dopplereffekt.

Wir stehen daher jetzt vor der befriedigenden Situation, daß es für die Entstehung und Entwicklung der chemischen Elemente eine weithin überzeugende Theorie gibt. Ob sich dies in der nächsten Zukunft ändern wird, wenn das Problem der dunklen Materie eingebaut werden muß, ist zur Zeit noch offen. Auf zahlreichen wissenschaftlichen Tagungen der letzten Jahre wurden diese Fragen aber heiß diskutiert.

Zurück zu den Anfängen: Horizonte

Um die Vorgänge bei der Entstehung der chemischen Elemente verstehen zu können, mußten wir die Expansion des Universums bis zu einem Zeitpunkt zurückextrapolieren, an dem die Welt weniger als $\frac{1}{10}$ Sekunde alt war, eine Temperatur $10^{11\,\circ}$ Kelvin hatte und eine Energiedichte besaß, die einer Massendichte von einigen 10^9 g cm^{-3} entspricht. Gemessen an der Küchenphysik des Alltags hier auf der Erde, scheinen dies extreme Bedingungen zu sein, rechnet man aber diese Zahlen in die Größen um, mit denen die Kernphysiker zu experimentieren gewohnt sind, dann kann es keinen Zweifel daran geben, daß unsere Kenntnis der Physik der Atomkerne voll ausreicht, um mit großer Sicherheit theoretisch nachzuvollziehen, was damals im Universum vorging.

Dies ändert sich entscheidend, wenn man in noch frühere Zeiten extrapoliert, um noch näher an den Urknall heranzukommen. Jetzt wird der Energiegehalt pro Volumeneinheit so groß, daß neue Wechselwirkungen wichtig werden. Zwar können die Hochenergiephysiker viele davon mit Hilfe großer Beschleunigungsmaschinen untersuchen, auch gibt es komplizierte und interessante Theorien, die für viele Arten dieser Wechselwirkungen schon heute eine so gute Beschreibung liefern, daß sogar das Nobelpreiskomitee sie schon für preiswürdig hielt, trotzdem sind wichtige Bestandteile einer «Grand Unified Theory» (GUT, einer «Theorie der großen Vereinheitlichung») noch hypothetisch und ungeklärt. Wenn man daher eine Kosmologie auf eine solche physikalische Theorie gründen würde, wäre schwer abzugrenzen, welche Eigenschaften der resultierenden Weltmodelle auf kontingenten Bestandteilen der Theorie beruhen und was daran als unvermeidlich angesehen werden muß. Es trifft sich daher gut, daß einige der grundlegenden Eigenschaften dieser sogenannten «inflationären» kosmologischen Modelle völlig unabhängig von den verwendeten physikalischen Theorien allein auf Grund astronomischer Beobachtungen nahegelegt werden. Hierbei spielt der Begriff des «Horizonts» in einem Weltmodell die Hauptrolle, er muß daher zuerst dargelegt werden.

Im täglichen Gebrauch begrenzt der Horizont den Teil der Erdoberfläche, den ein Beobachter von seinem Standort aus überblicken kann. Ein Horizont tritt auf, weil sich das Licht geradlinig ausbreitet und daher nicht der gekrümmten Erdoberfläche folgen kann. In einer Hohlwelt würde es bei geradliniger Ausbreitung des Lichts keinen Horizont geben, erst die Kombination von Physik der Lichtausbreitung und Weltmodell bedingt also die Existenz oder das Nichtvorhandensein eines Horizonts.

Auch in der relativistischen Kosmologie ist ein Horizont eine solche Grenze zwischen dem beobachtbaren und dem nicht beobachtbaren Teil der Welt. Die Situation ist allerdings viel komplizierter, als sie sich beim irdischen Horizontproblem darstellt, da komplizierte mathematische Eigenschaften der Weltmodelle eingehen. Daher wurde das Problem erst in den fünfziger Jahren faßbar, als *Wolfgang Rindler* eine brauchbare Formulierung für die widersprüchlich erscheinenden Forderungen und Bedingungen fand.

Grund für das Auftreten von Horizonten in vielen Weltmodellen ist die Fundamentalthese der Relativitätstheorie: daß die Lichtgeschwindigkeit gleichzeitig die größte Signalgeschwindigkeit darstellt, mit der Informationen oder Wirkungen irgendwelcher Art übertragen werden können. Wenn daher in einer fernen Galaxis vor etwa 10^9 Jahren plötzlich eine Supernova aufleuchtete, dann kann uns diese Tatsache nur dann bis heute bekannt geworden sein, wenn diese Galaxis eine Entfernung von weniger als 10^9 Lichtjahre von uns hat. Ist ihre Entfernung größer, dann kann die Nachricht vom Ausbruch noch nicht bei uns eingetroffen sein – das Ereignis liegt außerhalb des heutigen Ereignishorizontes. Und da dies für jegliche Wirkung der Explosion auf uns gilt, kann man diesen Horizont auch als Kausalhorizont ansehen.

Im Laufe der Zeit wächst der Durchmesser dieses Kausalhorizontes: Je länger das Ereignis zurückliegt, desto größer ist der Horizontradius, und es ist denkbar, daß er sogar schließlich das gesamte Universum umfaßt. Dies kann zutreffend sein, es muß aber nicht gelten, denn dies hängt von den mathematischen Eigenschaften des Weltmodells ab. Vor allem expandierende Welten können eine so schnelle Vergrößerung der charakteristischen Skalengrößen aufweisen, daß die Entfernung zu bestimmten Teilen dieser Welt so schnell wächst, daß eine Nachricht dort nie ankommt.

Es ist durchaus möglich, daß für uns ein Objekt ursprünglich sichtbar war, dann aber später jenseits des Horizonts verschwindet. Denkbar ist aber auch, daß es Objekte im Universum gibt, die für uns für immer unsichtbar sind und bleiben, die immer jenseits des Horizontes liegen. Wenn ein solcher Fall vorliegt, dann sagt *Rindler*, daß ein Partikel-Horizont existiert. Da Objekte jenseits dieses Horizontes für den Beobachter für immer unsichtbar bleiben, könnte man einen solchen Horizont als «Transzendenz-Horizont» bezeichnen.

Rindler konnte exakte mathematische Kriterien angeben, die erfüllt sein müssen, damit die eine oder die andere Horizontart existiert, und man kann danach alle bekannten Weltmodelle klassifizieren. Das verblüffende Resultat ist, daß alle denkbaren Kombinationen vorkommen: Es gibt Weltmodelle, die beide Horizontarten besitzen, solche, die nur eine der beiden aufweisen, und schließlich andere, die überhaupt keinen Horizont haben. Dieses Klassifikationsschema wird wichtig, wenn wir klären könnten, ob es solche Horizonte in unserer Welt gibt.

Das Problem der Homogenität der Welt

Das Beobachtungsmaterial für eine Entscheidung der Frage nach der Existenz von Welthorizonten liefert die kosmische Hintergrundstrahlung. Wie im vorigen Kapitel ausgeführt, stammt diese Strahlung aus der kosmischen Zeit, als zuletzt Strahlung und Materie in der Welt im Gleichgewicht waren. Das Universum war damals ca. 30000 Jahre alt und hatte eine Materiedichte von ca. 200 Atomen pro Kubikzentimeter bei einer Temperatur von etwa 5000° K. Seit diesem Augenblick breiten sich die Photonen der Hintergrundstrahlung weitgehend ungestört aus. Der Einfluß der expandierenden Welt auf die Strahlung besteht in der immer stärkeren Vergrößerung der Wellenlänge der Photonen und in der Verringerung ihrer Anzahldichte.

Wenn wir daher heute die Intensität dieser Strahlung messen, können wir sehr genau auf Bedingungen rekonstruieren, die bei ihrer Emission geherrscht haben müssen. Und dabei erhält man das verblüffende Resultat, daß die Energiedichte der Strahlung erstaunlich gleichmäßig verteilt war. Auch Gegenden, die einander am Himmel diametral gegenüberliegen, liefern für diese Energiedichte bis auf Bruchteile eines Promille genau die gleichen Werte. Der Wert selbst ist in keiner Weise ausgezeichnet, er könnte genausogut einen anderen Betrag haben, ohne daß sich an der Physik oder an den grundlegenden Parametern der Welt etwas Nennenswertes ändern würde. Wenn man daher an zwei beliebigen Orten die gleiche Strahlungsdichte findet, dann kann dies nur bedeuten, daß es Wechselwirkungen zwischen ihnen gegeben haben muß, daß also ein kausaler Zusammenhang bestanden haben muß.

Dieses steht allerdings in deutlichem Widerspruch zu dem Weltmodell, das man erhält, wenn man die Physik, die gültig war, als die Hintergrundstrahlung emittiert wurde, unverändert bis zum Urknall extrapoliert. Dieser sogenannte Strahlungskosmos beginnt im Urknall mit einer Singularität der Expansionsgeschwindigkeit – die Welt expandiert schneller als der Kausalhorizont, und daher haben die Emissionsgebiete der Strahlung, die wir heute an einander diametral gegenüberliegenden Positionen am Himmel messen, einen gegenseitigen Abstand von mehr als dem 60fachen des Abstandes zum jeweiligen Kausalhorizont.

Wenn wir unseren Messungen Glauben schenken, bleibt nichts anderes übrig als zu postulieren, daß die Dimensionen der Kausalhorizonte in den Frühphasen wesentlich größer waren, als sie es in einem Strahlungskosmos sind. Es trifft sich gut, daß einige der «GUTs» gerade solche Weltmodelle nach sich ziehen. Die physikalischen Details sind kompliziert und schwer verständlich, ihre Wirkung läuft aber darauf hinaus, daß die Expansion im Urknall nicht mit einer Singularität beginnt, sondern langsam, um dann exponentiell zu phantastisch großen Werten anzuwachsen. Dabei kann aber der Horizontradius immer mithalten, so daß eine solche Welt keinen Kausalhorizont hat, auch dann, wenn die Periode der inflationären Expansion, wie man diese Phase bezeichnet, nur etwa 10^{-35} s andauerte und etwa um die gleiche Zeit nach Beginn der Expansion einsetzte.

Auch wenn solche Behauptungen für einen Nicht-Physiker oder -Astronomen etwa ebenso realitätsbezogen erscheinen wie einem Naturwissenschaftler die Diskussion der Scholastiker über die Zahl der Engel, die auf einer Nadelspitze Platz hätten, gibt es doch einige bemerkenswerte Konsequenzen. Wenn man das Postulat nach einem zeitlichen Anfang des Universums ernst nimmt, hat dies Konsequenzen für viele andere Begriffe. Es ist dann wenig sinnvoll, anschaulich zu argumentieren und Widerspruchslosigkeit zu fordern. So ist z.B. die Bedeutung eines Kausalhorizontes nicht anschaulich oder durch allgemeine logische Untersuchungen zu klären, sondern nur durch eine mathematische Analyse, und es stellt sich dann heraus, daß das Ergebnis wesentlich von physikalischen Eigenschaften des Inhaltes der Welt abhängt, eine klassische philosophische Analyse hier also hilflos wäre.

In der Kosmologie entsteht die Zeit zusammen mit dem Universum, sie ist Teil davon, wie es wohl schon *Augustin* postulierte. Es hat dann keinen Sinn, von einer Zeit außerhalb oder vor Entstehung der Welt zu sprechen, und *Kants* erste Antinomie der reinen Vernunft verliert ihre Gültigkeit. Es ist sehr wohl möglich, daß verschiedene kosmologische Modelle zu durchaus unterschiedlichen Auflösungen für diese Antinomie kommen. Welches dieser Modelle dann am besten unser Universum beschreibt, würde dann an der Frage entschieden, wie in dem realen Universum die Auflösung auszusehen hätte. Dies ist aber ein Problem der Naturwissenschaft, nicht eines der Philosophie.

Kapitel 8: Das Planetensystem

Planetenastronomie

Lange Zeit, bis weit in das vorige Jahrhundert hinein, bedeutete Astronomie fast ausschließlich die Lehre von der Bahnbewegung der Planeten. Erst gegen Ende des neunzehnten Jahrhunderts wuchs das Interesse an der stellaren Astrophysik so stark an, daß die Astronomie des Planetensystems zu einer Spezialdisziplin wurde, die am Rand der Forschungsinteressen der überwiegenden Mehrzahl der Astronomen angesiedelt war. Nur die Amateurastronomen hielten weiterhin ein ungebrochenes Interesse an der physischen Planetenastronomie aufrecht.

Dies änderte sich grundlegend, als die Weltraumfahrt neue, vorher undenkbare Forschungsmethoden eröffnete. Es wurde möglich, Kameras in die unmittelbare Nähe der Planeten zu transportieren, ja diese sogar auf ihrer Oberfläche abzusetzen und so Bilder mit bisher unerreichbarer Auflösung zu erzielen. Andere Instrumente konnten direkt an Ort und Stelle eine Vielzahl von physikalischen Zustandsparametern der Himmelskörper und des interplanetaren Raumes messen. Diese Veränderung der Forschungsmethoden und die Fülle der neuen Ergebnisse machten die Planetologie zu einer neuen Wissenschaft, die nur noch wenig mit der alten Astronomie gemein hat.

Neben der Erforschung der physischen Beschaffenheit der Planeten hat auch die Himmelsmechanik in den letzten vierzig Jahren eine wahre Renaissance erfahren. Das liegt zum Teil natürlich daran, daß wegen der Notwendigkeit, die komplizierten Raumfahrtmanöver rechnerisch vorzuplanen, die Methoden der Bahnberechnung und der numerischen Störungsrechnungen große Fortschritte gemacht haben. Es ist sicherlich aber auch durch die großen Fortschritte begründet, welche die mathematischen Methoden der Himmelsmechanik durch die Arbeiten von *Carl Ludwig Siegel* (geb. 1896) sowie von *Andrei Nicolaevich Kolmo-*

gorov (geb. 1903), *Vladimir Arnold* (geb. 1937) und *Jürgen Moser* (geb. 1928) (KAM- Theorie) erfahren haben. Man kann sicher ohne zu übertreiben sagen, daß durch sie die ganze philosophische Bewertung der Mechanik neu diskutiert werden muß. Denn die alte Vorstellung einer mechanischen Welt, in der die ganze Zukunft fest vorbestimmt ist, wenn nur der Anfangszustand wohlbekannt ist, kann nicht einmal mehr für ein rein mechanisches System aufrechterhalten bleiben. Natürlich gilt die strenge kausale Entwicklung uneingeschränkt, aber die zukünftige Entwicklung der Bahnkurven ist so kompliziert und reagiert auch auf kleine Störungen so empfindlich, daß man nur geringe Hoffnung hat, ganz allgemein die ferne zeitliche Entwicklung vorherzusagen. Es ist aber eine der großen Leistungen der KAM-Theorie, hier trotzdem gewisse qualitative Erhaltungssätze für Systemstrukturen machen zu können.

So wie die Geographie und die Geophysik den Rahmen der astronomischen Aussagen über die Stellung der Erde als Planet sprengen, verfährt in gewisser Hinsicht jetzt auch die Planetologie. Hier kann es sich daher nur darum handeln, durch Darstellung einiger weniger Grundlagen einen Rahmen für den Bereich der Planetenforschung abzustecken, wobei möglichst solche Aspekte dargestellt werden sollen, die eine gewisse Relevanz für die Einordnung in ein Gesamtbild haben.

Himmelsmechanik und der Laplacesche Dämon

Wenn wir heutzutage den Unterschied zwischen Sternen und Planeten beschreiben sollen, dann denken wir wohl überwiegend an die unterschiedliche Rolle dieser beiden Klassen von Objekten in unserem Weltbild: Sterne sind selbstleuchtende Gasbälle ähnlich der Sonne, während Planeten ihrer Struktur nach der Erde vergleichbar sind und die Sonne auf festen Bahnen umkreisen. Aber völlig unabhängig von solchen ontologischen Einordnungen wurde der Unterschied von Sternen und Planeten schon in allen frühen Hochkulturen und wohl auch von den meisten Naturvölkern gemacht.

Sterne haben nämlich eine feste geometrische Anordnung an der Himmelssphäre, während ein aufmerksamer Beobachter oft schon nach wenigen Tagen auch ohne Hilfsmittel feststellen kann, daß die Planeten ihren Ort am Himmel verändern – daher auch die Bedeutung «Herumirrende» des griechischen Wortes «Planet». Besonders auffallend ist in dieser Hinsicht der Mond. Er ändert nicht nur seinen Ort, sondern verändert dabei auch seine Gestalt auf eine so systematische Weise, daß seine Umlaufzeit schon früh als Monat zur Markierung und Einteilung des Kalenders verwendet wurde.

Die Planetenbahnen am Himmel sind zwar kompliziert, weisen aber doch so viele Regelmäßigkeiten auf, daß zuerst die Babylonier und später dann die Griechen Methoden zur Vorhersage charakteristischer Planetenkonstellationen entwickeln konnten, die schließlich in das Ptolemäische System mündeten. Wie schon im 2. Kapitel ausgeführt, war dies eine echte Himmelsmechanik, die nur für den Stoff des Himmels gültig war und die nicht hier auf der Erde angewendet werden konnte.

Dies galt zunächst auch dann noch, als *Kopernikus* den Bau des Himmels revolutionierte, die Erde aus dem Mittelpunkt der Welt verbannte und die Sonne an ihre Stelle setzte. Die Planetenbahnen blieben himmlische Kreisbewegungen. Auch als *Kepler* sie durch Ellipsenbahnen ersetzte, änderte sich an ihrer Dauerhaftigkeit und Unveränderlichkeit nichts, obwohl er erste Spekulationen über magnetische Sonnenkräfte anstellte, die für die Form der Bahnen verantwortlich sein sollten.

Die Newtonsche Gravitationstheorie lieferte Ellipsen als stabile, unveränderliche Bahnen der Planeten, solange nur die Sonne und ein einzelner Planet betrachtet wurden. Wenn aber die Anziehungskräfte der anderen Planeten berücksichtigt wurden, dann ergaben sich Störungen für diese geordneten Bahnen, und ihre Dauerhaftigkeit und Unveränderlichkeit wurden fraglich. Schon *Newton* berechnete dies und konnte so bestimmte Eigenheiten der Bahnbewegung des Mondes deuten. Die praktische Anwendung der Gravitationstheorie auf die Himmelsmechanik wurde dadurch gerettet, und die theoretische Darstellung der Planetenbahnen wurde immer besser, je komplexer diese Störungsrechnungen im Laufe der folgenden Jahre wurden. Allerdings zahlte man gleichzeitig einen hohen Preis dafür.

Noch bei *Kopernikus* und *Kepler* stellte sich ja die Frage überhaupt nicht, wie denn die Ordnung des Himmels aufrechterhalten blieb – die Planetenbahnen selbst waren dies Ordnungsprinzip. In der Newtonschen Theorie aber stören sich die Planeten gegenseitig, und es war nicht sicher, daß die heute gültige Ordnung erhalten bleiben würde. Da *Newton* aber glaubte, die Welt sei nur einige tausend Jahre alt, war die Frage nicht so dringend, auch konnte er sich ein Eingreifen Gottes zur Wiederherstellung der verlorenen Ordnung vorstellen.

Dies war natürlich für die französischen Enzyklopädisten nicht akzeptabel, und daher versuchten sie – wie auch *Joseph Louis Lagrange* (1736–1813) und *Laplace* – die Stabilität des Planetensystems zu beweisen. Es war ja gerade *Piere Simon de Laplace*, der die Gesetzmäßigkeit aller kosmischen Bewegungen herausstellte: Wenn die Orte und Geschwindigkeiten aller Massenpunkte auch nur für einen einzigen Augenblick bekannt waren, dann, so argumentierte er, reicht das Newtonsche Gravitationsgesetz aus, um Struktur und Bewegung für alle Zeiten zu berechnen, wenn man nur die Differentialgleichungen rechnerisch bewältigen könnte. *Laplace* sprach damals davon, daß hierfür ein Dämon nötig wäre, heute würden wir eher an einen riesigen Supercomputer denken.

Dieses Bild von dem Laplaceschen Dämon, der die zeitliche Entwicklung der Welt für alle Zeiten vorherrechnet, so daß sie wie ein gutgeregeltes Uhrwerk abschnurrt, hat für die geistesgeschichtliche Einordnung der Naturwissenschaft im 19. Jahrhundert eine große Rolle gespielt. Als großes Beispiel für eine kausale Naturwissenschaft galt die Himmelsmechanik des Planetensystems.

Störungen und Stabilität

Da die Gravitationskraft, die im realen Planetensystem auf einen Planeten wirkt, nur sehr wenig von derjenigen abweicht, die wirken würde, wenn nur die Sonne und der Planet selbst vorhanden wären, kann man Abweichungen durch eine kleine additive Korrektur darstellen. Die resultierende Planetenbahn wird dann nur so wenig von der ungestörten Bahn abweichen, daß eine genäherte Beschreibung dieser Abweichung ausreicht. Auf diese Weise erhält man eine Darstellung der Planetenbahn, deren Genauigkeit völlig genügt, alle gemessenen Planetenpositionen wiederzugeben.

Solche Theorien wurden von zahlreichen Mathematikern und Astronomen in den 300 Jahren seit *Newton* mit immer größerer Genauigkeit aufgestellt. Sie weisen allerdings einen großen Nachteil auf: Sie gelten immer nur für ein begrenztes, endliches Zeitintervall. Für Zeiten, die über dieses Intervall hinausreichen, stimmen die vorausberechneten Planetenpositionen nicht mehr mit den gemessenen überein.

Es ist leicht einsehbar, daß diese Einwände ebenfalls für ein anderes Verfahren gelten, mit dem die Wirkungen der gegenseitigen Planetenstörungen ganz detailliert verfolgt werden können. Da es die Newtonschen Gesetze gestatten, die Kraftwirkungen der einzelnen Planeten zahlenmäßig zu berechnen, kann man natürlich die Bewegung der Planeten auch numerisch verfolgen. Dies haben fleißige Astronomen schon getan, als sie ihre umfangreichen Rechnungen noch mit Bleistift und Papier und als Hilfsmittel höchstens eine Logarithmentafel durchführen mußten, heute setzt man natürlich große Computer hierfür ein.

Aber immer überdecken solche Rechnungen nur ein endliches Zeitintervall. Während früher einige hundert Jahre erfaßt werden konnten, reicht die Zeitspanne heute über einige 10 000–100 000 Jahre. Dabei sind es nicht der Fleiß der Bearbeiter oder der Mangel an Rechenzeit an den teuren Großrechnern, die hier einschränkend wirken; vielmehr treffen die Rechnungen auf prinzipielle Schranken.

Einerseits sind die Eingangsgrößen des Planetensystems nur mit einer endlichen Genauigkeit bekannt. Dies betrifft nicht nur die Bahnparameter, sondern auch z.B. die Planetenmassen selbst. Und andererseits können die Rechnungen nur mit einer endlichen Stellenzahl durchgeführt werden. Nach einiger Zeit erreichen Rundungsfehler und die Unsicherheiten eine solche Größe, daß nicht mehr entscheidbar ist, wieviel das gerechnete System mit dem zu untersuchenden gemein hat. Dies war prinzipiell anders bei der alten Theorie der Planetenbahnen von *Ptolemäus*: Die Planeten blieben für immer an ihre Kreisbahnen gefesselt, die Stabilität des Systems war und blieb gesichert. Und dasselbe gilt auch für das Newtonsche Zweikörperproblem aus Sonne und Planet. Auch hier beschreibt der Planet für immer seine feste elliptische Bahn. Sobald aber weitere Planeten hinzutreten, dann ist ungewiß, ob die zusätzlichen Kräfte schließlich die Ordnung der Bahnen zerstören oder ob das Planetensystem dauerhaft bleibt.

Natürlich hat es nicht an Versuchen gefehlt, die Stabilität des Planetensystems nachzuweisen, und tatsächlich konnten *Laplace* zu Beginn des neunzehnten Jahrhunderts und mit verbesserten Methoden andere Astronomen bis hin zu *Poincaré* zu Beginn des zwanzigsten Jahrhunderts zeigen, daß die wichtigsten Bestimmungsstücke der Planetenbahnen ihrer Größe nach beschränkt bleiben. Dies gilt für die große Halbachse, also den mittleren Abstand des Planeten von der Sonne genauso wie für die Exzentrizität: Die Planetenbahnen bleiben immer kreisähnlich, und ihre Bahndimensionen bleiben endlich, d.h. keiner der Planeten entweicht aus dem System.

Allerdings säte dann gerade *Poincaré* Zweifel an der Tragfähigkeit dieser Resultate. Es handelt sich nämlich bei all diesen Theorien um Reihenentwicklungen: Die Abweichungen der Bahngrößen werden durch additive Korrekturen dargestellt. Dies Verfahren ist immer dann auch mathematisch korrekt und legitim, wenn man zeigen kann, daß die Folge dieser Korrekturen schließlich zu einem Grenzwert oder einer Grenzfunktion konvergiert. *Poincaré* zeigte aber, daß diese Reihen nicht konvergent sind, sondern nur asymptotisch gelten. Die Frage nach der endgültigen Stabilität des Planetensystems ist daher nach wie vor offen.

Dreikörperproblem und Chaos

Wenn somit die Frage nach der Stabilität des Planetensystems offenblieb, so hoffte man wenigstens Fortschritte in einem einfacheren Problem zu machen. Ein System aus 2 Massen kann man im Rahmen der Newtonschen Gravitationstheorie exakt lösen. Wie sieht es dann mit einem System aus, das aus 3 Körpern besteht? Hier fand man keine geschlossene Lösung, und so wurde die Fragestellung weiter vereinfacht. Wie sieht es für ein System aus 3 Massen aus, in dem die dritte Masse nur einen verschwindend kleinen Massenbruchteil ausmacht und in dem sich die beiden anderen Massen auf einer Kreisbahn umeinander bewegen?

Da die Masse des dritten Punktes verschwindend gering im Vergleich zu den beiden anderen ist, kann er ihre Bahn nicht beeinflussen: sie bleibt stabil. Seine eigene Bahn wird dagegen von den beiden anderen Massen stark beeinflußt. Dieses sogenannte eingeschränkte Dreikörperproblem, von *Poincaré* als «problème restreint» bezeichnet, untersucht die Bahnen des dritten Körpers im Feld der beiden anderen und ist daher viel einfacher als das allgemeine Dreikörperproblem. Trotzdem ist nicht einmal dieses in voller Allgemeinheit geschlossen lösbar, und dies kann sogar mathematisch bewiesen werden.

Verfolgt man die möglichen Bahnen des dritten Massenpunktes, stößt man auf ein Problem, das ganz bemerkenswerte Konsequenzen für die philosophische Tragweite der Mechanik hat. Die Mechanik ist ja geradezu der Prototyp einer streng deterministischen Theorie: Wenn die Anfangswerte des Systems gegeben sind, dann kann die weitere Entwicklung des Systems beliebig genau vorhergesagt werden. Natürlich kann man die Anfangswerte nur mit einer begrenzten Genauigkeit bestimmen, und das hat natürlich Konsequenzen für die Vorhersage – die Beobachtung kann dann von der Vorhersage abweichen. Aber wenn die Genauigkeit, mit der die Anfangswerte bestimmt werden, nur groß genug ist, dann sollte die Vorhersage auch gut sein.

Es zeigt sich aber, daß es bereits in der Mechanik Situationen gibt, in denen diese Vermutung nicht mehr gilt. Ein einfaches Beispiel dafür ist durch ein starres Pendel gegeben, das in einer Ebene schwingt. Wenn diese Ebene nun langsam um eine Achse gedreht wird, die sowohl senkrecht zur Richtung der Schwerkraft als auch senkrecht zur Pendelachse steht, dann schwingt das Pendel zwar immer langsamer, aber mit einem Ausschlag, der ständig größer wird, bis es sich schließlich überschlägt und die Pendelbewegung in eine Rotation übergeht. Ob aber das Pendel schließlich rechts- oder linksherum rotiert, hängt davon ab, wie der ursprüngliche Anstoß des Pendels und der Beginn der Kippbewegung aufeinander abgestimmt waren. Schon bei einer ganz geringen Änderung dieser Anfangswerte kann es sein, daß das Pendel schließlich im entgegengesetzten Sinn rotieren wird. Es ist daher für manche Kombinationen nicht möglich, vorherzusagen, in welchem Sinn das Pendel schließlich rotieren wird.

Dies hat nichts mit zufälligen Bewegungen der Luftmoleküle usw. zu tun, sondern drückt nur die Instabilität der «Bahnform» aus. Wenn man will, kann man dies als ein Versagen der Determiniertheit der Zukunft durch die Vergangenheit bezeichnen, obwohl alle Bewegungsvorgänge streng kausal ablaufen.

Ganz ähnliche Vorgänge gibt es auch bei Bahnen des dritten Körpers im «problème restreint». Trägt man die Anfangswerte in geeigneter Weise in einem räumlichen Diagramm auf, dann kann man dieses in Bereiche unterteilen, in denen jeweils die Bahn bestimmte Eigenschaften besitzt. Es gibt in diesem Diagramm Bereiche, in denen alle Bahnen des dritten Massenpunktes ins Unendliche reichen, das System also schließlich auseinanderfällt. Dann gibt es Gebiete, in denen alle Bahnen periodisch sind oder aber doch immer ganz nahe bei solchen periodischen Bahnen bleiben. Dazwischen sind aber große Bereiche, in denen die Bahnen sehr unterschiedlich ausfallen, auch wenn die Bahnparameter sich nur ganz wenig ändern, ganz so, wie es beim Pendel ist, dessen Schwingungsebene sich langsam neigt. Man sagt heute, ein solches System verhält sich «chaotisch», und die Erforschung solcher Systeme ist ein wichtiger Forschungszweig geworden.

Wenn es somit als sicher gelten kann, daß es chaotische Mehrkörpersysteme gibt, ist es aber nach wie vor ungewiß, ob unser Planetensystem zu dieser Klasse gehört. Dies gilt jedenfalls, solange wir uns auf die Bahnen der großen Planeten und ihrer Hauptmonde beschränken. Ziemlich sicher dagegen gehören die Bahnen vieler kleiner Planeten und auch die mancher Monde, die weit von ihrem Planeten entfernt sind, zu solchen chaotischen Systemen.

Wir sind uns also nicht mehr sicher, wie das endgültige Schicksal des Planetensystems aussehen wird, das doch in der Aufklärung das Paradigma für den deterministischen Charakter der Welt bildete. Auch ohne die Aufweichung und Neudiskussion des Kausalbegriffs, wie er durch die Quantenmechanik erfolgte, sehen wir heute, daß sogar die klassische Mechanik überfordert wird, wenn man aus ihr einen strengen Determinismus herleiten will.

Wenn uns somit auch das endgültige Schicksal des Planetensystems nicht bekannt ist, ändert dies nichts daran, daß es sich um ein Gebilde von erstaunlicher Regelmäßigkeit und Ordnung handelt. Alle neun Hauptplaneten – in der Reihenfolge ihres Abstandes von der Sonne sind dies Merkur, Venus, die Erde, Mars, Jupiter, Saturn, Uranus, Neptun und Pluto – umkreisen die Sonne in kreisähnlichen Bahnen im gleichen Umlaufsinn. Die Bahnen liegen mit sehr geringen Abweichungen in einer Ebene, und auch die Rotation der Planeten erfolgt mit einigen wenigen Ausnahmen im gleichen Drehsinn wie die Bahnbewegung; die Rotationsachse steht nahezu senkrecht auf dieser Ebene. Die Ausnahmen sind Venus, die im Gegensinn zu ihrer Bahnbewegung rotiert, und Uranus, dessen Rotationsachse praktisch in der Bahnebene liegt.

Die meisten Planeten haben Satelliten, deren Bahnen ebenfalls nahezu in der gemeinsamen Bahnebene aller Planetenbahnen liegen und die den gleichen Umlaufsinn wie die Planeten haben. Auch hier gibt es einige charakteristische Ausnahmen. Schließlich ist die Form der Planeten- und Satellitenbahnen sehr kreisähnlich und wird gut durch Ellipsen geringer Exzentrizität beschrieben.

All diese Eigenschaften des Planetensystems sind nicht durch das Gravitationsgesetz vorgeschrieben, wir kennen den Grund dafür nicht. Wir vermuten aber, daß sie durch die Entstehung des

Systems bedingt sind. Aber dies ist bisher nur eine Vermutung; erst eine überzeugende Theorie der Entstehung des Planetensystems oder aber die Entdeckung von Planetensystemen bei anderen Sternen würde klarstellen, was an diesen Eigenschaften notwendig aus der Existenz eines Planetensystems folgt und was zufällig, kontingent ist.

Die Erde

Die Erde, von der Sonne ausgehend der dritte Planet, ist nur einer von den neun Hauptplaneten, sie ist aber in vieler Hinsicht einmalig, wenn man ihre Eigenschaften mit denen der anderen Planeten vergleicht. Soweit wir heute wissen, gibt es nur auf der Erde Leben. Natürlich kennen wir ihre Eigenschaften besser als die der anderen Planeten, denn wir können hier an Ort und Stelle Messungen vornehmen, die für die anderen Planeten gar nicht oder doch nur sehr eingeschränkt möglich sind. Trotzdem ist unsere Kenntnis von der Erde in vieler Hinsicht immer noch erstaunlich lückenhaft. Dies gilt vor allem für den inneren Aufbau des Planetenkörpers.

Es mag zunächst verwunderlich erscheinen, daß wir den inneren Aufbau der Sonne besser kennen als den der Erde. Dies liegt daran, daß die Sonne gasförmig ist, während das Erdinnere eine feste oder allenfalls flüssige Konsistenz hat. Ein Festkörper hat aber viel mehr unterschiedliche physikalische Eigenschaften als ein Gas, so daß es viel schwieriger ist, seine wesentlichen Parameter zu bestimmen, als dies bei einem Gasball der Fall ist. Hinzu kommt, daß uns das Erdinnere noch immer fast völlig unzugänglich ist, da uns nur sehr wenige Signale von dort erreichen, anders als bei der Sonne, deren Inneres viel mehr Nachrichten aussendet.

Auch Tiefenbohrungen können nur die äußersten ≈ 10 km der Erdkruste ankratzen. Wenn wir daher die chemische Zusammensetzung der Erde messen, dann bezieht sich dies nur auf diesen Außenbereich und allenfalls auf solche Tiefengebiete, die durch geologische Prozesse an die Oberfläche gebracht wurden. Und auch dann betrifft dies noch immer nur eine dünne Schale von allenfalls 100 km Dicke, was darunter liegt, ist uns nur indirekt erschließbar.

Hierbei hilft uns das Studium der Ausbreitung von Erdbebenwellen weiter, denn wenn sich die Dichte des Materials ändert, dann ändert sich auch die Ausbreitungsrichtung der Wellen. Insbesondere Dichtesprünge des Mediums machen sich so bemerkbar. Aus den Aufzeichnungen von einer fast unermeßlichen Zahl von Erdbeben konnten so die Ausbreitungswege rekonstruiert und daraus dann schließlich ein Dichteprofil des Erdinneren berechnet werden. Sogar der Aggregatzustand des Materials ist meßbar, da es zwei Arten von Erdbebenwellen gibt: longitudinale Wellen, die wie Schallwellen in der Luft in Richtung der Ausbreitung schwingen, und transversale Wellen mit einer Schwingungsrichtung senkrecht dazu. Solche Transversalwellen gibt es nur in

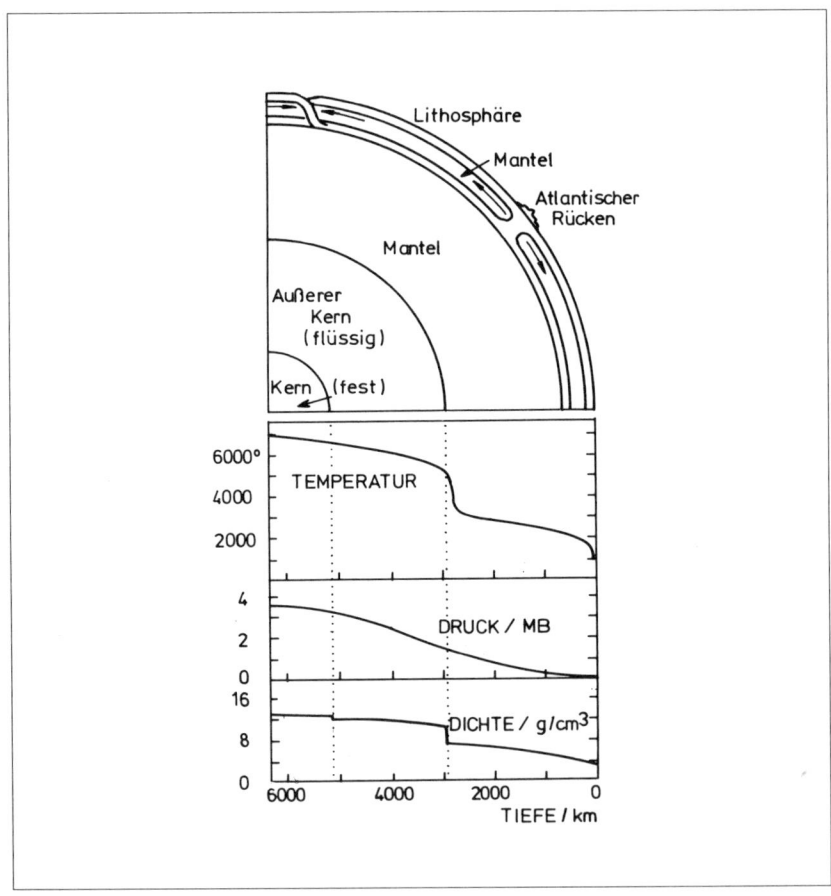

Abb. 37
Der innere Aufbau der Erde und die Schichtung von Temperatur, Druck und Dichte. Kruste, Lithosphäre und Mantel bilden die Oberfläche.

festen Körpern, in einem flüssigen Medium können sie sich nicht ausbreiten. Da man Transversalwellen nie in Tiefen von mehr als 3000 km beobachtet, schließt man, daß dieser Kernbereich der Erde flüssig sein muß.

Wahrscheinlich besteht dieser Kern aus einer Nickel-Eisen-Verbindung, mit einer Dichte die etwa 12mal die des Wassers beträgt, während die mittlere Erddichte nur 5.5 beträgt. Darüber liegt der Mantel aus leichterem Material mit einer Dicke von fast 3000 km. Dieses hat zwar die Konstitution eines Festkörpers, ist aber trotzdem plastisch verformbar und fließfähig. Es gibt in ihm große Konvektionszellen, in denen die Materie langsam zirkuliert, aus der Tiefe auftaucht, seitlich driftet und dann wieder absinkt. Ein solcher Kreislauf dauert mehr als 10 Mill. Jahre, und die Bewegungsgeschwindigkeit liegt bei weniger als 10 cm pro Jahr. Auf dem Mantel schwimmt die Erdkruste aus einzelnen Schollen, die jeweils eine Dicke von ca. 10–100 km haben. Wie in einem Treibeisfeld werden sie von den Strömungen im darunter liegenden Mantel mitgenommen, sie reißen auseinander, kollidieren oder werden übereinandergeschoben. Dabei entstehen mechanische Verspannungen, die sich als Erdbeben lösen, oder es kommt zum Aufquellen von heißer Lava in Form von Vulkanismus. Da solche Aktivitäten vorwiegend an den Plattenrändern auftreten, zeichnen die Zonen erhöhter Erdbeben- und Vulkanismustätigkeit die Ränder dieser Platten nach.

Plattentektonik

Die Plattentektonik ist die moderne Ausgabe der Wegenerschen Kontinentalverschiebungstheorie. Dieser hatte sie in den Jahren vor dem ersten Weltkrieg aufgestellt, um die Passung der Form der Küstenlinien von Europa-Afrika mit Nord- und Südamerika und eine Vielzahl anderer geologischer Ähnlichkeiten auf beiden Seiten des Atlantiks zu erklären. Nach *Alfred Wegener* (1880–1930) waren praktisch alle Landmassen vor 200 Millionen Jahren in der Perm-Karbonzeit zum Superkontinent Gondwanaland vereinigt, der dann aber in einzelne, getrennte Kontinente auseinanderbrach. Was dieser Hypothese fehlte, war ein plausibler Mechanismus, warum sich die verschiedenen Kontinente denn relativ zueinander bewegen sollten.

Dieser Motor wurde nun in den Konvektionsströmungen des Mantels gefunden, und für solche Strömungen gab es sogar direk-

te beobachtbare Evidenz. Konvektionszellen ordnen sich immer
so an, daß benachbarte Zellen eine entgegengesetzte Rotation
zeigen. An den Grenzlinien steigt daher entweder die Materie
nach oben, oder sie versinkt nach unten.

Eine solche Zone aufsteigender Mantelmaterie finden wir
entlang der Mitte des Atlantischen Ozeans, sie wird durch den
Mittelatlantischen Rücken markiert. Diese Erhebung des Ozean-
bodens besteht aus junger, frisch an die Oberfläche getretener
Materie. Je weiter man von diesem Rücken nach Osten oder Westen geht, desto älter wird der Ozeanboden. Umgekehrt wird
Material der Kruste und des Mantels an solchen Stellen in die Tiefe
gedrückt, wo Platten aufeinander zu getrieben werden. Dort kann
die Kruste in große Tiefen reichen, und umgekehrt werden sich
dann an der Oberfläche große Gebirge auftürmen. Das Himalaya-
Gebirge, die Alpen und viele andere Gebirgsketten sind die sichtbaren Anzeichen solcher Kompressionsgebiete. Gelegentlich kann
es aber auch an solchen Zonen zu Tiefseegräben, wie dem Maria-
nengraben, kommen. Die Plattentektonik hat der Geologie und
der Geophysik das Paradigma geliefert, mit dessen Hilfe man jetzt
eine Vielzahl von bisher unverbundenen Beobachtungen in ein
konsistentes Bild einordnen kann.

Erdatmosphäre und der Treibhauseffekt

Die Atmosphäre umschließt die Erde als gasförmige Hülle. Ihr
Druck am Erdboden ist das Maß für die inzwischen überholte
Druckeinheit 1 At geworden. In größeren Höhen nimmt der
Druck schnell ab. Er halbiert sich etwa alle 5 km, so daß sich nur
10% der atmosphärischen Materie oberhalb von 16 km Höhe
befindet.

Die chemische Zusammensetzung ist bemerkenswert einfach:
78% des Gasvolumens sind Stickstoff (N_2), 20,9% Sauerstoff (O_2),
während 0,9% aus dem Edelgas Argon (Ar) bestehen. Der Rest
von 0,034% wird ganz überwiegend durch Kohlendioxid CO_2 und
in geringerem Maße von anderen Edelgasen (Ne, He, Kr und Xe)
eingenommen.

Obwohl die Erdatmosphäre weniger als den millionsten Teil
der Gesamtmasse der Erde ausmacht, ist sie von allergrößter
Bedeutung für die Lebensbedingungen. Flüssiges Wasser kann
nur existieren, wenn der Druck in der Atmosphäre einen bestimmten Grenzwert überschreitet.

Abb. 38
Fotografie der Erde mit der blauen Atmosphäre, Wolkensystemen und Kontinenten.

In der luftleeren Welt des Mondes gibt es kein flüssiges Wasser – dieses kann dort nur in Form von festem Eis oder gasförmigem Wasserdampf vorkommen. Auch die dünne Marsatmosphäre hat keinen ausreichenden Druck, um dort die Existenz von flüssigem Wasser zu gestatten. Nur die Erdatmosphäre macht es daher möglich, daß die großen Ozeane mehr als ⅔ der Erdoberfläche mit den bekannten Konsequenzen für das Klima und den Wasserkreislauf bedecken.

Die Eigenschaften der Atmosphäre sind auch auf andere Weise für das Klima entscheidend. Die Erde hat ja praktisch keine inneren Wärmequellen, die Temperatur der Erdoberfläche stellt sich als Gleichgewicht zwischen der eingestrahlten Sonnenenergie und der Abstrahlung der Erde ein. Für eine Erde ohne Atmosphäre würde diese Gleichgewichtstemperatur bei etwa –20 °C liegen. Die Erdatmosphäre wirkt hier wie ein isolierendes Treibhaus und hebt den Ausgleichswert der Temperatur, der sich tatsächlich einstellt, um mehr als 30° an. Dies liegt daran, daß die Erdatmosphäre für Sonnenstrahlung mit solchen Wellenlängen, bei denen die Sonne den Hauptanteil ihrer Strahlungsenergie abgibt, sehr gut durchlässig ist. Denn die Sonnenstrahlung

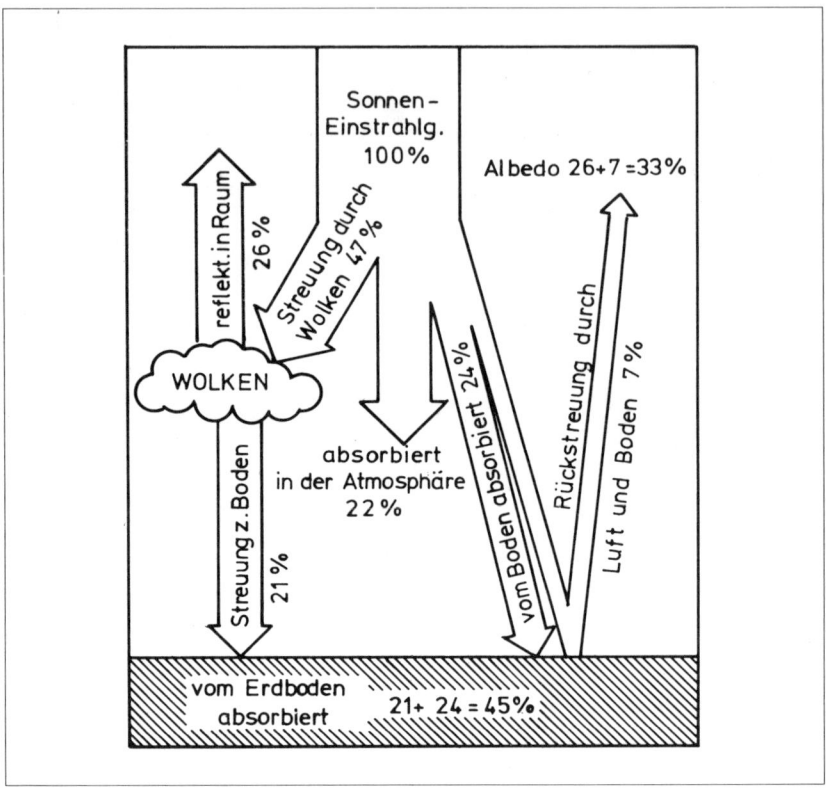

Abb. 39
Die Bilanz der Sonneneinstrahlung in die Erdatmosphäre. 45% werden vom
Boden absorbiert, 33% in den Raum zurückgestreut und 22% in der Atmosphäre
absorbiert.

stammt vorwiegend aus der ca. 6000° heißen Photosphäre; daher
liegt das Maximum ihrer Energieabstrahlung im Bereich vom
gelb-grünen Licht.

Aus diesem Grund gelangt die Sonnenenergie bis zum Erdboden und erwärmt diesen, so daß er seinerseits auch wieder
Energie abstrahlt; wegen seiner geringen Temperatur liegt das
Energiemaximum dieser Strahlung aber im Infraroten, wo die
Erdatmosphäre nur wenig durchlässig ist. Die Strahlung wird
daher weitgehend zurückgehalten. Vor allem Wasserdampf, aber
auch die Absorptionsbanden des CO_2 und CH_4 absorbieren die
Strahlung und drücken daher die Gleichgewichtstemperatur nach
oben.

Natürlich sind die Konsequenzen dieses Treibhauseffekts auf die Bewohnbarkeit der Erde sehr weitreichend. Dabei ist es weniger von Bedeutung, wie angenehm oder unangenehm die Temperatur ist, viel wichtiger ist der Einfluß auf die räumliche Verteilung der Klimazonen und der großen Wettersysteme. Hier können schon ganz geringe Änderungen der mittleren Temperatur große Veränderungen der Verteilung der Niederschläge und eine Verlagerung der Wüstengebiete bewirken. Wenn dies dann zu Veränderungen der im Festlandeis gebundenen Wassermenge führt, kommt es zu Änderungen der Lage des Meeresniveaus und damit zu bedeutenden Veränderungen der Küstenlinien. Solche Vorgänge sind in großem Maße im Verlauf der letzten Eiszeit vor 20 000 Jahren und der Zeit danach abgelaufen.

Der Treibhauseffekt der Erdatmosphäre wird überwiegend durch ihren Gehalt an CO_2-Gas gesteuert. Wenn man berechnet, daß die Gesamtmenge an CO_2 in der Atmosphäre nur $2.6 \cdot 10^{15}$ kg beträgt, der Gehalt an Kohlenstoff also nur $7.2 \cdot 10^{14}$ kg ausmacht, dann ist das eine Menge, die von den Menschen auf der Erde in nur 100 Jahren durch Verbrennung an die Atmosphäre abgegeben wird. Es ist daher durchaus vorstellbar, daß der Mensch durch seine Aktivitäten so in den Treibhauseffekt der Atmosphäre eingreift, daß merkliche großräumige Klimaveränderungen die Folge sind.

Die Anzeichen für eine solche Veränderung haben sich in den letzten Jahren verstärkt, unsicher ist vor allem noch, ob tatsächlich eine langfristige Zunahme der mittleren Temperatur vorliegt. Das Problem ist nicht, die Temperatur zu messen; da aber die Temperaturwerte von Tag zu Tag und von Jahr zu Jahr stark schwanken, zeigt auch der Mittelwert noch so starke Fluktuationen, daß es sehr schwierig ist abzugrenzen, ob tatsächlich ein langfristiger Temperaturtrend vorliegt oder ob es sich nur um eine besonders starke und langandauernde Fluktuation handelt.

Keine Zweifel gibt es allerdings daran, daß der Gehalt der Atmosphäre an CO_2 seit vielen Jahren systematisch zunimmt. Zur Zeit beträgt die Zunahme 0.7 ppm[1] pro Jahr, und sie ist sowohl anhand direkter Messungen der atmosphärischen CO_2-Konzentration – dort kann man sogar darüber hinaus eine jährliche periodische Variation nachweisen – als auch in den Gasspuren, die im

---

1   ppm: part pro Million – anschaulich «Preußen pro Münchener».

Eis der Antarktis eingeschlossen sind und so eine Chronik der
letzten 200–300 Jahre liefern, nachweisbar. Danach hat die Zunahme des CO_2-Gehaltes gegen 1800 eingesetzt, seit 1960 hat sie sich
wesentlich verstärkt. Wenn man den Grund für diese Zunahme
verstehen will, muß man den Kreislauf des Kohlenstoffs etwas
genauer betrachten, denn das CO_2 in der Atmosphäre ist nur eine
Station in einer langen Reihe; die Kohlenstoffmenge, die in anderen Formen vorliegt, ist viel größer als der atmosphärische Anteil.

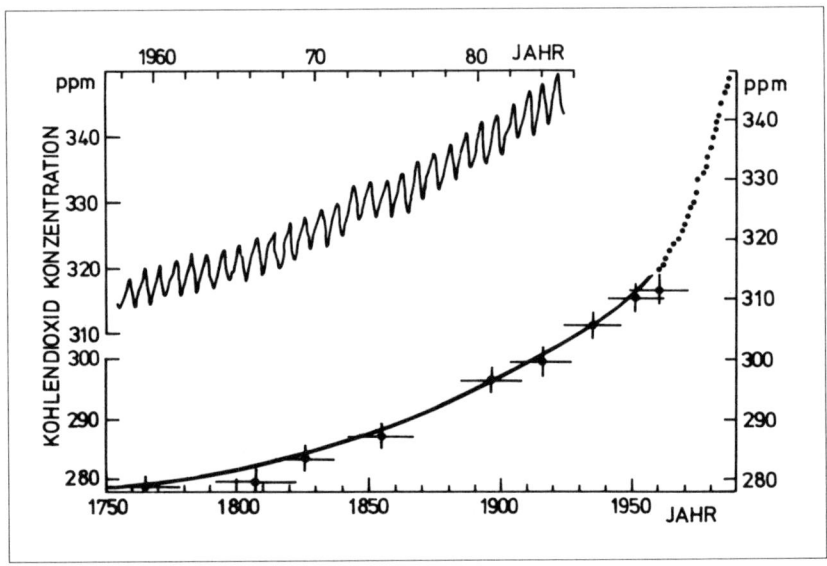

Abb. 40
Die zeitliche Entwicklung des CO_2-Gehaltes der Erdatmosphäre. Die detaillierte
Kurve seit 1954 stellt Messungen auf Hawaii dar, die weiter zurückreichenden
Daten beruhen auf Lufteinschlüssen in antarktischen Eiskernen.

Natürlich ist es naheliegend, die industrielle Revolution für die
Zunahme des CO_2-Gehalts verantwortlich zu machen. Sicher hat
auch das Verfeuern der fossilen Kohlenstofflager einen maßgebli-
chen Anteil an der Zunahme, das Problem ist aber kompliziert
genug, um sichere Aussagen schwierig zu machen.

Vor allem im Boden sind sehr große Mengen an Kohlenstoff
gebunden. Neben der Biomasse binden fossile Kohlenstoff-Flöze
große Mengen von Karbonaten in der Lithosphäre. Sie bilden den
Hauptteil des Kohlenstoffs. Dies gilt insbesondere für den Teil des
Kohlenstoffs, der in Form von Kalkgestein gebunden ist. Aber

auch in den Ozeanen ist viel Kohlenstoff in Form von gelöstem Kohlendioxid gespeichert, und beide Lagerstätten tauschen Kohlenstoff mit der Atmosphäre aus. Der jährliche Austausch ist um fast 2 Größenordnungen größer als die jährliche Abgabe von CO_2 an die Atmosphäre durch Verbrennung fossiler Kraftstoffe. Wahrscheinlich ist die erhöhte Abgabe von CO_2 durch die Intensivierung der Landwirtschaft und die zunehmende Abholzung der Wälder stärker an der Zunahme des CO_2 beteiligt als der industrielle Ausstoß. Wir können allerdings ziemlich sicher sagen, daß die Zunahme des CO_2-Gehalts durch menschliche Aktivitäten verursacht ist.

Auch die langfristigen Folgen können einigermaßen sicher abgeschätzt werden. Der erhöhte CO_2-Gehalt führt zu einer verbesserten Isolation durch die Atmosphäre und dadurch zu einer erhöhten mittleren Temperatur. Nach wie vor streiten sich die Fachleute allerdings darüber, wie schnell dieser Prozeß ablaufen wird. Hier geht nämlich die gesamte komplizierte Dynamik der Atmosphäre ein. Dies beinhaltet alle Wechselwirkungen mit dem Meer, der Wolkenbildung, dem Energiehaushalt der Wolken und was dabei noch eine Rolle spielt. Daher ist unsicher, ob die mittlere Temperatur in den nächsten 50 Jahren um 0.5 oder um 2.5 °C steigt und um wieviel der Meeresspiegel ansteigen wird. Aber der Prozeß selbst ist wohl unbezweifelbar und in seiner jetzigen Rate nicht mehr zu beeinflussen. Wir können nur hoffen, durch radikale Maßnahmen die Zunahme der Anstiegsrate zu begrenzen. Die Klimaänderungen selbst scheinen unausweichlich zu sein, wir können höchstens nach Mitteln forschen, die Konsequenzen abzumildern.

Wenn Kohlenstoff an die Atmosphäre abgeben wird, dann bindet dies natürlich gleichzeitig Sauerstoff, da das abgegebene Gas CO_2 ist. Mit jedem Molekül CO_2 wird daher ein Sauerstoffmolekül O_2 «verbraucht». Die dadurch verursachte Veränderung des Sauerstoffgehaltes ist allerdings bisher nicht nachweisbar, da sogar eine Verdoppelung des jetzigen CO_2-Gehaltes der Atmosphäre den Sauerstoffgehalt nur um 0.8 Promille vermindern würde. Wir brauchen daher nicht zu befürchten, daß uns wegen der Zunahme des CO_2 und des Treibhauseffektes die Luft zum Atmen ausgehen wird.

All die hier geschilderten Vorgänge spielen sich in der Troposphäre der Atmosphäre ab, d.h. in den unteren ca. 10–15 km der Lufthülle, die durch Wolken und Wind gut durchmischt ist.

Darüber liegt die Stratosphäre, die bis etwa 50 km Höhe reicht, gefolgt von der Mesosphäre und der Thermosphäre, die dann langsam in den interplanetaren Raum überleitet. Diese Schichten enthalten nur ca. 10% der Masse der Atmosphäre, und sie sind durch die Tropopause vom Wettergeschehen der Troposphäre weitgehend abgekoppelt. Trotzdem ist vor allem die Stratosphäre von großer Bedeutung für die Biosphäre.

Das Ozonloch

In der unteren Stratosphäre, in Höhen von etwa 24 km, sorgt eine verstärkte Konzentration von Ozon dafür, daß die biologisch schädliche Ultraviolettstrahlung der Sonne mit Wellenlängen von 240–360 nm absorbiert wird und nicht bis zum Erdboden gelangt. Ozon ist ein Molekül aus drei Sauerstoffatomen, das sehr leicht zerfällt und dabei atomaren Sauerstoff freisetzt. Da dieser extrem aggressiv ist, wirkt Ozon stark reizend auf die Schleimhäute. In industriellen Ballungsgebieten entsteht Ozon, wenn Abgase unter Sonneneinstrahlung zersetzt werden, hoch oben in der Stratosphäre entsteht das Ozon auf andere Weise aus gewöhnlichem molekularem Sauerstoff durch Einwirkung von Sonnenlicht im fernen Ultraviolett zwischen 160 und 240 nm. Das Ozon absorbiert dann Sonnenlicht mit 240–360 nm sehr effektiv unter Abspaltung von atomarem Sauerstoff. Dieser reagiert sehr schnell wieder mit molekularem Sauerstoff unter erneuter Bildung von Ozon. Die freiwerdende Energie wird zur Aufheizung der Stratosphäre verwendet, deren Temperatur dadurch von ca. −60 °C in 15 km Höhe auf etwa 0 °C in 50 km Höhe ansteigt.

 Dieser komplizierte Kreislauf zwischen Ozon und atomarem Sauerstoff wird seit einigen Jahren empfindlich durch bestimmte synthetische Gase gestört, den sogenannten Fluorchlorkohlenwasserstoffen (FCKW), die in der Industrie, aber auch im täglichen Gebrauch als Treibgas in Spraydosen weite Verbreitung gefunden haben. Der Grund dafür ist die große Stabilität dieser Gase, die deshalb praktisch keine chemischen Reaktionen mit anderen Stoffen erfahren. Daher werden sich diese Gase weitgehend unverändert in der Atmosphäre verteilen, ja sie diffundieren sogar langsam über die Tropopause hinweg in die Stratosphäre hinein.

 Dort ist die UV-Konzentration im Sonnenlicht schließlich groß genug, auch diese stabilen Moleküle aufzubrechen, sie zerfallen unter Freisetzung von Chloratomen. Das Chlor greift in den Ozonkreislauf ein, denn Ozon reagiert mit Chlor unter Bildung von gewöhnlichen Sauerstoffmolekülen, das Chlor selbst wird dabei wieder freigesetzt und kann das nächste Ozonmolekül aufbrechen. So kann schließlich ein einziges Chloratom viele tausend Ozonmoleküle abbauen, bis es schließlich in einer unschädlichen Verbindung gebunden wird. Chlor wirkt also wie ein Katalysator zum Abbau des Ozons. Es scheint so, daß für diese ozonzerstörenden Reaktionen niedrige Temperaturen besonders günstig sind, wie sie vor allem in der Antarktis gegen Ende des antarktischen Winters vorkommen, denn seit einigen Jahren wird im südlichen Frühling über der Antarktis eine starke Verminderung des Ozongehalts der Stratosphäre auf weniger als 40% des üblichen Gehalts gemessen. Eine gewisse Rolle scheinen dabei die besonderen Zirkulationssysteme auf der Südhalbkugel der Erde zu spielen, da auf der Nordhalbkugel die Abnahme des Ozongehalts geringer ist, aber nachweisbar ist die Abnahme auch dort. Das Ozonloch ist Grund für ernsthafte Besorgnisse, denn weil der Ozonschirm durchlässig geworden ist, hat die Intensität der gesundheitsgefährdenden UV-Strahlung in manchen Ländern wie Australien deutlich merkbar zugenommen. Die Folge ist eine entsprechende Erhöhung des Hautkrebsrisikos. Es ist dringend erforderlich, daß die Verwendung der FCKW-Gase eingestellt wird. Das paradoxe an dieser Situation ist, daß gerade die große chemische Trägheit und Stabilität dieser Gase der Grund für ihre Gefährlichkeit ist.

Treibhauseffekt und Ozonloch sind deutliche Anzeichen dafür, daß wir Menschen dabei sind, unseren Planeten so stark zu verändern, daß wir die Konsequenzen unseres Tuns auf das ganze Ökosystem bedenken müssen, bevor wir durch unser Eingreifen irreversible Änderungen oder sogar Katastrophen verursacht haben. Es sollte uns aber vielleicht zur Bescheidenheit mahnen, wenn wir erkennen, daß solche Änderungen bereits früher allein durch die Existenz und die Evolution des organischen Lebens abgelaufen sind. Denn die Erdatmosphäre, so wie wir sie heute vorfinden, ist nicht die ursprüngliche, primäre Atmosphäre, sondern ist in ihrer jetzigen Zusammensetzung durch das Biosystem geschaffen worden.

Die Uratmosphäre der Erde sah ganz anders aus als die Atmosphäre heute. Die Forscher stimmen alle darin überein, daß sie praktisch keinen freien Sauerstoff enthielt. Dieser ist erst im Laufe der biologischen Evolution durch die Photosynthese der Pflanzen freigesetzt worden. Unsicher ist aber, ob die Erde schon von Anfang an eine Uratmosphäre besaß oder ob diese erst durch vulkanische Vorgänge aus dem Erdinneren freigesetzt wurde. Vor etwa 1–2 Milliarden Jahren, zu einer Zeit, als es noch keine Lebewesen gab, die fossile Dokumente hinterließen, bestand die Atmosphäre wahrscheinlich überwiegend aus Stickstoff, Wasserdampf und CO_2 bzw. CO. Wahrscheinlich wirkte sie chemisch reduzierend, während die Atmosphäre heute oxydierend ist. Durch die Entstehung von primitiven Zellen ohne Zellkern setzt die Photosynthese mit Freisetzung von molekularem Sauerstoff ein. Dadurch wandelte sich die Atmosphäre langsam vom reduzierenden in einen oxydierenden Zustand, der CO_2-Anteil ging laufend zurück, während der Sauerstoffanteil stieg. Es ist zur Zeit aber noch umstritten, wie hoch der CO_2- und Sauerstoffgehalt in den verschiedenen geologischen Zeitaltern war.

Auch der Grund für die Entstehung von Eiszeiten ist nach wie vor unklar. Es gibt Hypothesen, daß Veränderungen der Exzentrizität der Erdbahn hier maßgeblich sind. Solche Theorien hat vor allem *Milutin Milankovic* (1879–1958) in den dreißiger Jahren vertreten. Wenn die Erdbahn stärker exzentrisch ist als jetzt und die Lage der Jahreszeiten relativ zur Position der Erde in ihrer Bahn paßt, dann kann man erreichen, daß z.B. die Nordhalbkugel im Sommer eine geringere Sonneneinstrahlung erfährt und es daher zu einer Eiszeit auf der Nordhalbkugel kommt. Gleichzeitig wäre auf der Südhalbkugel eine Warmzeit.

Solche Zustände kehren fast periodisch wieder, und *Milankovic* fand eine befriedigende Übereinstimmung mit der Dauer der bekannten Eiszeiten. Heute ist die Situation nicht mehr so klar trotz viel umfänglicherer Rechnungen der Veränderungen der Erdbahn. Eine andere Erklärungsmöglichkeit liegt in Veränderungen des CO_2-Gehalts der Erdatmosphäre – aber noch ist nicht nachgewiesen, daß der CO_2-Gehalt der Atmosphäre während einer Eiszeit geringer war als in einer Warmzeit.

Ionosphäre und Strahlungsgürtel

Sonnenstrahlung mit noch kürzeren Wellenlängen als die 160 nm, die bei der Bildung des Ozons eine Rolle spielen, wird in der Erdatmosphäre in Höhen oberhalb von 80 km absorbiert. Die Photonen dieser Strahlung sind so energiereich, daß sie die Sauerstoff- und Stickstoffmoleküle aufbrechen (dissoziieren) und sogar einzelne Elektronen freisetzen können. Das Medium wird ionisiert – allerdings ist der Ionisationsgrad nur sehr gering, der ganz überwiegende Anteil der Atome und Moleküle bleibt neutral. Trotzdem reicht die Elektronendichte aus, der Atmosphäre eine große elektrische Leitfähigkeit zu geben, und diese wiederum bedingt, daß sich in diesem Medium keine Radiowellen ausbreiten können.

Welche Wellenlängenbereiche davon betroffen sind, hängt allerdings von der Elektronendichte ab: Je größer diese ist, desto kürzer ist die Grenzwellenlänge. Wellen länger als diese können sich nicht durch das Medium ausbreiten, sondern werden entweder absorbiert oder reflektiert. Diese Tatsache, daß Radiowellen reflektiert werden, hatte in den zwanziger Jahren überhaupt erst zur Entdeckung der Ionosphäre geführt.

Es war lange ein Rätsel gewesen, wieso es *Guglielmo Marconi* (1874–1937) möglich war, Amerika und Europa durch Funkwellen zu verbinden, denn die Funkwellen breiten sich ja geradlinig aus, und die Senderantenne in Amerika liegt weit unterhalb des Horizonts der Empfangsantenne. Die Marconischen Funkwellen werden von der Ionosphäre zurück zur Erde reflektiert und können dadurch eine sehr viel größere Reichweite erzielen, als es dem Horizontabstand entspricht. In günstigen Fällen sind sogar Mehrfachreflektionen möglich; dann können erdweite Übertragungen mit solchen Marconi-Wellen erzielt werden.

Die Marconi-Wellen haben eine Wellenlänge von einigen Kilometern. Die Ionosphäre benötigt nur eine sehr geringe Dichte, um diese Wellen zu reflektieren. Je kürzer die Wellenlänge ist, desto höher muß die Elektronendichte sein. Und da diese Elektronendichte durch die UV-Strahlung der Sonne erzeugt wird, gibt es große Tag-Nacht-Unterschiede bei der Kurzwellenausbreitung. Strahlungsausbrüche auf der Sonne haben einen so großen Einfluß auf die Elektronendichte in der Ionosphäre und damit auf ihre Ausbreitungseigenschaften, daß während des letzten Weltkrieges alle kriegsführenden Parteien astronomische Beobachtungsstationen errichteten, um die «Funkwetterlage» für Kurzwellen vorhersagen zu können.

Für elektromagnetische Wellen mit Wellenlängen kürzer als 1 m ist die Ionosphäre praktisch durchsichtig und ohne Wirkung. Solche Wellen werden daher auch für die Satellitenkommunikation verwendet.

Je weiter man von der Erdoberfläche aufsteigt, desto dünner wird die Atmosphäre, die schließlich in den interplanetaren Raum übergeht, der ja nicht ganz leer ist, sondern vom Sonnenwind erfüllt wird. Ein relativ großer Bereich muß aber trotzdem als zur Erde gehörig angesehen werden. Der Grund dafür ist das Erdmagnetfeld. Auf der Erdoberfläche richtet es den Kompaß in eine ungefähr nord-südliche Richtung aus. Es wird daher schon seit vielen hundert Jahren für die Navigation eingesetzt.

Das Magnetfeld hat seine Ursache wahrscheinlich in Konvektionsströmungen im Erdinneren, die wie ein gewaltiger Dynamo wirken. Die Veränderungen dieser Konvektionszellen sind dann wahrscheinlich auch der Grund für die zeitlichen Veränderungen, die dieses Magnetfeld, sowohl was seine Stärke als auch seine Richtung angeht, erfährt.

Dieses Magnetfeld ist natürlich nicht auf die Erdoberfläche beschränkt, sondern erstreckt sich in den Raum hinein. In einiger Entfernung von der Oberfläche hat es eine Form, die der eines kurzen Stabmagneten ähnelt: Man spricht von einem Dipolfeld. Dieses hat natürlich Einfluß auf die Form der Bahnen von Elektronen und anderen Ladungsträgern, die sich in einem solchen Feld bewegen. Die Bahnen der Ladungen werden, wenn die anderen Parameter wie Partikelmasse und Geschwindigkeit passen, um die Feldlinien schraubenförmig aufgewickelt. Solche Ladungsträger stehen zwar auch schon in der Ionosphäre zur Verfügung. Dort ist aber die Neutralgasdichte noch so groß, daß diese Elektronen ständig durch Stöße mit den Neutralteilchen ihrer Bewegung gestört werden, so daß die Wirkung des Magnetfeldes verwischt wird, denn die Neutralgasteilchen unterliegen ja keinerlei Wirkung des Magnetfeldes. Wenn man aber in größere Höhen aufsteigt, dann nimmt diese Störung rasch ab, und das Magnetfeld bestimmt dann die Beregnung der geladenen Teilchen.

Dies ist der Bereich der Magnetosphäre: Hier finden wir im sogenannten Van-Allen-Gürtel Bereiche erhöhter Elektronendichte, die im Erdmagnetfeld eingeschlossen sind. Die Elektronen bewegen sich ständig auf schraubenförmigen Bahnen zwischen dem magnetischen Nord- und Südpol hin und her. In der Nähe der Pole tauchen die Kraftlinien in tiefere Luftschichten hinab, und die Elektronen kollidieren mit dem Neutralgas der Atmosphäre. So entstehen die Nord- und Südpolarlichter.

So wie viele andere Eigenschaften der Hochatmosphäre ist auch die Besetzung der Magnetosphäre mit Elektronen zeitlich sehr variabel. Die Van-Allen-Gürtel können leerlaufen, und sie werden durch den Sonnenwind wieder aufgefüllt. In Strahlungsausbrüchen kann die UV-Intensität der Sonne innerhalb von Sekunden um mehrere Größenordnungen zunehmen. Als Folge davon werden die oberen Schichten der Erdatmosphäre aufgeheizt, so daß sie sich stark ausdehnen. Die Sonne stößt bei solchen Strahlungsausbrüchen große Mengen von Elektronen aus, die dann die Strahlungsgürtel wieder auffüllen.

Natürlich haben diese beschleunigten Elektronen so wie jede radioaktive Strahlung auch eine biologische Wirkung. Unten auf der Erde merken wir nichts davon, weil uns die Atmosphäre abschirmt. Aber je höher man in die Atmosphäre aufsteigt, desto deutlicher wird die Wirkung der Strahlung. So bedeutet schon ein Transatlantikflug mit einer Düsenmaschine in 10 km Höhe eine deutlich meßbare Vergrößerung der Strahlenbelastung, wenn diese auch zu gering ist, um nachweisbar schädlich zu sein.

Im bemannten Weltraumflug spielt die Belastung im Strahlengürtel aber durchaus eine Rolle. Das ist einer der Gründe, weshalb die Bahn des Space-Shuttles in die relativ niedrige Höhe von ca. 400 km gelegt wurde: Dies ist noch deutlich unterhalb des Hauptreservoirs des Strahlengürtels. Bei den bemannten Mondflügen durchquerten die Raumschiffe die Strahlengürtel schnell genug, um einer unzumutbaren Strahlungsbelastung zu entgehen. Für einen längeren Aufenthalt sind aber die Bahnhöhen von etwa 1000 km nicht ohne weitere Maßnahmen geeignet.

Der Übergang vom Erdmagnetfeld zum interplanetaren Feld wird durch die Magnetopause definiert. Unter ihr ist das Magnetfeld von der Erde bestimmt, die Feldlinien beginnen und enden im Erdkörper, außerhalb der Magnetopause bestimmt der Sonnenwind. Wie auch in Kapitel 9 erwähnt, dampfen die äußersten Schichten der Sonne in den Raum hinein ab. Da sie z.T. aus Elektronen und nackten Atomkernen bestehen, nehmen sie Magnetfelder mit, und dieser magnetische Wind trifft schließlich auf das Erdmagnetfeld. Die Übergangszone ist sehr scharf, nur wenige Kilometer dick und bildet so die Grenze der Erdatmosphäre.

Der Mond

Die Mondbahn

Im Weltsystem des *Ptolemäus* kreisen alle Planeten wie auch Sonne
und Mond um die Erde, und ganz passend dazu wurde auch der
Mond als Planet mitgezählt. Nach *Kopernikus* jedoch beschreiben
die Planeten Bahnen um die Sonne, nur der Mond bleibt Trabant
der Erde. Bis gegen Ende der fünfziger Jahre dieses Jahrhunderts
blieb er allein, erst danach erhöhte sich die Zahl der Erdtrabanten
um die künstlichen Satelliten, die die Erde jetzt in immer größerer
Zahl umkreisen.

Nach *Newton* ist die Mondbahn nur in erster Näherung eine
Ellipse, vor allem die Sonne stört diese Bahn sehr kräftig. Da der
Mond, wenn man astronomische Maßstäbe anlegt, unser engster
Nachbar ist, sind alle Bahnstörungen sehr auffällig, so daß eine
genaue Darstellung und Vorherberechnung der Mondbahn schon
immer eine große Herausforderung für die Astronomen und Him-
melsmechaniker war.

Eigentlich müßte man sogar die Mondbewegung als Umlauf
um die Sonne beschreiben, da die Anziehungskraft der Sonne auf
den Mond mehr als doppelt so stark wie die der Erde ist. Da aber
vom Mond aus gesehen sich die Richtung der Erdkraft so viel
schneller ändert als die Richtung der Sonnenkraft, ist es doch
günstiger, die Mondbahn als gestörte Bewegung um die Erde zu
beschreiben denn als gestörte Bahnbewegung um die Sonne.

Der Mond hat eine mittlere Entfernung von der Erde, die nur
etwa 30 Erddurchmesser beträgt, und deshalb erscheint der Mond
uns trotz seines kleinen linearen Durchmessers von weniger als
3500 km unter einem Winkel von etwas mehr als ½ Grad. Der
Zufall will es, daß die Winkeldurchmesser von Mond und Sonne
praktisch gleich sind, so daß für uns der Mond die Sonne vollständig verdecken kann. Die Orte auf der Erde, für die das zutrifft,
erleben dann das eindrucksvolle Schauspiel einer Sonnenfinsternis. Die veränderliche Mondentfernung von der Erde aufgrund
der elliptischen Mondbahn reicht sogar aus, daß je nach der Stellung des Mondes in dieser Bahn der scheinbare Monddurchmesser größer oder kleiner ausfallen kann als der der Sonne. Gelegentlich reicht er dann nicht aus, um die Sonne vollständig zu
verdecken, und man beobachtet nur eine ringförmige Sonnenfinsternis.

Wenn umgekehrt vom Mond aus gesehen die Erde die Sonne verdeckt, Mondbewohner also eine Sonnenfinsternis erleben würden, sehen wir eine Mondfinsternis. Da der Erddurchmesser fast viermal so groß wie der Monddurchmesser ist, erscheint die Erde vom Mond aus unter einem Winkel von fast 2°, und der gesamte Mond kann vom Erdschatten verfinstert werden.

Würden die Mondbahn und die Bahn der Erde um die Sonne genau in der gleichen Ebene liegen, dann gäbe es bei jedem Umlauf des Mondes sowohl eine Sonnen- wie auch eine Mondfinsternis. Da aber die beiden Bahnebenen einen Winkel von 5° zueinander haben, können solche Finsternisse immer nur dann stattfinden, wenn Erde und Mond nahe der Schnittlinie der beiden Ebenen sind. Deshalb gibt es pro Jahr immer nur einige wenige Sonnen- oder Mondfinsternisse.

Da der Mond nicht selbstleuchtend ist, sondern nur das Sonnenlicht reflektiert, sehen wir von der Erde aus je nach der relativen Stellung von Sonne und Mond einen mehr oder minder großen Teil des Mondes erleuchtet. Dies sind die Mondphasen, die vom Neumond – bei dem die gesamte für uns sichtbare Halbkugel des Mondes im Schatten liegt – über das erste Viertel bis zum Vollmond – die gesamte sichtbare Mondhälfte ist erleuchtet – über das letzte Viertel wieder bis zum Neumond reichen. Sonnenfinsternisse finden übrigens immer bei Neumond und Mondfinsternisse bei Vollmond statt. Wenn man sich die Geometrie dieser Phänomene überlegt, wird man sagen müssen, daß die Finsternisse diese Phasen definieren.

Wenn man in einer dunklen Nacht den Mond gegen den dunklen Himmel betrachtet, erscheint die Mondoberfläche hell, fast weiß. Dies ist aber eine Täuschung, die nur durch den großen Kontrast vorgetäuscht wird. Genaue Messungen wie auch die Bodenproben, die Astronauten auf dem Mond selbst sammelten, zeigen, daß die Mondoberfläche in Wahrheit recht dunkel getönt ist und eine Farbe vergleichbar der einer Schlakkenhalde hat.

Unabhängig von den Mondphasen kann man sogar mit dem bloßen Auge verschieden helle und dunkle Partien auf dem Mond erkennen, die volkstümlich als «Mann (oder Hase) im Mond» gedeutet wurden. *Galilei* zeigte als erster mit seinem Fernrohr, daß es Berge und weite Ebenen und insbesondere ungezählte Krater auf dem Mond gibt. Dies war eine der Beobachtungen, die die prinzipielle Gleichartigkeit von himmlischer und irdischer Substanz zeigten und so den Niedergang der aristotelischen Physik mitbegründeten.

Auffällig bei diesen Beobachtungen ist ferner, daß die Oberflächenmarkierungen von der Erde aus gesehen zwar ihren Charakter mit den Mondphasen ändern, ihre Lage auf der Mondscheibe aber praktisch unveränderlich bleibt. Da der Mond seine Bahn um die Erde beschreibt, ist so etwas nur dann möglich, wenn der Mond zusätzlich eine Rotation um seine Achse ausführt, deren Periode genau gleich der Umlaufperiode in der Bahn ist. Man sagt, der Mond hat eine gebundene Rotation.

Die Eigenrotation eines Himmelskörpers ist extrem gleichmäßig: Die entsprechende Eigenschaft der Erde, die Erdrotation, wurde ja bis vor einigen Jahren sogar dazu verwendet, um den Ablauf der Zeit zu definieren und zu messen. Erst seitdem es die ultragenauen Atomuhren gibt, kann man die Zeit auf unabhängige Weise genauer messen.

Verglichen mit der Eigenrotation des Mondes, ist seine Bahnbewegung ungleichmäßig. In manchen Teilen der Bahn steht er der Erde näher, bewegt sich daher schneller, in anderen Teilen der Bahn ist es umgekehrt. Nur wenn man über den gesamten Bahnumlauf mittelt, gleichen sich Bahnumlauf und Eigenrotation genau aus. In manchen Teilen der Mondbahn geht daher die Rotation der Bahnbewegung voraus, in anderen hinkt sie hinterher. Als Resultat davon scheint uns die Perspektive, unter der wir die Mondoberfläche sehen, hin und her zu schwanken. Man nennt dies die Libration des Mondes, und sie bewirkt, daß wir von der Erde etwas mehr als die Hälfte der Mondoberfläche sehen können, wenn man die Beobachtungen über längere Zeit erstreckt.

Nach wie vor rätselhaft ist übrigens eine andere Monderscheinung. Vielen wird schon aufgefallen sein, wie groß der Mond erscheint, wenn er am Horizont hinter irdischen Objekten, Häusern, Bäumen oder Bergen steht. Wenn man dann diesen Anblick mit einer Kamera festhält, dann ist das Resultat meistens enttäuschend. Statt der gewaltigen Mondscheibe, die man mit dem bloßen Augh sah, findet man doch auf dem Bild nur einen kleinen, unscheinbaren Flecken. Wenn man dann aber auf dem Bild nachmißt, dann zeigt sich, daß es schon seine Richtigkeit hat: Der Mond auf dem Bild hat sehr wohl seinen bekannten Durchmesser von $\frac{1}{2}°$. Was also falsch ist, war unser Eindruck in der Natur. Der Mond scheint uns nur größer zu sein, und dies kann nur physiologische bzw. psychologische Ursachen haben – wir kennen sie aber nicht. Sobald der Mond aber höher am Himmel steht, der Horizont also nicht mehr in seiner unmittelbaren Nachbarschaft ist, dann stimmen der visuelle Eindruck und der wahre Winkeldurchmesser wieder überein.

Ebbe und Flut

Natürlich ist es kein Zufall, daß der Mond eine gebundene Rotation hat. Grund dafür ist die Gezeitenwirkung im Erde-Mond-System. Diese entsteht, weil Himmelskörper wie Erde und Mond sich doch etwas anders verhalten als Massenpunkte. Ihr endlicher Durchmesser spielt hierbei eine Rolle.

Die Anziehungskraft nimmt ja nach *Newton* wie $1/r^2$ ab. Wenn wir daher die Anziehungskraft betrachten, die z.B. der Mond auf die Erde ausübt, dann wird diese Kraft an der dem Mond zugewandten Oberfläche der Erde etwas größer sein als am Erdmittelpunkt, und an der dem Mond abgewandten Erdoberfläche ist diese Anziehungskraft noch etwas kleiner.

Damit das System im Gleichgewicht bleibt, müssen diese Kräfte von der Zentrifugalkraft kompensiert werden, und da die Erde ein starrer Körper ist, wird diese Kompensation überall gleich groß ausfallen. An der dem Mond zugewandten Oberfläche ist die Kompensationskraft etwas zu klein, auf der Gegenseite dagegen zu groß. Solange man den festen Erdkörper betrachtet, haben diese geringen Unterschiede keine beobachtbaren Wirkungen. Flüssigkeiten, Wasser z.B., können aber auf diese Unterschiede der Kraft reagieren. Deshalb finden wir sowohl an der dem Mond zugewandten Seite der Erde wie auch auf der abgewandten Seite einen Flutberg. Und da die Erde schneller rotiert, als der Mond um sie herum in seiner Bahn umläuft, schleppen sich diese Flutberge von einem erdfesten Beobachter aus gesehen hinter dem Mond her. Von einem raumfesten Standort aus eilen sie dagegen dem Mond in seiner Bahn voraus.

Es ist, glaube ich, plausibel, daß dieses Ebbe-und-Flut-Phänomen langsam die Erdrotation abbremst, und tatsächlich wird eine solche ganz geringfügige Verlangsamung der Erdrotation gemessen. Wenn man diese über Hunderte oder Tausende von Jahren aufsammelt, dann kommt man zu durchaus merklichen Effekten, die berücksichtigt werden müssen, wenn man berechnen will, wann antike Sonnen- oder Mondfinsternisse stattfanden und wo sie beobachtet werden konnten. Hier treten durchaus Verzögerungen von einigen Stunden auf!

Weniger anschaulich ist dagegen, daß die Gezeiten der Erdmeere auch Rückwirkungen auf die Mondbahn haben. Da der Flutberg auf der dem Mond zugewandten Seite der Erde diesem vorauseilt, wird die Richtung der Schwerkraft vom Mond geringfügig in Richtung dieses Flutberges verdreht. Der Flutberg auf der abgewandten Seite bewirkt eine Drehung in entgegengesetzter Richtung. Da er aber eine größere Entfernung hat, ist seine Wirkung geringer, und so bleibt ein geringer Nettobetrag übrig. Zerlegt man diese Kraft in Komponenten, zeigt der Hauptteil in Richtung Erdmittelpunkt, eine ganz geringe Komponente aber in Bahnrichtung. Dem Mond wird daher zusätzliche Bewegungsenergie hinzugefügt, und dadurch vergrößert sich seine mittlere Entfernung von der Erde ständig, allerdings nur um 4 cm pro Jahr. Die Energie dafür stammt aus der Erdrotation, die so laufend langsamer wird. Dieses Spiel wird fortdauern, bis Erdrotation und Mondumlauf synchron sind, die Erde also ebenfalls eine gebundene Rotation hat. Bis das soweit sein wird, werden allerdings noch einige Milliarden Jahre vergehen.

Der Mond hat mit 3476 km etwa 27% des Erddurchmessers, das Erde-Mond-System ist daher eigentlich eher als ein Doppelplanet anzusprechen als ein Hauptkörper mit einem Satelliten, wie es alle anderen Satellitensysteme unseres Planetensystems sind. Hier bildet nur das Pluto-Charon-System eine weitere Ausnahme, auf die wir weiter unten zurückkommen werden.

Die Oberflächenstrukturen

Bei aller Analogie von Erde-Mond, was die geometrischen Dimensionen betrifft, zeigen die Oberflächenstrukturen extreme Unterschiede. Der Mond besitzt keine Atmosphäre, und daher gibt es dort kein flüssiges Wasser. Damit fällt auch die Erosion der Oberflächenstrukturen durch das Wasser fort, die auf der Erde für so extreme und schnelle Veränderungen sorgt, wenn man geologische Zeiträume von einigen 100 Millionen Jahren zugrunde legt.

Faltengebirgszüge, wie die Kette des Himalaya-Gebirges, die Anden oder die Alpen, fehlen völlig auf dem Mond. Heute wissen wir ja, daß solche Gebirgsketten das Produkt von gegeneinander driftenden Kontinentalschollen sind. Der Mond hat nach allem, was wir wissen, keine Plattentektonik, und daher fehlen diese

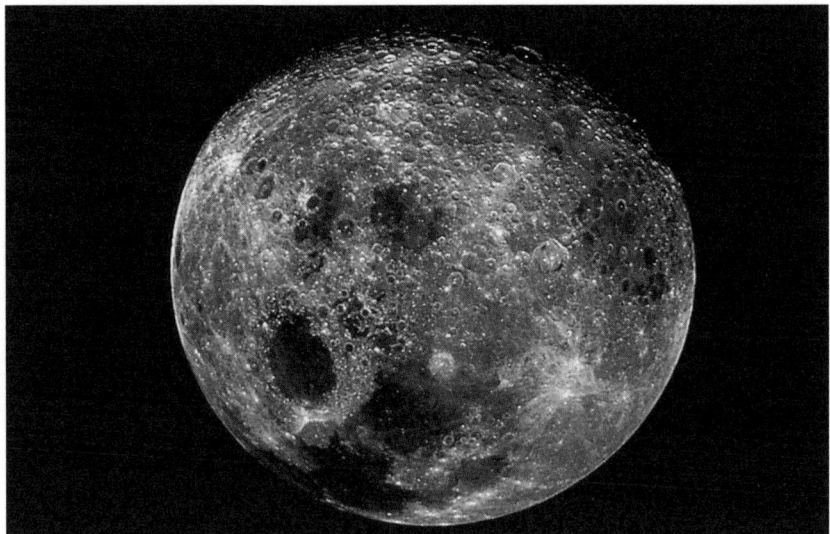

Abb. 41
Ansicht des Erdmonds.

Gebilde. Dafür fallen auf ihm andere Strukturen auf, die auf der Erde gar nicht vorkommen oder doch wenigstens hier sehr unauffällig sind.

Es ist dies zum einen der Gegensatz von hellem, kraterbedecktem Hochland und den tiefergelegenen, dunklen Maria-Gebieten, und zum anderen die kraterartigen Gebilde, deren Anzahl in die Hunderttausende geht. Natürlich sind die Mond-Meere mit den poetischen Namen «Meer der Fruchtbarkeit» (mare foecunditatis) oder «Meer der Heiterkeit» (mare serenitatis) nicht mit Wasser bedeckt, sondern nur flache, dunkler gefärbte Teile der Mondoberfläche mit einem etwas tieferen Niveau im Vergleich zu ihrer Umgebung. Auch Mondkrater gibt es im Bereich der Maria, nur ist ihre Anzahl dort geringer als in den Hochebenen.

Die sonderbare Oberflächenstruktur des Mondes war bereits *Galilei* bei seinen ersten Fernrohrbeobachtungen aufgefallen. Bald gab es auch schon die ersten Mondkarten, von denen die des *Johannes Hevelius* (1611–1687) von 1647 für 100 Jahre als unübertrefflich galt. *Giovanni Battista Riccioli* (1598–1671) führte etwa um die gleiche Zeit die Sitte ein, die Ringformationen nach berühmten Wissenschaftlern und Philosophen zu benennen. Dies ist bis in die

Gegenwart beibehalten worden, und daher ist der Mond geradezu ein «Gelehrtenfriedhof» geworden. Allerdings ist der Durchmesser eines Kraters nicht unbedingt ein Maßstab für die Bedeutung seines Namenspatrons. So gibt es einen schönen, großen Mondkrater *Frascatorius*, über den dazugehörenden Philosophen oder Wissenschaftler war aber ohne eine größere bibliographische Suchaktion nichts herauszubekommen, während *Newton* nur einen winzigen, unbedeutenden Krater in der Nähe des Mond-Südpols zugeteilt bekam.

Die erste Mondkarte, die unter Verwendung moderner geodätischer Methoden hergestellt wurde, stammt von *Heinrich Mädler* (1794–1874). Dies war ein Berliner Seminarlehrer, der zusammen mit dem Bankier *Wilhelm Beer* in dessen Privatsternwarte in den Jahren 1830 bis 1836 den Mond vermaß und 1837 seine Mondkarte herausbrachte, die ihn sofort in der astronomischen Welt bekannt und geachtet machte. 1840 wurde er Nachfolger des berühmten *Wilhelm Struve* in Dorpat. Sein Mäzen und Mitarbeiter *Wilhelm Beer* war übrigens der Bruder des weltberühmten Komponisten *Giacomo Meyerbeer*, ein anderer Bruder war ein damals weitbekannter Dichter, *Michael Beer*. Die Familie *Beer* ist neben den *Mendelssohns* ein gutes Beispiel dafür, wie entscheidend das kulturelle Leben in Berlin durch die großen jüdischen Familien geprägt und gefördert wurde.

Gegen Ende des 19. Jahrhunderts hielt die Photographie Einzug in die lunare Kartographie, die detailreichsten Einzeluntersuchungen wurden aber nach wie vor durch visuelle Beobachtungen angestellt. Das Zeitalter der Mondsonden brachte eine Fülle von neuen, sehr hochaufgelösten Aufnahmen der Mondoberfläche, die endlich auch von der perspektivischen Einschränkung frei waren, die dadurch gegeben war, daß der Mond der Erde immer die gleiche Seite zukehrt. Sowohl die Russen wie die Amerikaner lieferten hochaufgelöste Bilder von der Rückseite des Mondes, und die NASA verband alles zu einem großen Kartenwerk, so daß heute der Mond kartographisch besser erfaßt ist als die Erde.

Zwischen Juli 1969 und Dezember 1972 führten die Amerikaner sieben Mondlandemissionen durch. Bei sechs dieser Missionen konnten Landefähren auf dem Mond abgesetzt werden. Die Besatzungen sammelten, teilweise unter Verwendung eines Elektrokarrens, insgesamt 382 kg Mondgestein, das zusammen mit den Astronoauten zur Erde zurückgebracht wurde, um dort analysiert zu werden. Die Russen brachten ebenfalls Mondproben zur Erde, die allerdings mit unbemannten Sonden gewonnen wurden.

Bei diesen Besuchen wurden auf dem Mond außerdem zahlreiche Meßgeräte abgesetzt, die teilweise noch jahrelang ihre Meßdaten zur Erde funkten und so unsere Kenntnis von den Eigenschaften des Mondes entscheidend verbesserten. Hierbei waren auch Geräte zur Überwachung der seismischen Tätigkeit des Mondes, die Aufschluß über seinen inneren Aufbau gaben.

Es ist nach wie vor unsicher, ob der Mond einen festen Eisen-Nickel-Kern besitzt. Wenn es einen solchen überhaupt gibt, hat er sicherlich einen Durchmesser von weniger als 600 km. Auch die extreme Schwäche des lunaren Magnetfeldes spricht nicht für die Existenz eines bedeutenden Kerns.

Die Lithosphäre des Mondes ist sehr dick (ca. 1000 km), aber dynamisch inaktiv. Es gibt keine Konvektionsströmungen in ihr und daher auch keinerlei Anzeichen für plattentektonische Aktivitäten. Alle Oberflächenformen des Mondes sind mit ganz wenigen Ausnahmen durch externe Ereignisse entstanden. So sind die Mondkrater Explosionstrichter von auf dem Mond aufgeprallten Gesteinsbrocken.

Es ist oft als Argument gegen diese «Aufschlaghypothesen» angeführt worden, daß es dann ja auch streifende Einschläge geben müsse, die zu extrem unsymmetrischen Kraterformen führen sollten. Die Untersuchungen von NASA-Wissenschaftlern ergaben aber, daß dieser Einwand nicht stichhaltig ist. Wenn die Einschlaggeschwindigkeit groß genug ist, mündet der Aufprall stets in eine große Explosion, die immer zu einem nahezu kreisförmigen Krater führt. Und daß bei der Entstehung der Mondkrater gewaltige Explosionen eine Rolle gespielt haben müssen, zeigten die von den Astronauten heimgebrachten Mineralien. In manchen dieser Proben ist die ursprüngliche Kristallstruktur durch eine gewaltige Druckwelle geradezu zerschmettert worden. Dies ist für die Mineralogen ein untrügliches Anzeichen dafür, daß dieses Mineral einmal einer großen Explosion ausgesetzt gewesen sein muß. Es gibt solche Mineralien übrigens auch auf der Erde. So hat man entsprechende Proben in der Nähe des Nördlinger Rieses gefunden und verwendet auch hier diese Tatsache als Stütze für die Theorie, daß diese geologische Formation ein Aufschlagkrater eines großen Meteoriten ist. Es gibt für diese Hypothese noch andere, unabhängige Stützen, die deutlichen Schockspuren in Mineralien und Fossilien geben aber die klarsten Evidenzen.

Wahrscheinlich sind auch die Mond-Meere durch den Einschlag von interplanetaren Materialbrocken mit einem Durchmesser von einigen Dutzend Kilometern erzeugt worden. Die Energie reichte dann aus, Mondmaterie aufzuschmelzen, die aus dem Aufschlagkrater heraufquoll, ein großes Areal bedeckte und dabei alle Spuren früherer Aufschlagkrater vernichtete.

Die inneren Planeten

Die vier inneren Planeten des Sonnensystems werden oft auch als die erdähnlichen Planeten bezeichnet. Dies wohl deshalb, weil die jeweilige mittlere Massendichte (sie liegt zwischen 3.9 und 5.5) derjenigen der Erde sehr ähnlich ist und auch die Massen der Planeten selbst nicht allzusehr von der der Erde abweichen. Man kann daher annehmen, daß gewisse Grundeigenschaften vergleichbar sein müssen. Trotzdem gibt es aber sehr grundlegende Unterschiede zwischen ihnen.

Merkur

Merkur ist der sonnennächste Planet. Seine mittlere Entfernung von der Sonne ist nur 39% derjenigen der Erde, seine Bahn hat aber mit e = 0.21 die größte Exzentrität aller Planetenbahnen, wenn man von Pluto absieht, der aber schon aus ganz anderen Gründen einen Sonderfall darstellt. Merkur hat wegen dieser engen Bahn von der Erde aus gesehen immer nur einen geringen Winkelabstand von höchstens 28° von der Sonne. Er ist daher nie mitten in der Nacht zu beobachten, sondern bestenfalls in der Morgen- bzw. Abenddämmerung, wenn die Sonne zwar unter dem Horizont ist, aber doch keine tiefe Dunkelheit herrscht.

Dies ist der Grund dafür, daß auch die größten Fernrohre von der Erde aus kaum Einzelheiten auf der Planetenoberfläche zeigen. Zwar war bekannt, daß Merkur keine Atmosphäre besitzt, seine Eigengravitation reicht nicht aus, die Luftmoleküle festzuhalten, aber nicht einmal die Rotationsdauer des Planeten konnte zweifelsfrei bestimmt werden. Bis 1965 hatte man die spärlichen Beobachtungen von Oberflächenmarkierungen mit einer gebundenen Rotation erklärt. Danach würde die eine Hälfte

Abb. 42
Mosaik von Merkuraufnahmen der Raumsonde Mariner 10 von 1974.

der Planeten in ewiger Nacht versunken sein und einen der
kältesten Orte des ganzen Planetensystems darstellen. Als es
dann aber möglich wurde, von der Erde aus Temperaturmessun-
gen auf dieser Nachtseite durchzuführen, erhielt man ganz moderate Werte: Merkur konnte daher keine gebundene Rotation
besitzen.

Es wurde dann bald möglich, die Rotation mit Hilfe von
Radar zu messen. Ganz genaue Angaben gab es 1974–75, als die
Raumsonde Mariner 10 dreimal dicht an Merkur vorbeiflog und
detailgenaue Bilder von der Oberfläche lieferte.

Merkur hat eine Rotationsperiode von 58.646 Tagen, das bedeutet genau 2/3 der Umlaufperiode von 87.969 Tagen: in zwei
Umläufen um die Sonne rotiert der Planet genau dreimal. Eine
solche Resonanz ist natürlich kein Zufall, eine allgemein befriedigende Erklärung dafür ist allerdings noch nicht bekannt.

Die große Exzentrizität der Bahn und die große Umlaufge-
schwindigkeit um die Sonne von fast fünfzig km s^{-1} sind der
Grund dafür, daß für Merkurs Bahn Effekte der allgemeinen Relativitätstheorie berücksichtigt werden müssen. Darüber wurde ja
bereits in Kapitel 2 berichtet.

Über den inneren Aufbau des Merkur wissen wir sehr wenig,
die mittlere Dichte von 5.4 ist allerdings so hoch, daß meistens
angenommen wird, daß dieser Planet einen Ni-Fe-Kern besitzt.
Auch der Umstand, daß Mariner 10 ein signifikantes Magnetfeld
mit einer Dipolstruktur, ähnlich dem Erdmagnetfeld, nachweisen
konnte, spricht für die Existenz eines festen Kerns.

Die Oberfläche des Planeten ähnelt so stark der Mondoberfläche, daß nur Experten Aufnahmen der einen von solchen der
anderen unterscheiden können. Hier wie dort gibt es Gegenden,
die dicht an dicht mit Kratern besetzt sind, es gibt große «Wall-
ebenen» wie das Caloris Bassin, und es gibt Hügelländer. Wir
finden aber keine Anzeichen für die Verschiebung ganzer Schollen
durch Plattentektonik. Wie für den Mond glaubt man auch für
Merkur als Ursache für die vielen Krater und Ringgebirge den
Aufsturz von Meteoren und anderen Kleinkörpern des Sonnensystems zu kennen. Wegen des Fehlens einer eigenen Atmosphäre
gibt es kaum Verwitterung auf dem Merkur, so daß die Aufschlagkrater noch Milliarden Jahre später sichtbar sind.

Venus

Venus kommt der Erde von allen Planeten am nächsten, der Abstand kann bis auf 40 Millionen km abnehmen. Allerdings kehrt Venus bei einer solchen Konstellation der Erde stets ihre unbeleuchtete Seite zu, und wir sehen dann bestenfalls eine schmale, leuchtende Sichel. Wegen des mittleren Abstandes von 72% der Entfernung der Erde von der Sonne hat Venus höchstens einen Winkelabstand von maximal 46° von der Sonne als Morgen- oder Abendstern, sie ist dann die bei weitem hellste Erscheinung am Himmel, wenn man von der Sonne und dem Mond absieht. Masse, Radius und Dichte sind sehr ähnlich wie die entsprechenden Werte der Erde. Man glaubte daher sehr lange, daß auf Venus sehr ähnliche Lebensbedingungen wie auf der Erde herrschen würden, wobei es dort höchstens etwas wärmer sei wegen der geringeren Sonnenentfernung. Dies war allerdings reine Vermutung, da die Planetenoberfläche wegen der dichten Atmosphäre vollständig unsichtbar ist. So gab es auch nur vage Vermutungen, was die Rotation dieses Planeten betrifft.

Radioastronomische Meßmethoden ermöglichten es gegen Ende der fünfziger Jahre, die Oberflächentemperatur des Planeten Venus auch durch die dichte Wolkendecke hindurch zu messen. Das Resultat – mehr als 400 °C – war überraschend und machte mit einem Schlag alle bis dahin gehegten Vorstellungen von Venus als einem Planeten, auf dem noch heute Verhältnisse wie auf der Erde zur Carbonzeit herrschten, zunichte, und diese neuen Resultate wurden bestätigt, als die sowjetischen «Venera»-Planetensonden durch die Venusatmosphäre auf die Oberfläche herabstiegen. Nicht nur, daß die Oberflächentemperatur tatsächlich so heiß ist, der Luftdruck am Boden beträgt fast 100 At, und die Atmosphäre besteht vorwiegend aus CO_2 (96.5%) und Stickstoff N_2 (3.5%). Wasserdampf ist mit höchstens 0.01% beteiligt. Es kann daher keine Rede von dichten tropischen Urwäldern sein – im Gegenteil, die dichten Wolken in 30 bis 80 km Höhe, die verantwortlich für die Undurchsichtigkeit der Venusatmosphäre sind, bestehen vorwiegend aus Schwefelsäuretröpfchen H_2SO_4. Diese scheinen für den extremen Treibhauseffekt der Venusatmosphäre verantwortlich zu sein.

Radarmessungen von der Erde aus, vor allem mit den Antennen in Goldstone in Kalifornien und in Arcibo, Puerto Rico, zeigten zuerst, daß Venus keine gebundene Rotation hat, sondern

Abb. 43
UV-Aufnahme der Wolkendecke in der Venusatmosphäre.

erstaunlicherweise sogar retrograd, entgegen der Umlaufrichtung um die Sonne, in 243.01 Tagen rotiert. Der Grund für diesen im Planetensystem einmaligen Befund ist bisher noch vollständig unbekannt. Oberflächenstrukturen des Planeten sind von der Erde aus nicht sichtbar, die besten Beobachtungen hatten aber gelegentlich eine Y-förmige Struktur der Atmosphäre gezeigt. Ähnliche Strukturen, die besonders gut im UV-Spektralbereich sichtbar sind, hatten auch Kameras auf Weltraumsonden abgebildet. Nun wurde aber klar, daß es sich dabei um Wolkenstrukturen handelt, die zu einem planetenweiten Zirkulationssystem gehören. Erstaunlicherweise rotiert diese Y-förmige Struktur in nur 4–5 Tagen um den Planeten, was Windgeschwindigkeiten von mehr als $100 \, m \, s^{-1}$ entspricht, während die Planetenoberfläche nur eine Rotationsgeschwindigkeit von etwa $4 \, m \, s^{-1}$ hat. Bisher ist noch völlig ungeklärt, was die Ursache dieser «Superrotation» der Venusatmosphäre ist.

Die Planetenoberfläche selbst ist relativ flach, es gibt allerdings einige Hochplateaus, die mehr als 11 km über der restlichen Fläche liegen. Außer einigen wenigen Bildern direkt von der Venusoberfläche, die von den sowjetischen Venussonden gewonnen wurden, die durch die dichte und heiße Atmosphäre herabgestiegen sind und die für einige Stunden den unwirtlichen Verhältnissen standhalten konnten, stammen alle restlichen Angaben über Oberflächenformen von Radarmessungen. Die geringste Auflösung liefern Messungen von der Erde aus; die der Pioneer-Venus-Orbiter Ende der 70er Jahre hatten eine Auflösung von etwa 50 km, während die Sonde Magellan seit 1990 Bilder mit kleinsten Details von 75 m Seitenlänge liefert. Neben Kratern sind Lavakanäle, aber auch Faltengebirge und Grabenbrüche entdeckt worden. Auch große Vulkane, die allerdings längst erloschen sind, wurden gefunden. Besonders bemerkenswert ist aber ein Terrain, das von einem «tektonischen Gitter» überzogen ist. Das ist ein relativ ebenes Gebiet, das von zwei regelmäßigen Systemen paralleler linearer Strukturen bedeckt ist, die nahezu senkrecht aufeinander stehen. Worum es sich bei diesen Strukturen handelt, ob Verwerfungen oder Bruchlinien, ist noch völlig offen. In einigen Jahren sollten die Bilder der Sonde Magellan ein einmaliges geologisches Kartenwerk der Venusoberfläche liefern. Über den inneren Aufbau des Planeten ist wenig bekannt, auch gibt es keine Anzeichen dafür, daß es Vorgänge ähnlich der Plattentektonik der Erde auf der Venus gibt.

Mars

Mars ist der äußerste der erdähnlichen Planeten. Mit einer Masse von etwa 11% und einem Radius von 53% ist er deutlich kleiner als die Erde, besitzt aber trotzdem eine dünne Atmosphäre, wie schon lange bekannt ist. Seine mittlere Entfernung von der Sonne beträgt 1.53 Astronomische Einheiten (AE, vgl. Glossar) so daß er seine größte Annäherung an die Erde immer dann erfährt, wenn er am Himmel der Sonne diametral gegenübersteht und daher die ganze Nach hindurch beobachtet werden kann. Seine Scheibe ist dann außerdem von der Sonne voll erleuchtet.

Erste Einzelheiten der Oberfläche wurden bereits von *Christian Huygens*, einem Zeitgenossen von Newton, beobachtet, und seitdem ist auch bekannt, daß Mars eine sehr erdähnliche Eigenrotationsdauer von $24^h37^m22.6^{sec}$ besitzt. Aber erst *Giovanni Schiaparelli* (1835–1910) löste 1877 mit seiner Entdeckung der «Marskanäle» die sensationellen Spekulationen über die Existenz von intelligentem Leben auf dem Mars aus. Er selbst blieb bei dem folgenden Presserummel sehr zurückhaltend, viel ausdrücklicher wurden diese Ansichten von *Percival Lowell* (1855–1916) in den USA vertreten. Dieser war ein reicher Kaufmann, der in Flagstaff, Arizona, eine große neue Privatsternwarte gründete und finanzierte, um dort Planetenastronomie, speziell die des Planeten Mars, zu betreiben. *Lowell* und seine Wissenschaftler waren hierin sehr erfolgreich. Diese Sternwarte besteht noch heute und steht noch immer vorwiegend im Dienste der Planetenforschung.

Mars galt als Planet mit dünner Atmosphäre, der unter Wasserarmut leidet. Man spekulierte, daß die Kanäle gebaut wurden, um die Schmelzwässer der Polkappen in die äquatornahen Gegenden zu leiten. Die Enttäuschung war daher groß, als die Weltraumforschung dieses Bild Stück für Stück demontierte, bis schließlich keine Evidenz für die Existenz von organischem Leben auf dem Mars übrigblieb.

Einen ersten Schlag erfuhren diese Vorstellungen, als die Mariner-6-, -7- und -9-Missionen ergaben, daß die Marsatmosphäre nur einen Bodendruck zwischen 7 und 10 mb besitzt im Vergleich zur Erdatmosphäre von 1030 mb. Diese Atmosphäre besteht zu 95.3% aus CO_2, 2.7% N_2, 1.6% Ar und nur 0.13% O_2. Ihr Druck ist um den Faktor 10 zu gering, als daß flüssiges Wasser überhaupt existieren könnte. Auch stimmten die Bilder der Marsoberfläche, die von diesen Raumsonden gewonnen und dann zur Erde zu-

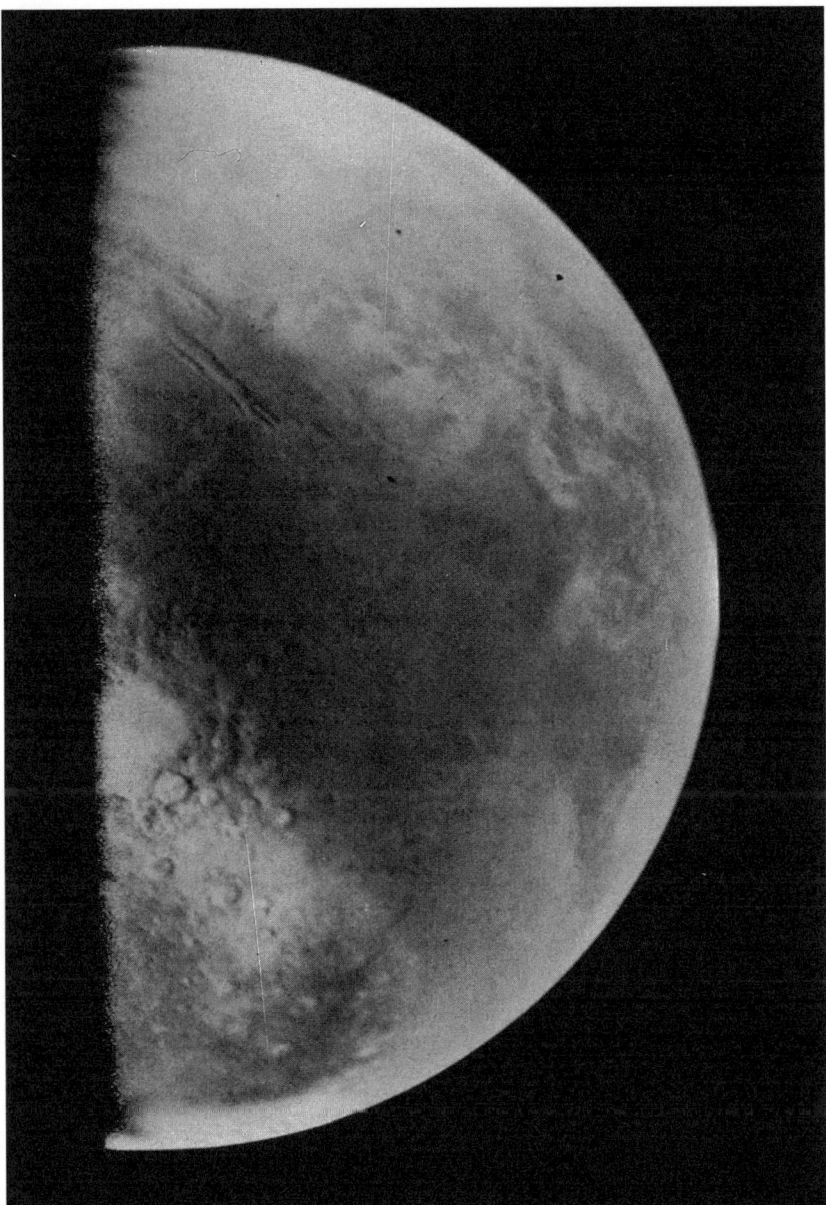

Abb. 44
Aufnahme des Planeten Mars von einer Viking-Raumsonde aus. Das Bild zeigt
Krater und Teile des Valle Marineris. Die Gegend darüber ist von einem Staub-
sturm verschleiert.

rückgefunkt wurden, überhaupt nicht mit dem Bild überein, das
man sich von *Schiaparellis* Marskanälen gemacht hatte. Ein Teil der
Oberfläche ist von Kratern übersät, die eine gewisse Ähnlichkeit
mit Mondkratern besitzen, nur etwas sanftere Konturen aufweisen. Dies dürfte durch die Marsatmosphäre bedingt sein, die
natürlich eine gewisse Erosion hervorruft, auch wenn es keinen
Regen gibt. Während diese Krater durch den Aufprall von kosmischen Kleinkörpern entstanden sind, gibt es auf dem Mars auch
echte Vulkane. Olympus Mons mit einer Höhe von etwa 30 km
über der Umgebung und einem Durchmesser von 65–80 km ist
gewaltiger als jeder irdische Vulkan. Außer diesem gibt es noch
mehrere ähnlich große Vertreter einer solchen Klasse von Objekten auf dem Mars.

Wenn somit der Mars keine Oberflächenstrukturen aufweist,
die als die *Schiaparelli-Lowellschen* Marskanäle interpretiert werden könnten, bleibt natürlich ein Problem, was die beiden Astronomen unabhängig voneinander und mit ihnen noch viele andere
Astronomen, in durchaus konsistenter Weise auf der Marsoberfläche gesehen haben. Man muß hierbei bedenken, daß die Marskanäle immer Oberflächenmarkierungen mit sehr geringem Kontrast waren, und so ist es vielleicht doch vertretbar, daß es sich um
physiologische Selbsttäuschungen handelte, Verbindungslinien,
die das menschliche Auge und Gehirn zwischen unregelmäßigen
Flecken auf der Planetenoberfläche wahrzunehmen glaubte.

Eine andere auffällige Formation ist der Riesencanyon Valle
Marineris, der sich mit einer Breite von oft 80–120 km und einer
Tiefe von mehreren Kilometern über eine Strecke von 4000 km
erstreckt. Dies wäre ein Gebilde, das am ehesten mit einem der
Schiaparellischen Kanäle zu identifizieren wäre; allerdings zeigt
keine der klassischen Marskarten einen Kanal dort, wo das Valle
Marineris nachgewiesen wurde.

Die Entstehung des Valle ist noch ungeklärt. Die Planetologen
sind aber sicher, daß es sich dabei nicht um ein tief eingeschnitte-
nes Flußbett handelt. Es ist wahrscheinlicher, daß es eine Spalte
in der Marskruste ist. Fließendes Wasser scheint aber doch bei der
Bildung der Morphologie des Valle wie auch bei anderen Gebilden
eine Rolle gespielt zu haben, denn man findet an mehreren Stellen
Strukturen, die nur durch fließendes Wasser erzeugt worden sein
können.

Dies ist besonders deshalb bemerkenswert, weil ja der Luftdruck auf dem Mars heute zu gering ist, als daß flüssiges Wasser

überhaupt existieren kann. Der Luftdruck muß daher früher höher gewesen sein. Die Morphologie der durch das fließende Wasser gebildeten Formationen zeigt zudem, daß diese Periode höheren Drucks keine einmalige Episode gewesen sein kann, sondern längere Zeit angedauert haben muß.

Es ist natürlich eine interessante Frage, was denn aus diesen Wassermassen später geworden ist. Ein Teil ist sicherlich in den Weltraum fortdiffundiert. Zwar ist die Schwerkraft des Mars ausreichend, Wasserdampf in der Atmosphäre festzuhalten, das Sonnenlicht zerlegt aber einen Teil der Wassermoleküle, und der Wasserstoff kann dann fortdiffundieren. Der übrigbleibende Sauerstoff wird dann von Bodenmineralien gebunden. Insbesondere Eisenverbindungen, die auch für die rote Farbe des Mars verantwortlich sind, haben hierbei eine große Bedeutung.

Dieser Mechanismus kann aber sicher nur einen Teil des Wassers beseitigen, die Marskenner sind sicher, daß ein großer Teil des Wassers als Eis im Boden eingeschlossen ist. Dafür gibt es vielfältige Evidenzen. Sowohl der Nord- als auch der Südpol haben eine dauerhafte Eisdecke, die sich jahreszeitlich verändert und deutliche Schmelzränder aufweist. Die früher gelegentlich geäußerte Vermutung, es könne sich um Kohlensäureeis handeln, konnte widerlegt werden, da die gemessenen Werte von Luftdruck und Temperatur dieses längst zum Verdampfen gebracht hätten. Auch die Bodenformen in manchen Gegenden des Mars haben eine verblüffende Ähnlichkeit mit irdischen Permafrost-Landschaften.

Wie bereits weiter oben erwähnt, hat die Marsatmosphäre eine Dichte, die weniger als 1 Prozent der Dichte der Erdatmosphäre beträgt. Trotzdem kann man durchaus von einem Wettergeschehen in ihr sprechen. Der Tagesverlauf der Temperatur hat Ähnlichkeit mit demjenigen in irdischen Wüsten, nur daß die Temperaturen auf dem Mars niedriger sind. So variierte die Temperatur am Landeplatz von Viking 1 von $-85\,°C$ kurz vor Sonnenaufgang zu $-30\,°C$ gegen 16 h, um dann wieder langsam abzufallen. Die Windgeschwindigkeit beträgt üblicherweise einige m/s, sie kann aber in Stürmen auf 150 m/s und mehr ansteigen. Solche Stürme wirbeln riesige Staubwolken auf, die den ganzen Planeten einhüllen können und die Oberflächenmarkierungen völlig verdecken. Schon lange bevor Planetensonden den Mars aus der Nähe erforschten, wurde so etwas von der Erde aus beobachtet. Nur war unklar, wie dies zu interpretieren war.

Ein direkter Nachweis von atmosphärischem Wasserdampf war mit Hilfe der Viking-Landemoduln möglich. Auf Bildern, die von den Kameras dieser Moduln jeweils am Morgen aufgenommen wurden, war regelmäßig Rauhreif zu sehen, der dann im Laufe des Marstages wieder verschwand. Auch von den den Mars umkreisenden Sonden konnten gelegentlich Bilder gewonnen werden, die Nebelfelder in den großen Canyon-Systemen des Valle Marineris oder nebelerfüllte Krater zeigten.

Eine Klärung der Frage, ob es auf dem Mars organisches Leben gibt oder aber gegeben hat, war eine der Hauptaufgaben der beiden Marssonden Viking 1 und 2. Neben einer möglichst genauen kartographischen Erfassung der Marsoberfläche sollten die Viking-Lander zur Oberfläche herabsteigen und an Ort und Stelle Untersuchungen durchführen.

Die photographischen Aufnahmen brachten eine Fülle von Informationen über die Struktur der Marsoberfläche. Es gab aber keinerlei bildliche Hinweise auf Strukturen irgendwelcher Art, die als fossile Dokumente oder sogar Artefakte von intelligenten Lebewesen gedeutet werden konnten. Auch die Experimente zur chemischen und biologischen Analyse der Bodenproben erbrachten keine Anzeichen für biologische Wirkungen oder Stoffwechselprodukte. Zwar erbrachten einzelne Experimente Resultate, die zunächst schwer durch abiologische Reaktionen deutbar erschienen, nachträgliche Modellexperimente erbrachten aber den Nachweis, daß alle Resultate rein abiologisch zu erklären sind. Dies bedeutete für zahlreiche Wissenschaftler, die von der Allgegenwart organischen Lebens überzeugt waren, eine große Enttäuschung. Als Nebenergebnis dieser biologischen Marsexperimente hält man heute die Entstehung von Leben für viel schwieriger als noch vor einigen Jahren. Ein zweiter Grund hierfür mag darin zu suchen sein, daß bisher alle Versuche, Radiosignale von intelligenten Zivilisationen aufzufangen, ergebnislos geblieben sind.

Mars besitzt zwei Monde, Phobos und Deimos, die 1877 von dem amerikanischen Astronomen *Asaph Hall* (1829–1907) in Washington entdeckt wurden. Es sind dies sehr kleine Himmelskörper, die recht unregelmäßig, fast wie große, unregelmäßige Kartoffeln, geformt sind (Phobos 27 x 21 x 19 km^3, Deimos 15 x 12 x 11 km^3) und in sehr geringen Bahnhöhen den Mars umkreisen. Phobos hat eine Umlaufzeit von nur 7^h39^m, läuft daher schneller um seinen Mutterplaneten, als dieser rotiert. Er geht für einen Beobachter auf der Marsoberfläche im Westen auf und im Osten unter, ein Verhalten, das wir auch von erdnahen künstlichen Erd-satelliten kennen. Deimos hat eine Umlaufzeit von 30^h18^m, ist also nur geringfügig langsamer als die Rotationsdauer des Mars.

Die Oberfläche beider Monde ist von Kratern übersät, und beide haben eine sehr dunkle Farbe, dunkler als die dunkelsten Stellen auf dem Mond. Aus diesen und anderen Gründen glaubt man heute, daß beide Marsmonde nicht zusammen mit dem Mars entstanden sind, sondern später von diesem eingefangen wurden. Es gibt Planetoiden mit Bahnen, die zwischen der des Mars und Jupiter liegen, die ganz ähnliche Oberflächenfarben und Eigen-schaften haben. Es ist zum mindesten denkbar, daß solche Him-melskörper bei einer günstigen Gelegenheit vom Mars eingefan-gen wurden.

Die Rätsel um die Marsmonde werden noch vertieft durch eine bemerkenswerte historische Vorhersage. Im Jahre 1727 be-schrieb *Jonathan Swift* in seinen *Gullivers Reisen*, die Astronomen des Landes Maputo hätten herausgefunden, daß Mars zwei Mon-de besäße. Sogar die ungefähren Umlaufzeiten dieser Monde gibt er korrekt an. Wie auch immer die Erklärung für diese bemerkens-werte Koinzidenz ist, die Übereinstimmung mit den späteren Beobachtungen ist erstaunlich, auch wenn es schon bei *Kepler* Spekulationen gibt, daß Mars zwei Monde besitzen sollte.

Die großen Planeten

Auf Bahnen weit außerhalb derjenigen von Erde und Mars finden wir die großen Planeten unseres Sonnensystems. Die Riesenpla-neten Jupiter und Saturn waren schon immer bekannt, denn Jupi-ter ist der hellste Wandelstern überhaupt, er wird nur gelegentlich von Venus an Helligkeit übertroffen, wenn diese in ganz beson-ders günstigen Konstellationen als Morgen- oder Abendstern in der Dämmerung leuchtet. Jupiter dagegen kann als äußerer Planet in dominierender Helligkeit die ganze Nacht über scheinen. Ähn-liches gilt auch für Saturn, nur daß dieser deutlich blasser und leicht grünlich schimmert.

Der nächste Planet, Uranus, wurde 1781 von *Friedrich Wilhelm Herschel* in England entdeckt. *Herschel* war ein Amateurastronom, wenn man diese Bezeichnung überhaupt auf Forscher jener Zeit anwenden kann, denn damals wurde die meiste naturwissen-schaftliche Forschung von Liebhabern ausgeführt. Ursprünglich aus Hannover stammend, war er ein angesehener Organist und

Komponist im Modebad Bath, der aus Liebhaberei Spiegelteleskope baute. Seine Instrumente waren schließlich besser und größer als alle käuflichen Geräte dieser Art. Mit einem solchen selbstgebauten Teleskop entdeckte er den Planeten Uranus. Er war ihm mit seinem Teleskop unter den vielen 100 000 für ihn sichtbaren Sternen durch seinen Winkeldurchmesser von fast 4″ aufgefallen. Zunächst hielt er das Objekt für einen schwachen Kometen, aber bald stellte sich heraus, daß es ein Planet sein mußte, der auf einer kreisähnlichen Bahn um die Sonne weit außerhalb der Bahn des Saturn kreiste.

Das eigentlich Erstaunliche an dieser Entdeckung ist, daß sie so spät erfolgte, denn Uranus ist so hell, daß man ihn unter besonders günstigen Umständen sogar mit dem bloßen Auge sehen kann. Mehrere Astronomen haben daher auch Uranus bereits früher als *Herschel* gesehen und seine Position gemessen, ohne allerdings zu erkennen, daß es sich bei diesem Sternbild um einen Planeten handelt.

Diese alten Messungen des unerkannten Planeten Uranus ermöglichten es aber, schon sehr bald nach der Entdeckung eine genaue Bahnbestimmung vorzunehmen. Die Abweichungen der neuen Beobachtungen in der Mitte des neunzehnten Jahrhunderts führten dazu, daß *Leverrier* und *Adams* rechnerisch nach einem Störer suchen konnten und so dem nächsten Planeten, Neptun, auf die Spur kamen. Diese Geschichte wurde bereits früher erzählt.

Mit einer noch größeren Berechtigung als bei den erdähnlichen Planeten kann man die großen Planeten zu einer einheitlichen Gruppe zusammenfassen, denn ihre wesentlichen Eigenschaften sind sich bei allen Unterschieden doch erstaunlich ähnlich. All diese Planeten sind große Gasbälle in schneller Rotation ohne eine erkennbare feste Oberfläche. Jeder von ihnen hat mehrere Satelliten und zusätzlich noch ein System von Ringen, das sich in der Äquatorebene in etwa 1–2 Planetenradien Abstand befindet. Vor allem diese letzte Eigenschaft war eine Entdeckung der letzten Jahre, die große Überraschung auslöste, denn nur für den Planeten Saturn war dieses Ringsystem seit langem bekannt.

Generell gilt für die meisten Erkenntnisse der Planeteneigenschaften, daß sie wie auch fast alle Detailkenntnisse von den großen Raumfahrtmissionen der Amerikaner und Russen der letzten 20 Jahre herrühren. Die teleskopischen Messungen von der

Abb. 45
Jupiter nach Aufnahmen der Voyager-Raumsonden. Die beiden Bilder, die in
einem zeitlichen Abstand von 3 Monaten aufgenommen wurden, weisen zahlreiche Veränderungen in der Jupiteratmosphäre auf.

Erdoberfläche aus konnten in den meisten Fällen hier nicht mithalten. Es gibt aber auch bedeutsame Ausnahmen, auf die wir
noch eingehen werden.

Die dichten Atmosphären der großen Planeten mit ihren kom-
plizierten Wolkensystemen sorgen dafür, daß wir mittels unserer
Teleskope nur die obersten Atmosphärenschichten untersuchen
können. Man kann abschätzen, daß wir auf diese Weise nur bis zu
Tiefen vordringen können, in denen ein Druck von etwa einer
Atmosphäre herrscht und die etwa 100 bis 150 km tief in die
Atmosphäre hineinreichen. Das Licht ist dann etwa auf 10% seiner
Intensität abgeschwächt. Alles, was tiefer in der Atmosphäre liegt,
ist nur auf indirekte Art mit Methoden zu erschließen, die der
Untersuchung des Sonnenaufbaus ähneln. Da aber die Atmosphä-
rentemperaturen des Jupiter, und in noch verstärktem Maße die
des Saturn, viel niedriger als die Sonnentemperaturen sind, finden
wir in der Jupiteratmosphäre komplexe Molekülverbindungen
mit komplizierten physikalischen Eigenschaften, die schuld daran
sind, daß der Aufbau der Sonnenatmosphäre für uns viel besser
verständlich ist als derjenige des Jupiter oder Saturn.

Vor allem Aufbau und Struktur der großen Wolkenkomplexe des Jupiter sind nach wie vor rätselhaft. Dabei dominieren sie die Erscheinung dieses Planeten so stark, daß sein Bild im Fernrohr eine streifige Struktur mit hellen und dunklen Bändern parallel zum Äquator aufweist. Die hochaufgelösten Farbaufnahmen der Voyager-Planetensonde zeigten dann, daß es sich hierbei um globale Zirkulationssysteme handelt, die ähnlich wie das System der Passatwinde auf der Erde eng mit der Rotation des Planeten verknüpft sind. In manchen Bändern treten einzelne Wolken hervor, ein besonders auffälliger Fall ist der «große rote Fleck», der schon von *Giovanni Cassini* im 17. Jahrhundert gesehen wurde. Es kann keinen Zweifel mehr daran geben, daß es sich dabei um einen besonders großen Wirbelsturm handelt, der allerdings eine Lebensdauer von mehr als 300 Jahren besitzt!

Die Wolken in den Streifen haben eine starke Eigenbewegung, daher findet man für Jupiter, und in geringerem Maße auch für Saturn, eine Rotationsdauer, die deutlich von der «geographischen» Breite abhängt. Ob es überhaupt eine feste Oberfläche mit einer einheitlichen Rotationsdauer gibt, ist noch völlig offen.

Rechnerische Modelle des inneren Aufbaus der großen Planeten weisen einen verhältnismäßig kleinen Kern aus Fels und Eis auf, der von einem dicken Mantel aus festem Wasserstoff und Helium umgeben ist. Wegen des extrem hohen Drucks bei relativ moderaten Temperaturen hat dieses Material wahrscheinlich metallähnliche Eigenschaften. Auch das Magnetfeld des Jupiter findet vermutlich in dieser Schicht seine Erklärung. Außen ist dieser Mantel schließlich von einer Schicht eines molekularen Wasserstoff-Helium-Gemisches umgeben. Aber all diese Eigenschaften sind sehr unsicher.

Die Planetenmonde

Eine besonders auffällige Charakteristik der großen Planeten ist, daß sie alle ein ausgedehntes System von Satelliten besitzen, deren Bahnebene nahezu mit der Äquatorebene des Planeten zusammenfällt. Dies gilt auch für Uranus, dessen Rotationsachse praktisch in seiner Bahnebene liegt. Seine Satelliten haben auch eine Bahnebene, die fast senkrecht auf der Ekliptik steht.

Galilei entdeckte die vier hellsten Monde des Jupiter, als er 1610 das gerade neu erfundene Teleskop auf den Himmel richtete.

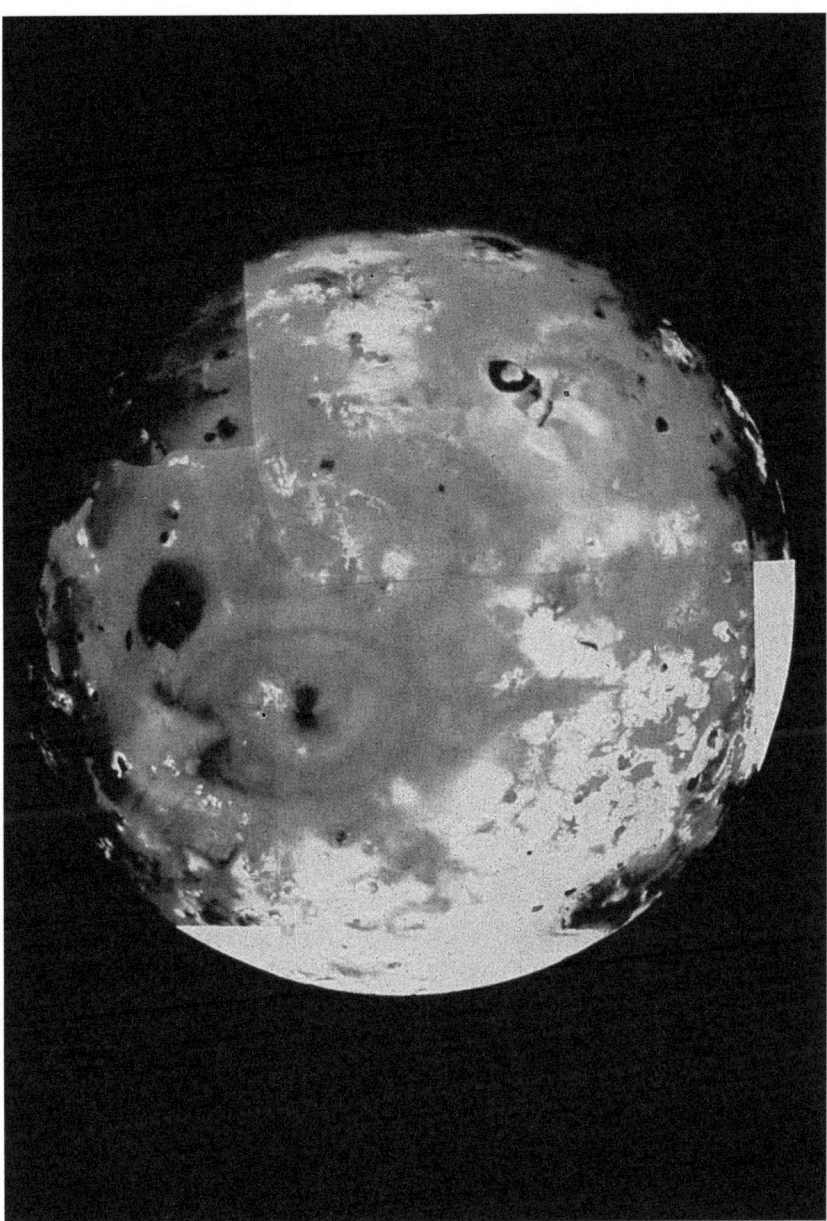

Abb. 46
Der Jupitermond Io. Dieser innerste der vier Galileischen Jupitermonde hat
zahlreiche aktive Vulkane, die seine Oberfläche in nur wenigen 1000 Jahren völlig
umgestalten. Aufschlagkrater sind auf Io nicht sichtbar.

Das Jupiter-System war für ihn ein Miniatur-Abbild des ganzen Planetensystems, und die ständig variierenden Konstellationen von Jupiter mit seinen Monden galten ihm als Beispiel für das Verhalten der Planeten. Es ist verständlich, daß die Bahnbewegung dieser Monde sorgfältig studiert wurde. Nur 65 Jahre später entdeckte *Olaf Römer* (1644–1710) mit ihrer Hilfe die endliche Ausbreitungsgeschwindigkeit des Lichts. Er beobachtete, daß wir für die Umlaufperiode dieser Monde größere Werte erhalten, wenn sich die Entfernung von der Erde zum Jupiter aufgrund der geometrischen Konstellation vergrößert, als wenn sie sich verringert. *Römer* konnte aus quantitativen Werten dieses Zusammenhangs sogar einen ersten groben Wert für die Lichtgeschwindigkeit herleiten.

Die Dimensionen der vier großen Jupitermonde sind sehr ähnlich derjenigen des Erdmondes, auch ihre Massen sind nicht allzu unterschiedlich. Von der Erde aus gesehen ist ihr Winkeldurchmesser zu klein, als daß Informationen über ihre Oberflächendetails gewonnen werden konnten; erst die Voyager-Jupitersonden erbrachten eindrucksvolles Bildmaterial und zeigten, daß jeder dieser Monde trotz ähnlicher Dimension und Masse ein durchaus unterschiedliches Aussehen hat.

Einschlagskrater ähnlich wie auf dem Mond oder Merkur bestimmen das Aussehen der Oberfläche von Callisto und Ganymed, während das Aufschmelzen der Eisoberfläche des Mondes Europa dort die meisten dieser Spuren verwischt hat. Ein völlig anderes Bild bietet schließlich Io, der innerste dieser galileischen Satelliten, denn dessen Oberfläche weist ein reiches Farbspektrum von Tiefrot über Orange- und Gelbtönen bis hin zu strahlendem Weiß auf. Man findet hier keine Aufschlagskrater, aber dafür deutliche Zeichen von aktiven Vulkanen. Neben der Erde ist dies der einzige Himmelskörper mit aktiven Vulkanen, deren Auswurf so gewaltig ist, daß die gesamte Oberfläche dieses Mondes innerhalb einiger tausend Jahre dadurch überdeckt wird.

Natürlich haben die Planetenforscher nach einer Erklärung für diese Vulkantätigkeit gesucht. Anders als bei der Erde reicht die Aufheizung des Mantels durch den Zerfall radioaktiver Elemente nicht aus, die Energie stammt hier aus der Gezeitenwirkung des Jupiter. Wie fast alle Monde hat auch Io eine gebundene Rotation, er kehrt Jupiter immer die gleiche Seite zu und hat dadurch eine etwas langgestreckte Form.

Wenn nun seine Bahn exakt kreisförmig wäre, dann würde diese Deformation des Mondkörpers konstant sein. Da aber die Bahn ellipsenförmig ist, verändert die Deformierung ständig Richtung und Betrag, der ganze Körper des Mondes wird durchgewalkt, und ein Teil der Energie wird schließlich in Wärme umgesetzt. Diese Energie reicht aus, den Vulkanismus auf Io anzutreiben!

Neben den galileischen Satelliten besitzt Jupiter noch zahlreiche weitere kleine Monde, die teils auf Bahnen innerhalb der vier galileischen Monde (4) und teils außerhalb (8) umlaufen und die Durchmesser zwischen 20 und 200 km besitzen. Sie sind also wesentlich kleiner und massenärmer als die großen Monde.

Auch Saturn besitzt zahlreiche Satelliten. Einer davon, Titan, ist mit einem Durchmesser von 5100 km fast so groß wie der Planet Mars, und seine Masse ist ausreichend, daß er ebenso wie der Mond Triton des Neptun sogar eine dünne Atmosphäre festhalten konnte. Die Oberflächen all dieser Satelliten ähneln, soweit dies überhaupt bekannt ist, denjenigen der Jupitermonde. Nur der Jupitermond Io scheint einen Sonderfall darzustellen, er ist einmalig!

Die Ringe

Eine weitere Besonderheit der großen Planeten ist, daß sie alle von einem System von Ringen umgeben sind, die in der Äquatorebene des Planeten liegen und ihn mit Entfernungen von etwa dem 1.5fachen des Planetenradius bis zu etwa 5 Planetenradien umkreisen.

Als *Galilei* sein Fernrohr zuerst auf Saturn richtete, bemerkte er, daß dieser Planet anders aussah als die anderen. Wegen der unzureichenden Qualität seiner Teleskope konnte er das Aussehen nicht recht deuten, der Planet erschien ihm dreifach. Erst *Huygens* erkannte, daß Saturn von einem flachen Ring umgeben ist.

Mit zunehmender Abbildungsschärfe der Teleskope wurden diese Ringe in immer feinere Unterteilungen aufgelöst. Aber erst die Voyager-Aufnahmen zeigten den vollen Detailreichtum der Ringstruktur. Schon früher hatten, angefangen mit *Laplace* 1785, Theoretiker gezeigt, daß die Ringe keine festen Gebilde sein konnten, sondern aus einer Vielzahl von einzelnen Gesteinsbrocken

Abb. 47
Saturn und sein Ringsystem nach einer Voyager-Aufnahme.

Abb. 48
Falschfarbenaufnahme des Ringsystems von Saturn. Mit solchen Bildern konnte
gezeigt werden, daß das System aus buchstäblich Hunderttausenden einzelner
dünner Ringe besteht.

zusammengesetzt sein mußten; die Voyager-Bilder zeigten, daß die Einzelringe phantastisch dünn sind, weniger als 1 km dick. Das bedeutet, daß das Verhältnis Durchmesser zu Dicke der Ringsystme größer als 300000:1 sein muß, also vergleichbar dem einer Einmachfolie von etwa 5 m Durchmesser. Es sind offenbar sehr gut funktionierende Mechanismen nötig, um eine solch bemerkenswerte Struktur über Milliarden von Jahren aufrechtzuerhalten.

Recht gut verstehen kann man dagegen, weshalb in dem Bereich, in dem die Ringe vorkommen, keine großen Monde gefunden werden. Grund dafür ist wieder die Gezeitenwirkung des nahen Planeten. Berechnet man nämlich die Anziehungskraft des Planeten auf einen beliebigen ausgedehnten Körper, dann erhält man unterschiedliche Kräfte für die Vorder- und die Rückseite. Damit dieser Körper seinen Zusammenhalt bewahrt, muß es in ihm innere Kräfte geben, die ausreichen, den Unterschied der Anziehungskraft zu überbrücken. Bei Körpern, die Dimensionen von mehr als einigen Kilometern besitzen, ist die Eigengravitation die einzige Kraft, die hierfür in Frage kommt. Und da stellt sich heraus, daß es in der Nähe eines großen Planeten einen Bereich gibt, in dem diese Eigengravitation immer geringer als die zerstreuende Wirkung der Gezeitenkräfte sein wird. In dieser sogenannten Roche-Zone (so benannt nach dem Astronomen *Edouard A. Roche* (1820–1883), der im vergangenen Jahrhundert diese Tatsache als erster herausstellte) kann es daher keine Körper geben, deren Durchmesser mehr als einige Kilometer beträgt. Für so kleine Körper sind die Molekularkräfte ausreichend, den Zusammenhang zu garantieren.

Seit dem Ende der siebziger Jahre weiß man, daß auch Jupiter, Uranus und Neptun ein Ringsystem besitzen, das allerdings lange nicht so auffällig wie das des Saturn ist. Im Falle des Jupiter wurden die Ringe von der Voyager-Sonde 1979 entdeckt. Der Ring ist schwach und hat völlig andere optische Eigenschaften als die Saturnringe. Die Ringe des Uranus wurden bereits 1977 von der Erde aus gesehen, als Uranus vor einem Stern vorbeiwanderte. Dieses Ereignis wurde von mehreren Stellen der Erde aus photometrisch überwacht, um Aufschlüsse über den Atmosphärenaufbau des Uranus zu gewinnen. In diesen Registrierungen wurden nun starke Helligkeitseinbrüche des Sternlichts gefunden, als Uranus noch weit entfernt war. Dies führte schließlich zu der Identifizierung mehrerer dünner Ringe mit Dicken, die jeweils geringer als 100 km sind. Voyager 2 konnte dann später (1986) diese Ringe in viel größeren Details abbilden.

Auf seiner weiteren Reise durch das Planetensystem konnte Voyager 2 schließlich auch ein schwaches Ringsystem für den Planeten Neptun nachweisen, so daß heute die Eigenschaft, ein Ringsystem zu besitzen, für einen großen, gasförmigen Planeten als typisch erscheint und nicht als Ausnahme angesehen werden darf.

Kleinplaneten

Sizilien hat in der Antike während der Zeit der griechischen Klassik bei der Entstehung der Philosophie und auch der Naturwis-

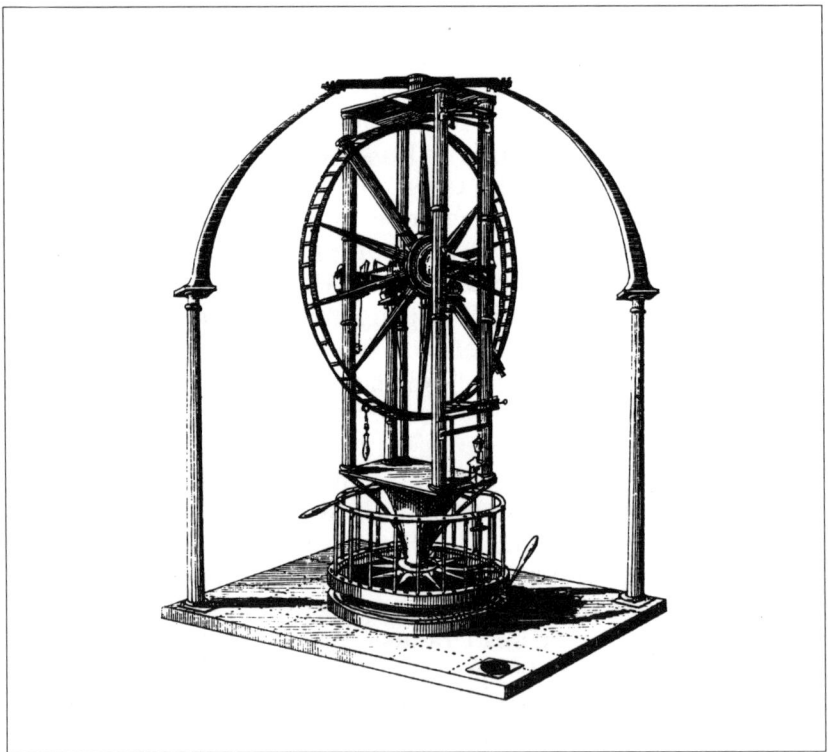

Abb. 49
Das Universalinstrument des Guiseppe Piazzi in Palermo, mit dem er den ersten kleinen Planeten, Ceres, 1801 entdeckte. Der Name «Universalinstrument» soll darauf hinweisen, daß mit einem solchen Instrument sowohl die Rektaszension wie auch die Deklination eines Sterns gemessen werden kann.

senschaft eine bedeutende Rolle gespielt. Aber auch in der Zeit, die vielfach als Ursache für die heutigen wirtschaftlichen und gesellschaftlichen Probleme dieser wunderbaren Insel angesehen wird, gab es dort gelegentlich Institutionen und einzelne Personen mit weltweiter Wirkung in der Wissenschaft.

1779 wurde der Theatinerpater *Guiseppe Piazzi* (1746–1826) zum Professor für Mathematik und Direktor der Sternwarte in Palermo ernannt. Für die Sternwarte im Torre Pisana des Normannenschlosses in Palermo, dem Sitz des Vizekönigs der spanischen Bourbonen, die damals das Königreich von Neapel und Sizilien beherrschten, konnte er einen «Großen Kreis» von *Jesse Ramsden* (1735–1800) in England beschaffen. Dies ist ein sogenanntes Universalinstrument, das es gestattet, von einem Stern gleichzeitig den Azimutwinkel und die Höhe über dem Horizont zu messen und damit seine Position zu bestimmen. *Ramsden* war damals der angesehenste Instrumentenbauer Europas, war aber notorisch unzuverlässig, was die Einhaltung der Liefertermine für von ihm versprochene Instrumente anging. So wurde z.B. ein großer Universalkreis für die Sternwarte Dublin erst 23 Jahre nach Erteilung des Auftrags ausgeliefert. *Ramsden* war darüber bereits gestorben.

Das Instrument für Palermo wurde 1789 fertig, relativ rechtzeitig wohl nur deshalb, weil *Piazzi* selbst daran mitgearbeitet hatte. Nach dessen Aufstellung setzte er es sofort für seine langfristigen Meßprogramme ein. Es waren dies ein großer Katalog mit genauen Positionen von fast 8000 Sternen und Versuchen, die Parallaxe von Sternen zu messen. Im Zuge dieser Messungen fiel ihm am 1. Januar 1801 auf, daß ein Stern 8. Größe im Stier seine Position veränderte. Er verfolgte dessen Bewegung für etwa einen Monat, danach verhinderte schlechtes Wetter weitere Messungen.

Leider war es nicht möglich gewesen, die Nachricht von diesen Beobachtungen so rechtzeitig an andere Sternwarten weiterzuleiten, daß auch dort die Bewegung dieses Objekts verfolgt werden konnte. Als das Wetter in Palermo weitere Beobachtungen gestattete, war das Objekt nicht mehr aufzufinden, außerdem verschwand die ganze Gegend des Himmels in der Morgendämmerung, so daß erst ein halbes Jahr später wieder die Möglichkeit bestand, nach dem Stern mit der starken Bewegung zu suchen. Die einzige Möglichkeit, ihn wiederzufinden, bestand in dem Versuch, aus der kurzen Beobachtungsreihe von Piazzi eine Bahn zu berechnen.

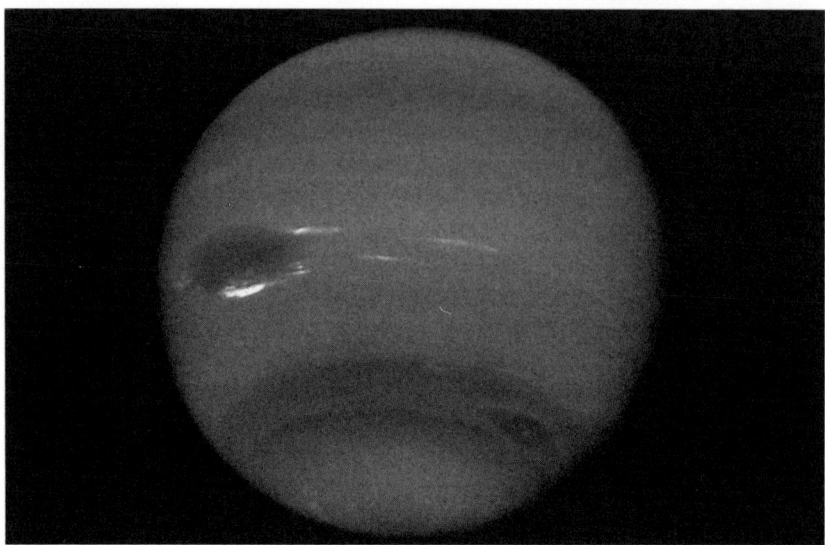

Abb. 50
Voyager-2-Aufnahme von Neptun. Erstaunlicherweise hat Neptun eine viel ak-
tivere Atmosphäre als Uranus, mit dunklen und hellen ovalen Strukturen. Diese
sind wahrscheinlich ähnliche Gebilde wie die Flecken auf Jupiter.

Daß es sich um einen Planeten handeln müsse, war schon aus
dem Aussehen des Objekts im Fernrohr zu vermuten, denn es war
ein scharfes, punktförmiges Gebilde, kein verwaschener Fleck wie
ein Komet. Seit *Herschel* 1781 Uranus als achten Planeten entdeckt
hatte, war man darauf gefaßt, daß es weitere Planeten geben
könne. Die Frage war nur, wo dieser Planet innerhalb des Sonnensystems anzusiedeln war. Schon auf *Kepler* gingen Spekulationen
zurück, daß zwischen Mars und Jupiter eigentlich ein weiterer
Planet vorhanden sein müßte. Dem Wittenberger Theologiepro-
fessor *Johann Daniel Titius* (1729–1796) war 1766 aufgefallen, daß
die Abstände der Planeten von der Sonne einer regelmäßigen
Beziehung gehorchten, so daß man aus der Nummer des Planeten
seine mittlere Entfernung von der Sonne berechnen konnte. Erstaunlicherweise gehorchte auch Uranus dieser Beziehung, obwohl man von ihm noch nichts wußte, als diese Relation aufgestellt wurde.

In dieser Titius-Bodeschen Reihe hatte Mars die Nummer 4,
Jupiter war Nummer 6, nur für Nummer 5 gab es keinen bekannten Vertreter. Vor allem *Bode*, der diese Beziehung in den Kreisen

der Astronomen bekanntgemacht hatte, plädierte daher schon lange für die Vermutung, daß es zwischen Mars und Jupiter einen weiteren Planeten geben müsse.

Es gab aber auch kritische Geister, die hier zur Vorsicht mahnten. Der prominenteste von diesen ist der Philosoph *Hegel*, der in seiner Habilitationsschrift *Orbitis Planetarum* von 1801 zeigte, daß es andere regelmäßige Reihen gibt, welche die Größen der Planetenbahnen darstellen, ohne daß sie eine Lücke zwischen Mars und Jupiter aufweisen würden. Er gibt als Beispiel eine Reihe an, die aus dem *Timaeus* des *Platon* stammt. Dies ist von *Hegels* Gegnern wohl bewußt dahingehend mißverstanden worden, daß er aus philosophischen Gründen die Existenz weiterer Planeten abstritte, und wird seitdem sowohl in der philosophischen wie naturwissenschaftlichen Sekundärliteratur immer weiter kolportiert.

Um so wichtiger war es, eine Bahn für den neuen Planeten zu bestimmen, damit man ihn wiederfinden konnte. Dies war eine Aufgabe, die unter den hier gegebenen Bedingungen viel schwieriger war, als es das entsprechende Problem im Falle des neuentdeckten Uranus gewesen war, denn damals gab es ja ältere Beobachtungen, so daß von dem neuen Planeten ein recht großer Bahnbogen vermessen war. Jetzt kannte man nur Messungen, die einen Zeitraum von 20 Tagen überdeckten. *Piazzi* versuchte sowohl eine parabelförmige Bahn als auch eine kreisförmige Bahn anzupassen, aber beide brachten keinen Erfolg, und auch andere Astronomen blieben erfolglos. Da veröffentlichte der damals 23 Jahre alte *Carl Friedrich Gauß* (1777–1855) Bahnelemente und vorausberechnete Positionen des neuen Planeten, die er nach einer von ihm entwickelten Methode gewonnen hatte, und mit diesen berechneten Positionen wurde der verlorengegangene Planet sofort wiedergefunden.

Der neue Planet hatte eine Bahn, die zwischen Mars und Jupiter liegt: *Bode* hatte also recht behalten. *Piazzi* gab dem neuen Mitglied des Sonnensystems den Namen Ceres nach der Schutzgöttin Siziliens.

Schon im März 1802 entdeckte *Olbers* in Bremen einen zweiten kleinen Planeten, den er Pallas nannte; 1804 fand *Karl Ludwig Harding* (1765–1834) in Lilienthal bei Bremen Juno und 1807 wieder *Olbers* den vierten, Vesta. Alle diesen neuen Planeten haben sehr ähnliche Bahnen, sie bilden eine neue Klasse von Objekten: die kleinen Planeten oder Planetoiden.

Der hier beschriebene Ablauf ist in vieler Hinsicht charakteristisch für astronomische Entdeckungen und übrigens auch für solche in nichtastronomischen Bereichen. Natürlich ist bei jeder Entdeckung eine gute Portion Glück notwendig. Dieses Glück kann aber nur derjenige haben, der die notwendigen instrumentellen und methodischen Hilfsmittel besitzt und sie aktiv einsetzt. Nur weil *Piazzi* einen Katalog präziser Sternpositionen erstellte, konnte ihm der «Stern» mit der veränderlichen Position auffallen, denn er hatte ein solches Verhalten ja nicht erwartet. Das war anders bei *Olbers* und *Harding*. Wegen der Entdeckung von *Piazzi* wußten sie, daß es kleine Planeten gibt. Sie wußten auch, daß diese sich durch ihre Positionsveränderung verraten, und konnten so danach suchen.

Mehr als 40 Jahre lang blieb es bei diesen vier kleinen Planeten. Dann wurden zuerst vereinzelt, später immer häufiger weitere Planetoiden gefunden, und die Zahl der Neuentdeckungen nahm immer dann besonders schnell zu, wenn neue Nachweismethoden eingesetzt wurden. Gegen Mitte dieses Jahrhunderts war die Zahl der Positionsmessungen schließlich so groß geworden, daß sich der Nachweis, um welchen der fast 5000 bekannten kleinen Planeten es sich bei der vermessenen Spur handelte, als das eigentliche Problem herausstellte. Hier hat erst die sorgfältige Registratur aller bekannter Bahnen und ihre laufende Verbesserung mittels neuer Beobachtungen, wie sie mit Hilfe der modernen Computer möglich wurde, Abhilfe geschaffen.

Kleine Planeten sind Himmelskörper mit überschaubaren Dimensionen. Besitzen die ersten, hellsten unter ihnen noch Durchmesser, die vergleichbar mit denen der großen Planetenmonde sind (Ceres 1032 km, Pallas 588 km), so betragen die der schwachen Planetoiden, wie sie heute noch laufend neu entdeckt werden, nur einige Kilometer. Die Zahl der Planetoiden hängt sehr deutlich von ihrer Größe ab: Jeder Faktor 10, um den die Nachweisgrenze des Durchmessers vermindert wird, bedeutet eine Zunahme der Anzahl der Objekte um einen Faktor 100. Trotzdem ist die Gesamtmasse der Planetoiden nur sehr gering, sie ist sicher wesentlich niedriger als die Masse der Erde.

Planetoiden findet man vorwiegend im Raumgebiet zwischen Mars und Jupiter. Ihre Bahnen sind natürlich Ellipsen, allerdings sind sie meist stärker exzentrisch als die der großen Planeten, und auch die Bahnebenen streuen stärker. Eine Statistik der Bahnen zeigt eine breite Verteilung der Bahnhalbmesser, es gibt aber charakteristische Lücken in dieser Verteilung. Diese gehören zu solchen Umlaufzeiten, die in enger Beziehung zur Umlaufperiode des Jupiter stehen. Wegen der Resonanz der Umlaufperioden übt Jupiter immer wieder gleichartige gravitative Störungen auf diese Bahnen aus und verändert sie so, daß sich kein kleiner Planet auf Dauer in einer solchen Bahn halten kann.

Einige kleine Planeten haben stark abweichende Bahnen, die sie näher an die Sonne heranführen als die Erde und sogar Venus, anderen halten sich ständig außerhalb der Saturnbahn auf. Es gibt Planetologen, die auch den äußersten Planeten, Pluto, zu den kleinen Planeten zählen.

Der äußerste Planet: Pluto

Pluto wurde 1930 von dem amerikanischen Astronomen *Clyde W. Tombaugh* (geb. 1906) am Lowell Observatorium nach einer systematischen Suche entdeckt. Die Existenz eines Planeten mit einer Bahn außerhalb der des Neptun war schon zu Beginn dieses Jahrhunderts von *Lowell* vorhergesagt worden. Dieser hatte ähnlich wie *Leverrier* und *Adams* aus den Restfehlern der Uranusbahn auf einen weiteren Planeten geschlossen. Die Entdeckung *Tombaughs* schien diese Hypothese dann auch zu bestätigen, allerdings war die Masse des neuen Planeten viel zu klein, um die gemessenen Störungen zu verursachen, wenn man von der geringen Helligkeit des Planeten nach üblichen Rezepten auf seine Masse schloß. Daher gab es ziemlich exotische Spekulationen über die Zusammensetzung dieses Planeten, um so doch noch eine Planetenmasse zu erzielen, die mit den Vorhersagen vergleichbar war.

All diese Überlegungen wurden recht unsanft auf den harten Boden der Realitäten heruntergeholt, als 1978 der Amerikaner *Christy* am U.S. Naval Observatorium mit einem Teleskop von nur 1.54 m Durchmesser zeigte, daß Pluto einen Mond besitzt, der dann den Namen Charon erhielt. Dieser Mond hat einen Durchmesser von etwa 800 km, etwa 1/3 des Durchmessers von Pluto selbst, und umkreist diesen in nur 20000 km Abstand in 6.39 Tagen. Damit konnte die Masse des Pluto eindeutig auf nur 2 Promille der Erdmasse bestimmt werden, und damit kann er auf gar keinen Fall für die Reststörungen des Uranus verantwortlich sein. Seine Entdeckung war also ein Zufall, allerdings einer, der auf einer sorgfältig organisierten, systematischen Suche beruht.

Wie Pluto daher in das Planetensystem eingeordnet werden sollte, ist noch offen. Da seine Bahn stark exzentrisch ist, führt sie ihn zum Teil näher an die Sonne heran als den Planeten Neptun. Daher ist auch der Vorschlag gemacht worden, es könne sich bei Pluto um einen ehemaligen Satelliten des Neptun handeln. Aber all dieses sind bisher unbewiesene Hypothesen.

Kometen

Wenn somit die Kenntnis von der Existenz der kleinen Planeten in unserem Sonnensystem erst relativ jungen Datums ist, gehören die Kometen schon viel länger zum Fundus der gesicherten Mitglieder. Zwar hat eine wichtige Lehrmeinung im Gefolge von *Aristoteles* die Kometen als atmosphärisches Phänomen eingestuft und abgestritten, daß es sich bei ihnen um Himmelskörper handele; seit *Tycho Brahe*, und endgültig seit den Untersuchungen von *Edmund Halley* (1656–1742), war dieses aber eine gesicherte Erkenntnis. Es war nach wie vor sehr schwierig abzuschätzen, welchen Rang diese Himmelskörper im Vergleich zu den Planeten haben. Ein Komet taucht plötzlich und unvermutet am Himmel auf, bewegt sich im Vergleich zu den Planeten sehr schnell und ändert dabei sein Aussehen von Tag zu Tag.

Das Aussehen eines Kometen muß vor allem in den Zeiten, als die nächtliche Außenbeleuchtung in den Städten noch nicht das Licht der Sterne und der Milchstraße überstrahlte, sehr eindrucksvoll gewesen sein. Wir sind heute durch Kondensstreifen von Flugzeugen, Scheinwerfern und Laserstrahlen an merkwürdige Himmelserscheinungen gewöhnt. Im ausgehenden Mittelalter konnte dagegen eine Kometenerscheinung zu einer Sensation werden, die als Menetekel interpretiert wurde. Darstellungen davon wurden sogar als Einblattdrucke auf Jahrmärkten feilgeboten. Die Bahnen der «neuen» Kometen sind sehr langgestreckte Ellipsen, deren sonnennaher Teil praktisch kaum von einer Parabel unterschieden werden kann. Nur in diesem Teil seiner Bahn ist ein Komet sichtbar, und dies bleibt auch so, wenn man die größten Teleskope zu Hilfe nimmt. Wenn er weiter von der Sonne entfernt ist als Jupiter, ist ein Komet sehr unscheinbar, denn den auffälligen Schweif entwickelt er erst, wenn er weniger als eine Astronomische Einheit von der Sonne entfernt ist.

Die meisten Kometen besitzen Umlaufzeiten von vielen tausend Jahren, daher kennen wir die Kometen-Population nur sehr

Abb. 51
Der Komet Halley im April 1986. *Edmund Halley* (1656–1742), der Zeitgenosse
Newtons, war nicht der Entdecker dieses Kometen, er erkannte aber zuerst, daß
sich die Kometenerscheinungen von 1607 und 1682 auf den gleichen Kometen
bezogen, und sagte seine Wiederkehr für 1758 voraus. Seine bisher letzte Wiederkehr fand 1985–86 statt.

unvollständig, und die meisten von ihnen sind Neuentdeckungen. Ihre jährliche Zahl schwankt etwas, liegt aber meist zwischen
10 und 20, und ein großer Teil davon wird von eifrigen Amateur-
Kometenjägern entdeckt. Viele bleiben immer sehr unscheinbar,
nur selten kommt einmal ein Komet vor, dessen Schweif den
Himmel über viele Grad hinweg überspannt.
    Lange Zeit herrschten auch in Kreisen der Naturwissenschaft-
ler sehr verworrene Vorstellungen von der typischen Masse eines
Kometen, sie wurde meistens maßlos überschätzt, wenigstens
wenn wir unsere heutigen Kenntnisse zugrunde legen. So glaubte
z.B. *Buffon* 1745, daß die Planeten entstanden seien, als die Sonne
von einem Kometen gerammt wurde. Er schätzte die Masse eines
Kometen also vergleichbar zu der der Sonne ein! Heute wissen
wir, daß Kometen im Vergleich zu anderen Himmelskörpern sehr
leichtgewichtig sind. Ihr Kern enthält den überwiegenden Teil der
Masse, und dieser ist mit einem Durchmesser von 20–30 km
bestenfalls vergleichbar mit den kleinsten bekannten Planetoiden.

Der riesige Schweif der Kometen besteht nur aus Gasen, die vom Kern abgedampft sind. Er enthält damit nur einen winzigen Bruchteil seiner Masse. Durch die GIOTTO-Kometenmission von 1986 zum Kometen Halley gibt es jetzt Bilder seines Kerns, auf denen man direkt sehen kann, was bis dahin nur Vermutung war: Der Kern eines Kometen ist ein Materiebrocken von etwa 20 bis 30 km Durchmesser mit unregelmäßiger Gestalt, der vorwiegend aus Eis besteht. Dieses Eis ist aber durch Beimengungen von Mineralstoffen, auch von komplexen Kohlenstoffverbindungen, stark verunreinigt. Die Bahn eines Kometen ist in der Regel eine langgestreckte Ellipse, die ihn für den größten Teil der Zeit weit fort von der Sonne in die fernsten Außenbereiche des Planetensystems führt. Hier nimmt der Körper eine Temperatur an, die nur wenige Grad über dem absoluten Nullpunkt liegt und bei der praktisch alle Stoffe eine feste Konsistenz annehmen.

Kommt dieser Körper aber in die Nähe der Sonne, dann wird er aufgeheizt, und der leicht flüchtige Teil der Verunreinigungen beginnt zu verdampfen. Dies setzt etwa bei Jupiterentfernung ein. Die Gasproduktion nimmt immer stärker zu, je näher der Komet an die Sonne herankommt. Da die Schwerkraft des Kometen nicht ausreicht, das freigesetzte Gas festzuhalten, strömt dieses frei in den Raum hinein. Dort erfährt es Wechselwirkungen mit dem Sonnenwind. Wie schon früher erwähnt, dampfen die obersten Schichten der Sonnenatmosphäre in den Weltraum ab, sie bilden einen ständigen Wind, der von der Sonne fortweht und dabei auch Teile des Sonnenmagnetfelds mitreißt. Am Ort der Erde weht dieser Wind noch mit einer Geschwindigkeit von 500–750 km s^{-1}. Dieser Wind reißt das abgedampfte Gas des Kometenkerns mit sich fort, ganz so, wie der irdische Wind die Rauchfahne eines Schornsteins mitreißt.

Die UV-Strahlung der Sonne zerlegt dabei die ursprünglich recht komplizierte Molekülstruktur des Kometengases und regt diese Moleküle darüber hinaus zum Leuchten an. Wir sehen daher den Kometenschweif im Licht solcher Zerfallsprodukte leuchten.

Beim Abdampfen vom Kometenkern reißt das Gas auch feste Stoffe mit sich, und daher kann man bei Kometen auch einen Staubschweif beobachten. Dieser wird sichtbar im gestreuten Sonnenlicht. Da seine Wechselwirkung mit dem Sonnenwind und seinen Magnetfeldern anders als die der Gasionen ist, hat der Staubschweif oft eine andere Form als der Gasschweif und weist geringfügige Richtungsunterschiede zu ihm auf.

Die Oortsche Wolke

Eine genaue Untersuchung der Kometenbahnen unter Einbeziehung aller Störungen zeigt, daß alle bisher nachgeprüften Kometen Ellipsenbahnen beschreiben, also echte dauerhafte Mitglieder des Sonnensystems sind, auch wenn ihre Bahn sie in Entfernungen von 20 000–40 000 Erdbahnradien führt. Bisher ist noch kein einziger echter interstellarer Komet nachgewiesen worden, d.h. ein Komet, dessen Bahn vor allen störenden Einflüssen der Planeten eine echte hyperbolische Gestalt hatte.

Man glaubt heute, daß die Kometen aus einem großen Reservoir stammen, der sogenannten Oortschen Wolke, die die Sonne in etwa 20 000–40 000 Erdbahnradien umgibt. Aus dieser Wolke, die etwa 10^{12}–10^{13} Kometen enthalten muß, werden von Zeit zu Zeit einzelne durch gravitative Störungen in ihrer Bahn abgelenkt und kommen so auf ihrer neuen Bahn in die Nähe der Sonne. Dies ist dann allerdings auch schon sehr bald das Ende dieses Kometen, denn jedes Mal, wenn er in die Nähe der Sonne kommt, dampft ein Teil seiner Masse ab. Man hat abgeschätzt, daß der Komet Halley bei jedem Umlauf eine Schicht von etwa 1–2 m Dicke durch Verdampfen verliert, so daß er spätestens nach einigen 1000 Umläufen nicht mehr existieren wird.

Je näher ein Komet der Sonne kommt, desto mehr Eis verdampft und desto kräftiger wird sein Schweif. Allerdings ist der Zusammenhang zwischen Helligkeit eines Kometen und seinem Abstand von der Sonne nicht sehr eng: Es gibt Helligkeitsausbrüche und das Verkümmern des Schweifs. Dies liegt daran, daß auf der Oberfläche des Kometen eine dunkle Kruste von den Verunreinigungen im Eis zurückbleibt, so wie man es bei alten Schneehaufen am Straßenrand im Frühjahr sieht. Das Gas für den Schweif strömt dann aus Spalten und Bruchstellen heraus, die Gasausbeute kann daher zeitlich sehr unregelmäßig ausfallen. Deshalb ist es immer eine riskante Angelegenheit vorherzusagen, wie hell und auffallend ein Komet werden wird. Viele Astronomen haben sich dabei schon blamiert.

Es gibt noch eine weitere Gefahr für das «Überleben» eines Kometen. Kommt er zufällig in die Nähe von Jupiter oder Saturn, dann reicht die Anziehungskraft dieser Planeten aus, um seine Bahn signifikant zu verändern. Seine eigene Masse ist viel zu gering, um auf die Bahnen der Planeten meßbare Wirkungen auszuüben, seine eigene Bahn kann aber so verändert werden, daß er das Sonnensystem für immer verläßt, also zu einem interstellaren Irrläufer wird. Eine andere Möglichkeit ist die, daß er für immer in der Nähe der Sonne bleibt. Seine Lebensdauer wird dadurch natürlich bedeutend herabgesetzt, da die Sonnenhitze viel häufiger auf ihn einwirken kann. Man kennt inzwischen ca. 150 sogenannte kurzperiodische Kometen mit Umlaufperioden zwischen 1 und 30 Jahren. Sie alle müssen einst aus langperiodischen Kometen entstanden sein, auch wenn wir das im Einzelfall nur vermuten können.

Die Entstehung des Planetensystems

Auch nachdem *Giordano Bruno* gegen Ende des sechzehnten Jahrhunderts die Sonne als nur einen Stern in der unendlichen Schar der sich in der Tiefe des Raumes erstreckenden Vielheit von ähnlichen Systemen erkannte, auch nachdem *Herschel* unsere Milchstraße als nur ein einzelnes Mitglied der unermeßlichen Schar der «Nebelflecken» postulierte, blieb doch das Planetensystem so sehr der Inbegriff dessen, was man als Kosmos ansprach, daß unter dem Begriff «Kosmogonie» fast ausschließlich die Kosmogonie des Planetensystems verstanden wurde. Erst in diesem Jahrhundert wird die Entstehung des Planetensystems als etwas verstanden, das von der allgemeinen Sternentstehung verschieden ist.

Natürlich heißt dies nicht, daß die Sternentstehung und die Entstehung des Planetensystems voneinander unabhängig sein müssen. Im Gegenteil, es gibt Vorstellungen, nach denen diese beiden Vorgänge eng miteinander verknüpft sind, und zwar sowohl in der Hinsicht, daß man die Entstehung bestimmter Sternklassen nur dann verstehen kann, wenn man eine Entstehung von Planetensystemen annimmt, als auch, daß die Entstehung unseres Planetensystems nur im Zusammenhang mit der Entstehung der Sonne begreifbar ist.

Eine solche Verknüpfung ist aber nicht zwingend, und daher gibt es Theorien, in denen die beiden Arten von Kosmogonien völlig unabhängig voneinander sind. Das größte Problem bei der Aufstellung einer naturwissenschaftlichen Kosmogonie des Planetensystems ist, daß wir nach wie vor nur von der Existenz eines einzigen Planetensystems wissen. Deshalb besitzen wir keine empirischen Handhaben zu entscheiden, was an den Eigenschaften des Planetensystems die Wirkung einer Kombination von zufälligen Anfangsbedingungen ist und was notwendigerweise mit der Entstehung und Entwicklung eines solchen Systems verknüpft ist. Bereits ein einziges weiteres Planetensystem könnte manche Spekulation ausräumen, aber allen Bemühungen zum Trotz ist unser Planetensystem nach wie vor einzig bekannte. Ob die folgenden Eigenschaften daher wirklich notwendigerweise von einer realistischen Planetenkosmogonie erklärt werden müssen, ist noch offen. Solche charakteristischen Merkmale des Sonnensystems sind:

Die Bahnebenen der großen Planeten weichen um weniger als 5° voneinander ab, und dieser Winkelbereich schließt auch die Äquatorebene der Sonne ein. Die Bahnen sind sehr kreisähnlich und werden alle im gleichen Umlaufsinn durchlaufen, der ebenfalls mit dem Drehsinn der Sonne übereinstimmt. Auch die Planeten selbst rotieren im gleichen Sinn (Ausnahmen sind Venus und Uranus).

98,5% der Gesamtmasse des Sonnensystems sind in der Sonne konzentriert, aber nur 2% des Drehimpulses. Der Rest steckt in der Bahnbewegung der Planeten.

Die Abstände der Planeten von der Sonne werden näherungsweise durch die Titius-Bodesche Reihe beschrieben.

Die chemische Zusammensetzung der Planeten weist eine sehr große Verwandtschaft mit der chemischen Zusammensetzung der Sonne auf. Es gibt dabei aber eine systematische Zunahme des Gehalts an flüchtigen Elementen mit wachsendem Abstand von der Sonne.

Es hat seit den Zeiten *Newtons* schon viele kosmogonische Szenarien für das Planetensystem gegeben. Wenn diese auch meist als Theorien bezeichnet werden, waren es bis zu den fünfziger Jahren dieses Jahrhunderts eigentlich immer nur erste skizzenhafte Ansätze, ohne daß quantitative Details durchgerechnet werden konnten, und daher scheint mir die Bezeichnung Szenarium dafür besser zu sein als Theorie. In den Naturwissenschaften wird dieser Begriff übrigens völlig wertneutral verwendet. Vorstellungen von einer theatralischen Inszenierung schwingen nicht mit.

Eine Änderung begann erst mit den Bemühungen *Weizsäckers*, der die alte Kant-Laplacesche Nebularhypothese wiederbelebte. Alle heute gängigen Modellvorstellungen bauen auf diesen Ansätzen auf.

Danach ist das Planetensystem durch das Zusammenwirken bzw. das Wechselspiel von Gravitationsinstabilität einer Gas- und

Staubwolke, dem Gasdruck und dem Drehimpuls bei der Bildung
der Sonne entstanden. Wenn die Gravitationskraft überwiegt und
sich im Inneren der Wolke eine Verdichtung ausbildet, dann verhindert der Drehimpuls, daß alle Wolkenmaterie dieser Tendenz
folgt – es bildet sich eine rotierende Scheibe um die Ursonne aus,
die durch die Zentrifugalkraft der Rotation im Gleichgewicht
gehalten wird. Im Zentralgebiet entsteht relativ schnell die Sonne,
und diese beginnt zu leuchten. Dadurch wird die Scheibe aufgeheizt, nahe der Sonne auf höhere, in größerer Entfernung davon
auf niedrigere Temperaturen.

Über die chemische Zusammensetzung der interstellaren
Wolke, aus der Sterne wie die Sonne entstanden und aus der sich
deshalb auch das Planetensystem gebildet haben muß, wissen wir
seit etwa 10 Jahren relativ gut Bescheid. Wie bereits früher in
Kapitel 4 dargelegt, sendet kühles atomares Gas und auch Gas,
das aus komplizierten Molekülen besteht, eine charakteristische
Linienstrahlung aus, deren Wellenlängen im Zentimeter- bis Mil-
limeter-Bereich liegen. Mit Hilfe moderner Radioteleskope und
den dazugehörenden Empfangsanlagen kann man diese Strahlung nachweisen und so die chemische Zusammensetzung der
sogenannten Molekülwolken bestimmen.

Die Außenbereiche der Wolken bestehen vorwiegend aus atomarem Wasserstoff, weiter innen, in den dichten Bereichen, die
vor aggressiver Ultraviolettstrahlung abgeschirmt sind, findet
sich dann eine Vielzahl komplizierter sogenannter «organischer»
Verbindungen aus Wasserstoff, Kohlenstoff, Stickstoff und Sauerstoff sowie oft noch anderen Elementen. Diese Verbindungen sind
jedoch nicht Zeugen von Lebensprozessen, sondern das Resultat
abiotischer Synthesevorgänge.

Wenn das Gas wegen seines Drehimpulses zwar nicht auf die
Sonne herabregnen kann, so kann es sich doch ungestört zur
Scheibe konzentrieren. Aus dem Gas fällen die unterschiedlichen
chemischen Verbindungen aus, und diese sammeln sich innerhalb
weniger tausend Jahre in der Scheibe an. In dem Bereich, der
später den Merkur hervorbringen sollte, sind dies Silikate und
Eisen bzw. Nickelverbindungen, im Bereich der Erdbahn wurde
Eis mit vielen Verunreinigungen ausgefällt, und weiter außen
überwogen dann immer mehr leichtflüchtige Verbindungen. Die
Materie, die aus dem Gas der interstellaren Wolke herauskonden-
sierte, bestand daher aus einem komplexen Gemisch verschiedener Materialien, neben mineralischen Stoffen in Wasser bzw. Eis

gelösten organischen Molekülen, Alkoholen, evtl. sogar öligen bzw. paraffinähnlichen Stoffen.

Dies Material lag zunächst in kleinen Körnern vor, die durch gegenseitige Kollision zu immer größeren Planetesimalen zusammenklumpten, aus denen sich dann schließlich die Planeten bildeten. Mit Planetesimalen werden die hypothetischen Zwischenstufen bei der Bildung der Planeten bezeichnet. Wie ihr genauer Aufbau aussieht, ist nach wie vor unsicher, man stellt sich aber relativ lockere Ansammlungen verschiedener Kondensate vor, steinartige Gebilde, die von schneeartigen Stoffen, Wassereis, aber auch von verschiedenen Kohlenwasserstoffen zusammengehalten werden. Es ist unklar, ob es noch heute solche Planetesimalen gibt, manche Forscher halten die Kometen jedoch für solche Überbleibsel, und auch einzelne Asteroiden könnten dazugehören. Die Planeten sind also «kalt» entstanden, sie waren nie glutflüssig, und die Aufheizung in ihren Innenbereichen ist durch eine Kombination von freiwerdender Schwereenergie und radioaktiver Aufheizung erfolgt. Das Material der Scheibe ist zum Teil bei der Bildung der Planeten verbraucht worden, der Rest ist schließlich vom Sonnenwind und der Strahlungsenergie der Sonne fortgeblasen worden und hat dabei den überschüssigen Drehimpuls des Sonnennebels mit sich genommen.

Die Kerne von Kometen sind noch Überreste aus dieser Phase der Entwicklung des Planetensystems, auf die auf eine heute noch nicht ganz geklärte Weise ein zusätzlicher Drehimpuls übertragen wurde, so daß sie in Entfernungen von 20 000–40 000 Astronomischen Einheiten hinausbefördert wurden. Dort bilden sie nun die Oortsche Wolke, aus der immer wieder neue Kometen ins Innere des Planetensystems in die Nähe der Sonne geschickt werden.

Die kleinen Planeten finden wir in einem Bereich, in dem die große Masse des Planeten Jupiter verhindert hat, daß sich ein echter Planet bilden konnte; auch die geringe Masse des Mars ist dadurch verursacht. Wahrscheinlich sind manche kleinen Planeten ebenfalls noch Überreste der Planetesimalen, die inzwischen die leicht flüchtigen Bestandteile verloren haben und daher nicht mehr als Kometenerscheinung auffallen.

Die vielen Einschlagkrater auf dem Mond und anderen Mitgliedern des Planetensystems sind demnach fossile Zeugen der letzten Phasen der Entstehung der Planeten, als es immer noch relativ viele Planetesimale im Sonnensystem gab. Monde und Planeten kollidierten immer wieder mit solchen Gebilden, und jede Kollision hinterließ einen Einschlagkrater. Auch die Abstände der Planeten von der Sonne hängen sicher vom Entstehungsmodus ab. In Simulationsrechnungen ergab sich immer wieder eine Anordnung, die derjenigen unseres Planetensystems sehr ähnlich ist. Eine genaue Reproduktion der Titius-Bodeschen Reihe der Bahnradien ergab sich allerdings nicht, und daher ist noch immer unbekannt, ob diese Beziehung tatsächlich eine gesetzmäßige Relation ist oder ob sie nur ein Zufallsprodukt darstellt.

Wenn diese Vorstellungen richtig sind, dann ist die Bildung eines Planetensystems ein relativ häufiger Vorgang im Universum, denn alle Sterne, die nicht Mitglied eines Doppel- oder Mehrfachsternsystems sind und die eine langsame Rotation um ihre Drehachse aufweisen, sollten ein Planetensystem besitzen. Dieses wäre nämlich maßgeblich daran beteiligt, die normalerweise recht hohe Rotationsgeschwindigkeit der Sterne abzubauen. In der Tat hat man bei mehreren relativ jungen Sternen mit langsamer Rotation Staubscheiben nachweisen können, welche die Sterne umgeben, der Nachweis von Planeten war dagegen bisher noch nicht möglich.

Kapitel 9:
Astrophysik als Naturwissenschaft

Physik und Astronomie

Wohl jedem Astronomen ist schon einmal die Frage gestellt worden, was denn der Unterschied zwischen Astronomie und Astrophysik sei. Nach einer weitverbreiteten Meinung ist die Astrophysik der moderne, aktuelle Teil der Disziplin, während die Astronomie als der klassische Teil angesehen wird, dessen Wurzeln bis zur griechischen Antike reichen. In dieser Einschätzung ist natürlich ein Körnchen Wahrheit, denn als Astrophysik wurden die Methoden bezeichnet, die aus der spektroskopischen und photometrischen Analyse des Sternlichts auf den physikalischen Zustand der Sterne zu schließen suchten und die im letzten Drittel des neunzehnten Jahrhunderts aufkamen. Astronomie war dann alles andere, vor allem die Positionsastronomie und die Himmelsmechanik.

Dieser Unterschied ist aber im Laufe der letzten zwanzig Jahre immer stärker verwischt worden. Moderne Meßmethoden aus Radioastronomie und Optik wurden auf astrometrische Fragen angewendet, und die Ergebnisse davon spielten plötzlich in der Kosmologie eine große Rolle. Andererseits wurden spektroskopische Untersuchungen in umfangreichen Katalogen zusammengefaßt, die in nichts den klassischen astrometrischen Katalogen nachstehen. Daher werden Astronomie und Astrophysik heute weitgehend als Synonyme aufgefaßt.

Ein zweiter Unterschied wird heutzutage ebenfalls oft verwischt: der zwischen Astrophysik und Physik allgemein, die Astronomie wird als Teilgebiet der Physik angesehen. Richtig an dieser Meinung ist, daß in der Tat die Physik zur wichtigsten Hilfswissenschaft der Astronomie geworden ist. Ohne Physik wäre keine Astrophysik möglich, das Verhältnis der beiden zueinander ist ganz ähnlich der Beziehung, die schon früher zwischen Astronomie und Mathematik bestand.

Trotzdem ist die Meinung, die Astronomie sei Teilgebiet der alles umfassenden Physik, nicht akzeptabel. Die Astronomie ist eine selbständige Wissenschaft, was ihre Art zu argumentieren, ihre Forschungsgegenstände und nicht zuletzt was ihre Forschungstraditionen betrifft. Die Arbeitsmethoden sind unterschiedlich, wenn auch in den letzten Jahren manche indirekte Vorgehensweisen in der Physik durchaus an astronomische Methoden erinnern. Die Existenz der Forschungsobjekte kann in der Astronomie oft nur mittelbar, auf indirekte Weise, erschlossen werden. Dies ist heute in der Hochenergie-Physik oft nicht anders, wenn atomare oder subatomare Partikel nur mittelbar erschlossen werden können.

Ein wichtiger Unterschied besteht ferner darin, daß der Physiker fast immer gezielte Experimente mit seinen Forschungsobjekten anstellt. Macht er dies auf geschickte Weise, dann bekommt er von der Natur eine direkte Antwort auf seine Fragen, ohne daß Komplikationen durch andere Nebeneffekte auftreten. Ein solches Vorgehen verbietet sich aber in der Astronomie – von ganz wenigen Ausnahmen abgesehen. Wir können mit Himmelskörpern keine Experimente anstellen, die Dimensionen und die Energiemengen, die dabei eine Rolle spielen, machen dies unmöglich. Oft sind auch die Zeitskalen, in denen die Wirkung eintreten würde, für einen menschlichen Experimentator viel zu lang.

Wenn, nur um ein Beispiel anzuführen, eine interstellare Expedition zum nächsten Stern ausgesandt würde, dann könnten wir die ersten Antworten erst in etwa 1000 Jahren erwarten, wenn mit realistischen Beschleunigungen gearbeitet wird. Das bedeutet, daß eine solche Expedition zur Zeit Karls des Großen hätte ausgesandt werden müssen, wenn uns heute die Ergebnisse erreichen sollten. Welche Antworten von Menschen eines so entfernten Kulturkreises können aber für die Naturwissenschaft von heute von Interesse sein? Natürlich würde uns interessieren, wie Menschen aus so lange vergangener Zeit denken und handeln, aber das ist dann keine Frage der Physik oder Astronomie!

Da Experimente nur selten in der Astronomie eingesetzt werden können, spricht man in dieser Disziplin fast nur von Beobachtungen und Messungen, und nur dann, wenn komplizierte Meßapparate eingesetzt werden, redet man von Experimenten. Der Begriff «Experiment» meint dann aber die Meßapparatur, nicht das Forschungsobjekt!

Dieser unterschiedliche Ansatz hat noch eine weitere Nebenwirkung. Da die zu untersuchenden Vorgänge nicht herauspräpariert werden können und nicht unter kontrollierten Bedingungen ablaufen, ist die Analyse oft viel komplizierter und somit unsicherer als in der Physik. Die Astronomen haben daher schon von jeher oft nur statistische Aussagen machen können und technische Hilfsmittel benutzt, um die Datenflut zu bewältigen.

Allerdings schwindet dieser Unterschied mehr und mehr, denn auch die Hochenergiephysiker müssen bei ihren Untersuchungen der kleinsten Materiebausteine, der Quarks, viele tausend Blasenkammeraufnahmen durchsuchen, um schließlich die wenigen charakteristischen Ereignisse auffinden zu können. Dies ist vom Ansatz her gar nicht so verschieden von der Arbeitsweise der Astronomen!

Entwicklungsgeschichte als Thema der Astrophysik

Ein wesentlicher Unterschied bleibt jedoch zwischen den Objekten der Forschungstätigkeit der Physik und der Astronomie bestehen: In der Physik bildet die Entstehungsgeschichte der Gegenstände kein Forschungsthema. Man untersucht etwa, wie die Strömung in einer Flüssigkeit abläuft, wie die Vorgänge in einem Hochtemperaturplasma mit Magnetfeldern und starken elektrischen Strömen aussehen oder welche Eigenschaften ein kristalliner Festkörper besitzt. Wenn man aber fragt, wie diese Objekte entstanden sind, dann verläßt man schon das Forschungsgebiet der Physik. Diese Fragen fallen unter die Aufgaben von Technik oder Geologie, sie sind nicht Gegenstand der Physik. Die Frage, wie ein Atom entstand, ist kein physikalisches Problem, denn die Gesetze der Quantenmechanik sind gerade so, daß Konfigurationen, wie Atome sie darstellen, sich bevorzugt bilden. Ein Atom hat keine Geschichte, ebensowenig wie dies ein Steinsalzkristall als abstrakter Begriff hat. Kochsalz in wäßriger Lösung hat aus ganz bestimmten physikalischen Gründen die Eigenschaft, sich in der Form regelmäßiger Kristalle anzulagern, wenn die Salzkonzentration im Wasser einen bestimmten Wert überschreitet. Die Untersuchung dieser Frage ist Thema der Physiker, die Struktur und Bildungsbedingungen von Salzlagerstätten fällt aber in das Arbeitsgebiet der Geologie.

Wenn ein Atom selbst auch geschichtslos ist, dann ist die Entstehungsgeschichte der chemischen Elemente sehr wohl ein

Thema sowohl der Physik als auch der Astrophysik. Physik ist die Untersuchung der verschiedenen Reaktionen, mittels derer aus den Elementarteilchen schrittweise die verschiedenen chemischen Elemente aufgebaut werden. Die Astrophysik gibt den Rahmen und klärt die Umstände, unter denen dies abgelaufen ist. Es muß allerdings zugegeben werden, daß hier der Unterschied zwischen Physik und Astrophysik etwas konstruiert und künstlich wirkt. Das gilt in noch stärkerem Maße für die noch früheren Zeiten im Kosmos, als Energiedichten eine Rolle spielten, wie sie nur damals auftraten und wie sie später nie mehr erreicht wurden. Astronomie und Physik sind für diese Zeiten tatsächlich ein und dieselbe Disziplin.

In der alltäglichen Astrophysik kann man dagegen den Unterschied sehr wohl machen und begründen. Wenn wir den Bau von Sternen studieren, dann ist die Geschichte, wie es zu diesem konkreten Sterntyp kam, ein integraler Bestandteil des Forschungsprogramms, ja es ist oft sogar so, daß erst die Geschichte einen Ansatz für das Verständnis mancher Details im Aufbau vieler Sterne liefert. Dasselbe gilt auch bei der Einschätzung bestimmter Eigenschaften unseres Planetensystems. Erst wenn wir seinen Bildungsmechanismus kennen, können wir die Bedeutung mancher Eigenschaften des Planetensystems bewerten.

Leistungsgrenzen astronomischer Teleskope

Physikalische Grundlagenforschung bedeutet heute, Großforschung zu betreiben. In der Astronomie war dies schon immer so, auch schon zu Zeiten, als es eine nennenswerte physikalische Forschung überhaupt noch nicht gab. Die Instrumente *Tycho Brahes* stellten Spitzenleistungen der Ingenieurkunst der zweiten Hälfte des sechzehnten Jahrhunderts dar, und die Teleskope *Wilhelm Herschels* waren technische Meisterleistungen seiner Zeit. Auch heute ist dies nicht anders; die Instrumente, mit denen heute Spitzenforschung betrieben wird, stellen extreme Anforderungen an die Leistungsfähigkeit der derzeit verfügbaren Technologie. Dabei ist es gleichgültig, ob es sich bei den Teleskopen um solche für den optischen Bereich, für Radiowellen oder für das ferne UV oder den Röntgenstrahlenbereich handelt.

Von einem astronomischen Teleskop der Spitzenklasse wird nicht erwartet, daß es einen Rekord in seinen äußeren Dimensionen erbringt, sondern daß es Spitzenwerte für zwei wesentliche

Meßgrößen liefert: die Abbildungsschärfe und die Empfindlichkeit für schwache Signale. Die Abbildungsschärfe liefert die Grenze für die feinsten Details, die ein Teleskop noch darstellen kann, und gleichzeitig die Grenze, mit der die Richtung zum betreffenden Objekt gemessen werden kann. Und die Bedeutung der Empfindlichkeit für die Wirksamkeit eines Teleskops dürfte offensichtlich sein.

Tycho Brahes Meßgeräte in seiner Sternwarte Uraniborg auf der Insel Hveen im Öresund trieben die Meßgenauigkeit für Sternpositionen auf den bis dahin unvorstellbar geringen Betrag von etwa einer Bogenminute. Diese Grenze war durch die Abbildungsschärfe des menschlichen Auges bedingt, und sie war ohne zusätzliche optische Hilfsmittel nicht zu übertreffen. Erst als spätere Astronomen Fernrohre bei der Winkelmessung zu Hilfe nahmen, konnten sie die Genauigkeit der Positionsmessungen entscheidend verbessern.

Eine zweite Eigenschaft der Teleskope war schon *Galilei* bei seinen Erkundungen am Himmel mit dem neuen Instrument aufgefallen: Mit einem Teleskop sind viel schwächere Sterne sichtbar als mit dem bloßen Auge. Diese Eigenschaft nutzte *Wilhelm Herschel* mit seinen Riesen-Spiegelteleskopen aus. Er sah viel schwächere Objekte als irgend jemand sonst vor ihm. Seine Technik des Teleskopbaus wurde von *William Rosse* (1800–1867) übernommen und weiterentwickelt, und ihm glückte gegen 1850 mit seinem «Leviathan von Parsonstown» schließlich die Erkenntnis, daß viele «Nebelflecke» eine spiralige Struktur besitzen.

War für diese Entdeckung ein Teleskop mit einem Spiegel von 6 Fuß (1.83 m) Durchmesser nötig, so reichte *Roberts* 1887 ein Instrument mit einem Durchmesser von nur 50 cm, um die Spiralstruktur des Andromedanebels zu photographieren. Die Reichweite eines Teleskops hängt somit nicht nur von von seinen optischen Eigenschaften ab, sondern auch ganz entscheidend davon, wie das Signal nachgewiesen wird, von dem «Detektor» also. Der Übergang vom menschlichen Auge zur photographischen Platte bedeutete hier einen so gewaltigen Fortschritt, daß er einen Faktor 13 der aufsammelnden Teleskopfläche aufwiegen konnte.

Wenn Abbildungsschärfe und Empfindlichkeit somit die beiden wichtigsten Eigenschaften eines Teleskops sind, die seine Qualität charakterisieren, ist natürlich von Interesse, wie diese von den geometrischen und sonstigen Teleskopparametern abhängen und wo die Grenzen des Erreichbaren liegen. Die Angelegenheit scheint am einfachsten bei der Abbildungsschärfe zu liegen.

Denn allein die Tatsache, daß Licht durch einen elektromagnetischen Wellenvorgang dargestellt wird, bedingt, daß das Bild einer punktförmigen Lichtquelle immer eine endliche Ausdehnung besitzt. Wenn alle anderen störenden Einflüsse ausgeschaltet sind, dann hängt diese Ausdehnung nur vom Durchmesser der abbildenden Optik ab: je größer die Optik, desto schärfer das Bild. Beobachten wir einen Stern mit dem bloßen Auge, dann ist der Pupillendurchmesser von ca. 3 mm dafür verantwortlich, daß die kleinsten sichtbaren Details etwa eine Bogenminute groß sind. Ein Teleskop mit einem Objektiv von 14 cm Durchmesser erreicht dann eine Auflösung von etwa 1″, während ein Spiegelteleskop von 140 cm schon 0.1″ erreichen würde, wenn nicht andere störende Einflüsse hier eine Grenze setzen würden.

Damit das theoretische Auflösungsvermögen erreicht wird, muß die abbildende Optik dafür sorgen, daß sich im Bildpunkt alle vom Objektpunkt ausgesandten elektromagnetischen Wellen phasengerecht so zusammenfügen, daß immer Wellenberg auf Wellenberg und Wellental auf Wellental trifft. Nur dann erreichen wir die optimale Energiekonzentration im Bildpunkt und die maximal mögliche Schärfe. Die Flächen der Teleskopoptik müssen daher mit einer Genauigkeit hergestellt werden, deren Fehler nur Bruchteile der Wellenlänge des Lichtes betragen dürfen, für die das Teleskop gedacht ist. Für ein Spiegelteleskop heißt dies, daß die Spiegelfläche auf 50 nm genau sein muß. Dies ist etwa der tausendste Teil des Durchmessers eines Haares, also eine unvorstellbar kleine Größe. Und mit dieser Genauigkeit muß die Spiegelfläche nicht nur hergestellt werden, der Spiegel muß diese Genauigkeit auch während des Betriebs in jeder Lage des Teleskops einhalten. Hierdurch werden natürlich sehr große Anforderungen an die mechanischen Eigenschaften der sogenannten «Teleskopmontierungen» gestellt, eine andere Konsequenz ist aber wahrscheinlich überraschender: der Aufstellungsort des Teleskops wird von überragender Bedeutung für die erreichbare Leistungsfähigkeit.

Wo baut man am besten eine Sternwarte?

Von ganz großer Bedeutung für den Gebrauchswert eines Teleskops ist sein Aufstellungsort. Wenn ein Ort doppelt so viele klare

Nachtstunden aufweist wie ein anderer, dann ist ein Teleskop am ersten Ort soviel wert wie zwei am anderen. Daher sind auch erhöhte Reise- und Aufenthaltskosten für den besseren Aufstellungsort wirtschaftlich durchaus vertretbar. Dies führte z.B. dazu, daß die Europäische Südsternwarte (*European Southern Observatory* = ESO) ihr großes Observatorium in Chile am Rande der Atacama-Wüste errichtete – trotz der großen Betriebs- und Reisekosten. Der Erfolg hat diese Wahl bestätigt und dazu geführt, daß das neue Instrument der ESO, das VLT-Teleskop aus vier 8-m-Spiegelteleskopen, sogar noch weiter in die Wüste hinein, auf dem Cerro Paranal, errichtet werden wird.

Neben der Zahl der klaren Nachtstunden ist für die Qualität des Aufstellungsortes eines Teleskops noch eine zweite Größe wichtig, die von den Astronomen als «Seeing» bezeichnet wird. Die Teleskopoptik wandelt die Wellenfront des einfallenden Lichts in eine Kugelwelle um, die im Brennpunktsbild konvergiert; dabei ist die Wellenfront des einfallenden Lichts im Idealfall eine Ebene. Wenn nun diese einfallende Wellenfront bereits gestört ist, dann pflanzt sich diese Störung auf die Kugelwelle fort, und das Fokalbild erreicht nicht seine Idealform, sondern wird verschmiert. Der Grad, um den die Wellenfront des Sternlichtes durch die Erdatmosphäre gestört wird, ist das «seeing». Offensichtlich ist ein Aufstellungsort mit möglichst gutem Seeing erwünscht.

Störungen der Wellenfront können in der Erdatmosphäre in Höhen bis zu 15 km entstehen, Ursache dafür sind geringfügige Variationen im Brechungsindex der Luft von Ort zu Ort, die durch Temperaturfluktuationen erzeugt werden. So etwas kommt vor allem in gestörten Wetterlagen vor, und deshalb ist Mitteleuropa keine besonders gute Wahl für den Aufstellungsort eines großen Teleskops, wenn man vielleicht von einigen Orten im Mittelmeerraum absieht. Merkwürdigerweise sind auch die besonders ruhigen Wetterlagen in Herbst und Winter mit starken Inversionen in der Temperaturschichtung der Atmosphäre, wenn der Boden bei klarem Himmel stark auskühlt und die bodennahen Luftschichten einen 100 bis 1000 m tiefen Kaltluftsee bilden, nicht günstig für astronomische Messungen. Warme und kalte Luft werden in den Grenzschichten miteinander verwirbelt, und dies führt dazu, daß die Sterne im Fernrohr keine scharfen Punkte bilden, sondern zu verwaschenen Flecken mit einigen Bogensekunden Durchmesser verschmiert werden.

Das beste Seeing findet man dort, wo die Luft eine lange Strecke über kühle Meeresflächen zurückgelegt hat. Und wenn dann das Teleskop in 2000–3000 m Höhe auf einem schlanken Berg aufgestellt ist, der die Luftströmung möglichst wenig stört, dann kann man scharfe Fernrohrbilder erwarten. Solche Plätze finden wir auf den hohen Berggipfeln von Hawaii oder den Kanarischen Inseln, aber auch in den Gebirgen von Kalifornien oder Chile. Dort treffen wir das beste Seeing an, und dort sind daher auch die großen Observatorien angesiedelt. In günstigen Augenblicken, die bestenfalls 1–2% der Nacht ausmachen, kann man dort Sternscheibchen mit 0.2″ bis 0.3″ Durchmesser erzielen.

Bei der anderen wichtigen Eigenschaft der astronomischen Teleskope, ihrer Empfindlichkeit für schwache Lichtsignale, scheint die Sache auf den ersten Blick viel einfacher zu liegen: Je größer das Teleskop, desto besser. Denn die Teleskopoptik konzentriert ja das gesamte Licht, das auf das Objektiv auftrifft, in das kleine Sternscheibchen in der Brennebene. Je größer der Teleskopdurchmesser, desto größer auch die Lichtmenge, und desto weiter reicht die Nachweisgrenze. Dies ist zwar prinzipiell richtig, bei schwachen Sternen muß allerdings ein anderer Effekt berücksichtigt werden: Die Sterne müssen vor einem schwach leuchtenden Hintergrund nachgewiesen werden. Dieser Hintergrund besteht aus den unterschiedlichsten Lichtquellen, aus einem schwachen Leuchten der Erdatmosphäre, aus dem Zodiakallicht, aus schwachen Sternen, die einzeln nicht nachweisbar sind, aus leuchtendem Gas und Staub und aus weit entfernten schwachen extragalaktischen Systemen. Wichtig ist, daß dieser Hintergrund überall vorhanden ist. Ein schwacher Stern macht sich daher nur dadurch bemerkbar, daß die Lichtmenge in einem kreisförmigen Gebiet, das ausreicht, das Sternscheibchen einzuschließen, verbürgbar größer ist als in einem Vergleichsfeld gleicher Größe ohne den Stern.

Je kleiner man die Vergleichsflächen wählen kann, desto weniger Einfluß wird die Hintergrundhelligkeit haben, und desto weiter reicht die Grenzgröße des Teleskops. Dadurch wird klar, welche Bedeutung das Seeing für die Reichweite der Teleskope hat. Im Rahmen dieser Überlegungen ist die Reichweite sogar vom Teleskopdurchmesser unabhängig, solange nur sichergestellt ist, daß die Abbildungsschärfe des Teleskops besser ist als das Seeingscheibchen.

Dies ist natürlich nur mit Einschränkungen richtig, denn das Verhältnis der Helligkeiten muß ja gemessen werden. Und dabei spricht die Tatsache eine Rolle, daß Licht aus Photonen besteht, von denen jedes eine bestimmte Energiemenge darstellt, deren Betrag nur von der Wellenlänge abhängt. Jede Lichtmessung läuft daher schließlich darauf hinaus, daß man Photonen zählt. Wenn also ein Intensitätsverhältnis mit einer vorgegebenen Genauigkeit gemessen werden soll, dann muß die Zahl der aufgefangenen Photonen eine solche Genauigkeit überhaupt zulassen. Denn die prozentuale Unsicherheit einer Anzahl wird um so geringer, je größer sie ist. Ein solches Verhalten ist ja aus Wahlprognosen bekannt – je größer die Stichprobe, desto genauer das Resultat. Ein großes Teleskop bedeutet eine große Stichprobe von Photonen des Sternlichts und damit eine größere Genauigkeit.

Eine sorgfältige Untersuchung dieser Verhältnisse zeigt, daß bereits Teleskope mit Durchmessern von 1.5–3 m die Grenze dessen erreichen können, was von der Erdoberfläche aus möglich ist, wenn man Licht eines breiten Spektralbereiches verwendet, so wie es z.B. von einem Farbfilter aus Glas herausgeblendet wird. Sobald aber eine spektrale Zerlegung des Lichts vorgenommen wird, dann herrscht ein solcher Mangel an Photonen, daß sehr große Teleskopdurchmesser von 10 m oder mehr erforderlich werden.

Um eine entscheidende Vergrößerung der Reichweite eines Teleskops im integralen Licht zu erzielen, muß die Abbildungsschärfe des Teleskops verbessert werden. Daher ist die Aufstellung der Teleskope in großen Höhen in Gebieten mit extrem gutem Seeing so wichtig. Noch besser wäre natürlich eine Position außerhalb der Erdatmosphäre. Dort fehlt nicht nur das Seeing völlig, dort ist zudem das volle elektromagnetische Spektrum der Messung zugänglich. Als daher das Hubble-Teleskop in 400 km Höhe als freifliegender Satellit in eine Erdumlaufbahn befördert wurde, setzten die Astronomen große Erwartungen in die Leistungsfähigkeit und Reichweite dieses Teleskops von immerhin 2.4 m Durchmesser. Die Enttäuschung war daher groß, als das Teleskop statt der erwarteten 0.1"-Auflösung wegen unerkannter Fehler bei der Herstellung des Spiegels nur etwa 1" Auflösung brachte. Es zeigte sich dann zwar, daß wegen der Eigenschaften der Bildfehler unter bestimmten, günstigen Umständen – wenn die darzustellenden Objekte eine geeignete Gestalt besitzen – doch fast die erstrebte Auflösung erzielt werden kann. Die erwünschte Energiekonzentration, die zur geplanten Reichweite des Teleskops führt, ist aber nicht zu erreichen. Viele interessante Objekte werden daher als Forschungsziel ausfallen, und es ist

zweifelhaft, ob es möglich sein wird, eine Korrekturoptik einzu-
bauen, die dann den Fehler weitgehend beheben würde.

Astronomische Teleskope als technisches Gerät

Der Konflikt zwischen Anforderungen und grundlegenden Grenzen der Leistungsfähigkeit astronomischer Teleskope muß bei der
Planung eines jeden neuen Teleskops immer wieder neu ausge-
tragen werden. Jedes Teleskop ist ein Kompromiß aus vielen wi-
dersprüchlichen Forderungen, und sicher spielen die technischen
und finanziellen Gegebenheiten zur Zeit des Baues dabei eine
wichtige Rolle. Eine Teleskopkonstruktion, die heute möglich ist,
mag vor 10 oder 20 Jahren noch undenkbar gewesen sein. Aber
ebenso kann die Wahl einer bestimmten Konstruktion, die vor 25
Jahren innovativ und wegweisend war, heute ein Zeichen von
Kleinmut und übergroßer Vorsicht sein. Teleskope sind wie andere technische Geräte auch Dokumente des technischen Entwick-
lungsstandes ihrer Entstehungszeit. Wie sich die Grundtendenzen
der Teleskopkonstruktion in den vergangenen 50 Jahren gewan-
delt haben, soll hier durch die Beschreibung einiger Teleskope, die
für die weitere Entwicklung wichtig waren, dargelegt werden.

Das 5-m-Hale-Teleskop auf dem Mt. Palomar

Am 3. Juni 1948, zehn Jahre nach dem Tod von *George Ellery Hale*
(1868–1938), wurde das 5-m-Teleskop auf dem Mt. Palomar offi-
ziell eingeweiht und auf seinen Namen getauft. *Hale* hatte das
Teleskop geplant, die Finanzierung des Baues organisiert und alle
Hindernisse bewältigt, die der Realisierung eines so großen Pro-
jekts entgegenstanden. Er hatte schon mehrfach das größte Teleskop seiner Zeit gebaut: 1895 den 40-Zoll-Yerkes-Refraktor, 1908
den 60-Zoll- und 1918 den 100-Zoll-Hooker-Reflektor auf dem Mt.
Wilson. Die Konstruktionsprinzipien des 200-Zoll-Teleskops auf
dem Mt. Palomar, die auf den technischen Möglichkeiten der 30er
Jahre beruhten, sollten den Teleskopbau für die nächsten 50 Jahre
bestimmen.

Aufgabe der Teleskopstruktur eines Reflektors ist ja nur, die
Form der dünnen Aluminiumhaut zu sichern, die das Sternlicht
im Brennpunktbild sammelt. Sie muß es möglich machen, daß der
Reflektor jede beliebige Richtung anpeilt und diese Position an
der Sphäre dann trotz der Erdrotation für längere Zeit verfolgt.

Der Spiegel ist aus Glas und trägt an seiner Oberfläche die reflektierende Silber- oder Aluminiumschicht. Solche Spiegel waren zuerst 1856 von *Carl August Steinheil* (1801–1870) in München und *Léon Foucault* (1819–1868) (der Mann mit dem Pendel!) in Paris hergestellt worden, und sie hatten sich den Metallspiegeln von *Herschel* und *Lord Rosse* als weit überlegen erwiesen. Vor allem deshalb, weil die Spiegelschichten erneuert werden konnten, ohne daß Politur und Korrekturzustand des Spiegels dadurch in Mitleidenschaft gezogen wurden. Schon der 60-Zoll- und der 100-Zoll-Reflektor waren mit Glasspiegeln ausgerüstet, und auch das 5-m-Teleskop sollte einen solchen Glasspiegel erhalten. Da dieser möglichst steif bei möglichst geringem Gewicht sein sollte, wurde eine Glasscheibe mit angegossenen Rippen auf der Rückseite gewählt. Trotzdem wiegt dieser Spiegel 55 Tonnen, und er würde sich unter seinem Eigengewicht viel zu stark verformen, um eine präzise optische Abbildung zu erlauben, wenn er nicht von einem raffinierten System flexibler Unterstützungen und Gegengewichte so unterstützt würde, daß er in jeder Stellung «schwimmt» und nur ganz leicht gegen drei feste Lagerpunkte gedrückt wird.

Spiegelzelle mitsamt Spiegel, Sekundärreflektor und die Strahlungsdetektoren in der Fokalebene – photographische Platten oder sonstige Geräte – werden von einer Rohrkonstruktion in der korrekten relativen Lage zueinander gehalten. Die Teleskopmontierung sorgt dann dafür, daß dieses «Rohr» um zwei senkrecht aufeinander stehende Achsen gedreht werden kann. Eine dieser Achsen ist dabei parallel zur Rotationsachse der Erde ausgerichtet, denn dann kann die Erdrotation einfach durch eine gleichmäßige Drehung um diese parallele Achse kompensiert werden. Solche Montierungsarten bezeichnet man als parallaktisch.

Ausgehend vom Gewicht des Spiegels und der Spiegelzelle, ergeben die Steifigkeitsanforderungen fast zwangsläufig das Gewicht der einzelnen Bauteile, und man kommt so zu einem Gesamtgewicht der Stahlkonstruktion von einigen hundert Tonnen. Und damit diese Masse mit der nötigen Feinheit und Präzision bewegt werden kann, waren besondere Anstrengungen für die Qualität der Lager nötig. So wurden die großen Lager, die die Polachse des Teleskops tragen, beim 5-m-Hale-Teleskop zum ersten Mal als Öldrucklager ausgeführt – eine Technik, die seitdem bei allen großen Teleskopen angewendet wurde.

Die Konstruktion des 5-m-Teleskops stellte eine extreme Kraftanstrengung der Technik der ersten Hälfte dieses Jahrhun-

Abb. 52
Das 5-m-Hale-Teleskop auf dem Mt. Palomar nach einer Zeichnung von Russel
W. Porter.

derts dar. Das Teleskop war erfolgreich, aber es herrschte weitgehend der Eindruck vor, daß damit gleichzeitig die Grenze des technologisch Möglichen erreicht sei, daß wesentlich größere Teleskope nicht sinnvoll wären. Denn man kann leicht abschätzen, daß bei gleichbleibendem Konstruktionsprinzip die Masse eines Teleskops mit der dritten Potenz der Dimensionen des Geräts zunehmen würde. Eine Verdoppelung des Durchmessers bedeutet dann eine Verachtfachung der Masse und damit der Kosten.

Es schien fraglich zu sein, ob die Zunahme der Schwierigkeiten, die bei einer Vergrößerung der Teleskopdimensionen erwartet werden mußte, mit den zur Verfügung stehenden technischen Mitteln bewältigt werden konnte. Diese Befürchtung wurde durch Erfahrungen mit dem russischen 6-m-Teleskop von 1975 verstärkt, da dieses nur bedingt erfolgreich war. Daher blieben die Teleskopneubauten der nächsten 30 Jahre mit Spiegeldurchmessern zwischen 3.50 und 4.20 m deutlich kleiner als das 5-m-Hale-Teleskop. Fortschritte in Richtung auf größere Teleskopdimensionen wurden erst möglich, als Konstruktionsprinzipien angewendet wurden, die sich beim Bau großer Radioteleskope bewährt hatten.

Radioteleskope: das 100-m-Teleskop in Effelsberg

Die Konstruktion empfindlicher Radioempfänger für den Mikrowellenbereich im Zuge der Entwicklung des Radar im letzten Weltkrieg 1939–45 hatte den großen Fortschritt der Radioastronomie in den Jahren danach möglich gemacht. Wurden zuerst die Radar-Richtantennen als Radioteleskope verwendet – der deutsche «Würzburg-Riese» war in den frühen fünfziger Jahren ein dafür häufig eingesetztes Gerät –, so ging die Entwicklung doch bald zu immer größeren Konstruktionen. Dies hatte die gleichen Gründe wie in der optischen Astronomie: je größer der Spiegel, desto besser das Winkelauflösungsvermögen und desto größer die Empfindlichkeit.

Die Montierungen der meisten Radioteleskope unterschieden sich in einigen Gesichtspunkten aber deutlich von denen optischer Teleskope. Radarspiegel hatten eine Anordnung der Achsen wie eine Kanone: eine senkrechte Drehachse und eine horizontale Kippachse. Diese Anordnung behielt man meistens auch bei dem Umbau in ein Radioteleskop bei. Es war dann zwar nötig, das Teleskop um beide Achsen zu drehen, wenn man einen himmelsfesten Punkt verfolgte, aber das stellte sich als ein zu bewältigendes Problem heraus.

Wenn nun die Teleskopgewichte bei wachsenden Spiegeldurchmessern immer größer wurden, bewährte sich ein anderer Vorteil dieser Achsanordnung. Die Lager haben immer eine feste Orientierung relativ zur Richtung der Schwerkraft im Gegensatz zu den Verhältnissen bei der parallaktischen Montierung astronomischer Teleskope. Damit wurden die Verhältnisse für den Konstrukteur viel einfacher. Zufälligerweise ergab sich Anfang der 60er Jahre sogar ein direkter Wettstreit dieser beiden Montierungsprinzipien, da etwa gleichzeitig zwei große Radioteleskope gebaut wurden, das eine, der 45-m-Spiegel in Green Bank, USA, mit einer parallaktischen Montierung, und der 64-m-Spiegel in Parkes, Australien, mit einer Azimutalmontierung. In Amerika gab es große Probleme beim Bau, eine Stahlbaufirma mußte sogar wegen unkalkulierter Kostensteigerungen Konkurs anmelden, während der Bau des Teleskops in Parkes planmäßig fertig wurde, und das bei Kosten, die deutlich unter denen des amerikanischen Teleskops lagen. Seitdem sind alle großen Radioteleskope als azimutale Montierungen ausgeführt worden.

Der zweite Unterschied der Bauprinzipien von optischem und Radioteleskop liegt in der Art, wie der Spiegel mit der Achskonstruktion verbunden wird. Optische Teleskope werden eigentlich immer noch so wie zur Zeit der langen Fernrohre gegen Ende des vorigen Jahrhunderts gehalten. Um die Mitte des Rohres wird ein fester Gürtel gelegt, so daß dieses möglichst gut ausbalanciert ist, und dieser Gürtel wird dann mit den Achsen verbunden. Ein Radiospiegel wird dagegen von seiner Rückseite gehalten und mit den Achsen verbunden. Ein Gleichgewicht wird dann nur mit Hilfe von Gegengewichten hergestellt. Eine Konstruktion mit einem festen Gürtel um den Außenrand des Spiegels würde ein viel zu großes Gesamtgewicht bedingen.

Für eine weitere Entwicklung der Anforderungen an die Radioteleskope war von Bedeutung, wie sich die Forschungsinteressen in der Radioastronomie veränderten. Betrafen die ersten radioastronomischen Messungen den Bereich der Dezimeterwellen, so verlagerte sich das Interesse bald zu immer kürzeren Wellenlängen, zu Zentimeter- und Millimeterwellen. Neben entsprechenden Auswirkungen auf die Empfängertechnik war dadurch auch die Antennentechnik betroffen. Wie ein optisches Teleskop konzentriert auch ein Radiospiegel die elektromagnetischen Wel-

len im Brennpunkt. Und damit der Spiegel einen guten Wirkungsgrad hat, muß dies phasengerecht geschehen: von allen Teilen des
Reflektors müssen Wellenberg auf Wellenberg, Wellental auf Wellental zusammentreffen. Deshalb darf die Reflektorfläche um
höchstens 10% der verwendeten Wellenlänge von der Idealfigur
abweichen. Wenn also ein Spiegel für eine Wellenlänge von 2 cm
brauchbar sein soll, dann darf sein Flächenfehler höchstens 2 mm
betragen.

Dies ist für eine Stahlkonstruktion dieser Größe eine starke
Forderung, ist aber machbar. Zum Problem wird sie, wenn man
bedenkt, daß dies keine Forderung für ein starres Gebilde ist, sondern daß sie noch immer erfüllt sein muß, wenn der Spiegel seine
Richtung relativ zur Schwerkraft um einen großen Winkel verändert hat. Die Lösung wurde in voller Konsequenz und mit durch-
schlagendem Erfolg zuerst in Deutschland mit dem 100-m-Tele-
skop in Effelsberg gefunden.

Die Radioastronomie hatte im Nachkriegsdeutschland einen
späten Start, denn lange Zeit waren Forschungsarbeiten im Bereich der Mikrowellen durch alliierten Kontrollratsbeschluß ver-
boten. Dies änderte sich erst im ersten Drittel der fünfziger Jahre,
und so wurde 1956 durch das 25-m-Teleskop auf dem Stockert in
der Eifel ein Anfang gemacht. Planungen und Bau eines großen,
wirklich leistungsfähigen Teleskops wurden dann ab Mitte der
60er Jahre von der VW-Stiftung finanziert, so daß eine kleine
Gruppe von Wissenschaftlern unter der Leitung von *Otto Hachen-
berg* (geb. 1911) zusammen mit Ingenieuren der Firmen Krupp
und MAN ihre Vorstellungen verwirklichen konnten. Hierbei ist
ein großes Radioteleskop herausgekommen, das noch 1990 von
einem bedeutenden amerikanischen Radioastronomen als das
«beste Radioteleskop der Welt» bezeichnet wurde.

Das Hauptproblem bei der Konstruktion des Teleskops war
die Frage, wie die Durchbiegung aufgrund des Eigengewichts
innerhalb der Spezifikationen gehalten werden konnte. Wie
schwierig dies ist, wird deutlich, wenn man erfährt, daß z.B. der
obere Spiegelrand eine Durchbiegung um 6 cm erleidet, wenn
der Spiegel aus der Zenith-Stellung zum Horizont gekippt wird.
Es ist außerordentlich schwer, diese Durchbiegung durch kon-
struktive Maßnahmen wesentlich zu verringern. Den Ausweg
aus dieser Beschränkung durch mechanische Grundprinzipien
brachte die Einsicht, daß für einen Teleskopspiegel ja gar nicht
das völlige Fehlen von Deformationen gefordert werden muß;

Abb. 53
Das 100-m-Teleskop in Effelsberg.

was benötigt wird, ist nur, daß alle Teile der Reflektoroberfläche um den gleichen Betrag verformt werden. Ja, man konnte sogar zulassen, daß die neue, deformierte Reflektorfläche eine andere Brennweite und eine verkippte Lage relativ zu der Ursprungsfläche einnimmt.

Um eine Konstruktion anzugeben, die ein solches Verhalten beim Kippen des Spiegels zeigt, sind natürlich aufwendige Be-

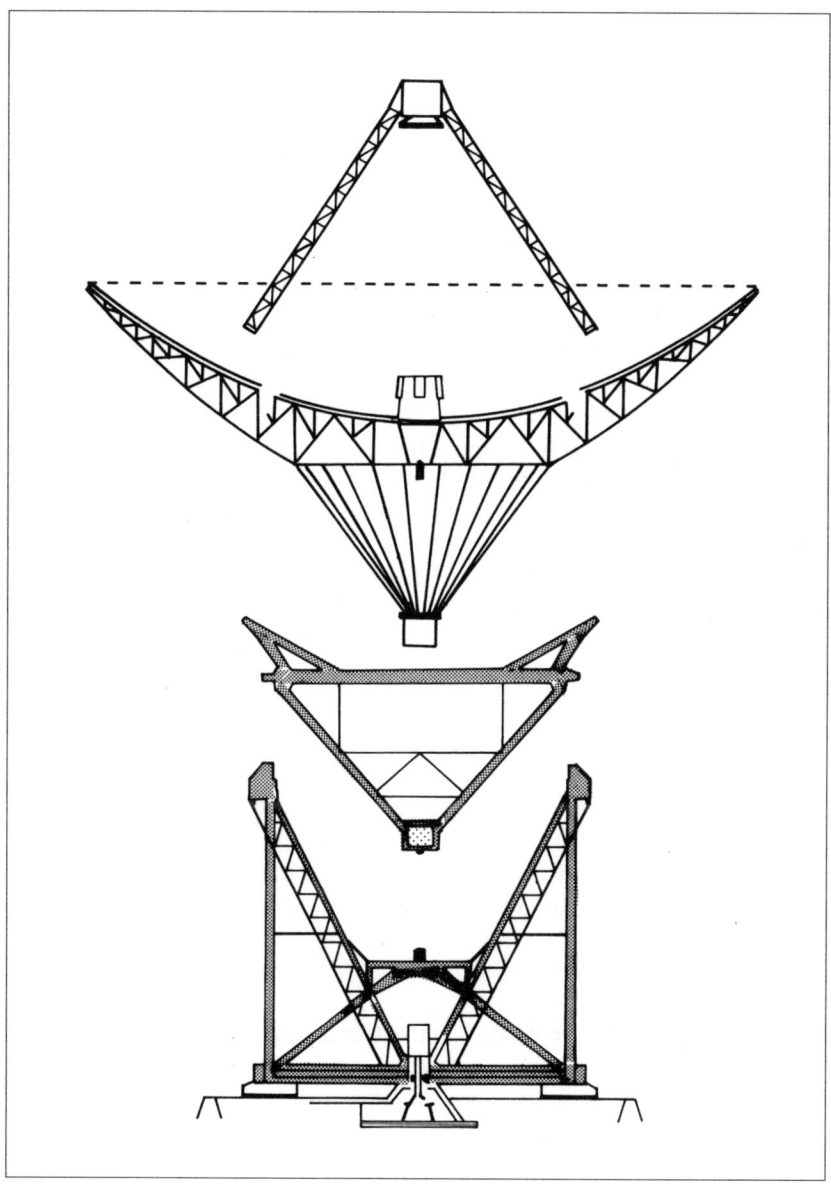

Abb. 54
Die Hauptelemente des 100-m-Teleskops. Die Azimut-Türme können auf einem
Schienenkranz mit 64 m Durchmesser in jede Richtung gedreht werden, die
Elevationswiege gibt für den Spiegel eine weitgehend elevationsunabhängige
Unterstützung ab. Der Sekundärspiegel und die Primärfokuskabine schließlich
werden von einem Vierbein direkt auf der Elevationswiege abgestützt.

rechnungen notwendig, die heute als Methode der finiten Elemente bei vielen Konstruktionsaufgaben eingesetzt werden. Das Biegeverhalten der Konstruktion wird im Computer simuliert, und aus den Ergebnissen wird hergeleitet, welche Partien steifer und welche weicher werden müssen. Dies wird dann in Veränderungen von Dicke und Steifigkeit einzelner Bauteile umgesetzt. Die verbesserte Konstruktion wird erneut durchgerechnet.

Auf diese Weise wurde die Teleskopkonstruktion schrittweise verbessert, bis sie schließlich überall den Anforderungen genügte. Die Spiegelfläche selbst wurde durch Metallpaneele von 2×3 m Größe gebildet, die an den vier Ecken durch Justierschrauben meßbar auf der Trägerkonstruktion eingestellt werden konnten. War in den ursprünglichen Spezifikationen noch ein Fehler von maximal 2 mm zugelassen worden, so ist die praktisch erreichte Genauigkeit im Laufe der Jahre immer weiter verbessert worden. Heute (1991) haben die innersten 60 m des Teleskops einen mittleren Fehler von nur 0.34 mm. Dabei ist dieser Wert nicht durch Deformationen der Tragekonstruktion gegeben, sondern nur dadurch bedingt, daß die Justierschrauben nicht mit einer größeren Genauigkeit reproduzierbar verstellt werden können.

Dies Prinzip der «homologen Verformung» ist natürlich bei allen neuen Radioteleskopen angewendet worden, und nur dadurch wurde es möglich, leistungsfähige Teleskope für den Millimeter- und Submillimeterbereich zu bauen. Die entscheidende Grenze ist nicht mehr durch die Verformung der Konstruktion durch die Schwerkraft gegeben, sondern durch die ungleichmäßige Ausdehnung des Teleskops bei unterschiedlichen Temperaturen der Umgebungsluft oder durch Sonnenbestrahlung.

Neue Konstruktionsprinzipien für optische Teleskope

Durch diese Erfolge ermutigt, wurde seit Ende der siebziger Jahre das azimutale Montierungskonzept auch für optische Teleskope angewendet. Zuerst waren es meist kleinere Teleskope von 2.5–3.5 m Durchmesser. Da aber die Montierungen dieser Teleskope so viel leichter und damit auch billiger ausfielen als parallaktische Montierungen gleicher Größe, wagte man sich schließlich auch an größere Teleskope. In den USA hatte man damit experimentiert, mehrere Spiegel in einer Montierung zu fassen und ihr Licht dann zu einem Bild zu kombinieren. Zur Zeit befindet sich das Keck-Teleskop im Bau, in dem durch die Kombination von 36 Spiegeln von ca. 1.8 m Durchmesser ein Teleskop mit der sammelnden Fläche eines 10-m-Teleskops erreicht werden soll. Die Montierung ist natürlich azimutal, und deren Nachsteuerung ist das geringste der Probleme bei diesem Teleskop. Die Schwierigkeiten liegen beim phasengerechten Überlagern der Einzelbilder der vielen Einzelspiegel. Man erwartet daher auch nur ein relativ bescheidenes Auflösungsvermögen von diesem Teleskop mit einer Bildschärfe von 1"–2".

Die Astronomen der Europäischen Südsternwarte ESO hatten das Ziel ihrer Planung von vornherein auf eine viel größere Bildschärfe gerichtet und daher auch ihr Probeteleskop, das 3.5 m-NTT («New Technology Telescope») daraufhin ausgelegt. Der Spiegel dieses Teleskops ist aus «Zerodur», einer Glaskeramik mit ganz besonderen Eigenschaften.

Während Glas physikalisch eine unterkühlte Flüssigkeit ist, also ein völlig amorphes Material, besteht «Zerodur» aus einer Kristallmatrix, in die amorphes Glas eingebaut ist. Dieses Material hat die bemerkenswerte Eigenschaft, daß man bei seiner Herstellung durch Steuerung der Massenanteile von Kristallgitter und Glas die mechanischen Eigenschaften weitgehend einstellen kann. Dies betrifft insbesondere den thermischen Ausdehnungskoeffizienten; es ist möglich, ein Material herzustellen, das einen thermischen Ausdehnungskoeffizienten von praktisch Null über einen weiten Temperaturbereich besitzt. Solche Glasplatten sind heute als Ceran-Kochmulden für Elektroherde weit verbreitet. Sie nehmen es nicht übel, wenn kaltes Wasser über eine glühende Heizplatte läuft!

Dieses Material wurde ursprünglich für astronomische Spiegel entwickelt, deren optische Eigenschaften damit nicht mehr durch eine wechselnde Umgebungstemperatur beeinträchtigt werden. Praktisch alle astronomischen Teleskopspiegel der letzten 15 Jahre wurden aus einem solchen Material hergestellt.

Jeder Teleskopspiegel benötigt eine Unterstützung, damit er sich nicht verbiegt und seine Form behält. Die Konstruktion solcher Unterstützungssysteme in den Spiegelzellen hat in den letzten 20 Jahren so große Fortschritte gemacht, daß die Ingenieure bei ESO es sich leisten konnten, beim NTT an die Eigensteifigkeit des Spiegels nur geringe Anforderungen zu stellen, und einen dünnen Spiegel von nur 20 cm Dicke vorsahen. Ein solcher Spiegel ist so flexibel, daß seine Form am Teleskop meßbar verstellt werden kann. Auf diese Weise erreicht das NTT eine Bildschärfe von 0.2"–0.3", ein Rekord für ein bodengebundenes Teleskop.

Dieselben Konstruktionsprinzipien werden natürlich beim VLT (*Very Large Telescope*) der ESO zugrunde gelegt. Es ist dies eine Gruppe von vier 8-m-Teleskopen, deren Licht für spezielle Untersuchungen zu einem Bild kombiniert werden kann und die dann eine sammelnde Fläche wie ein 16-m-Teleskop haben, die aber auch einzeln, jedes Teleskop auf eine andere Quelle, eingestellt werden können. Die Spiegel sind große 8-m-Scheiben aus Zerodur, die größten, die bisher hergestellt worden sind, und die Montierungen sind Stahlkonstruktionen. Man hofft, daß das erste dieser Riesenteleskope etwa 1995 oder 1996 in Betrieb gehen wird.

Noch konsequenter hält sich ein neuer Entwurf für ein astronomisches Großteleskop, das von einer Gruppe von Astronomen der Ruhr-Universität, Bochum, unter Leitung von *Theodor Schmidt-Kaler* zusammen mit Ingenieuren der Firma *Krupp* geplant wird, an die Erfahrungen mit großen Radioteleskopen, die insbesondere bei der Firma *Krupp* vorliegen. Die neue Hexapod-Montierung soll für Großteleskope von 12–15 m Spiegeldurchmesser geeignet sein. Zunächst wird aber auch hier ein Probeteleskop mit wesentlich kleineren Dimensionen (1.5 m Spiegeldurchmesser) gebaut.

Zwei Grundüberlegungen dienen dazu, möglichst viel Gewicht einzusparen. Statt zweier «harter» Bauteile für das Rohr, der Spiegelzelle und dem Gürtel für die Befestigung an den Achsen, hat das Rohr hier nur einen harten Kern: die Spiegelzelle. Sie dient nicht nur zur Lagerung des dünnen Spiegels, sondern auch als Gegenlager für den Mechanismus, der sicherstellt, daß das Teleskop in jede gewünschte Richtung gedreht werden kann – natürlich nur solange diese innerhalb gewisser Grenzen liegt.

Durch konsequente Anwendung der finiten Elementrechnung können die Durchbiegungen der Auflagefläche des Spiegels geringer als 10% der Wellenlänge von Licht im optischen Bereich gehalten werden. Da es außerdem möglich ist, die thermische Ausdehnung des kohlefaserverstärkten Kunststoffmaterials, aus der die ganze Rohrkonstruktion besteht, derjenigen von Zerodur anzupassen, benötigt man keine aufwendige «schwimmende» Lagerung des Spiegels mehr, man kann ihn vielmehr fest mit dem Rohr verschrauben. Es ist sogar vorgesehen, die Spiegelform im Teleskop über piezoelektrische Verstellelemente justierbar zu machen.

Auch für die Richtungsverstellung werden völlig neue Wege beschritten. Das Teleskop steht auf sechs kardanisch angelenkten Beinen, deren Länge meßbar verändert werden kann. Dieses so-

Abb. 55
Das Hexapod-Teleskop (HPT) des Astronomischen Instituts der Ruhr-Universität
Bochum, Entwurf von Krupp Industrietechnik. Das Teleskop ist von 6 in ihrer
Länge veränderlichen Beinen in Kardangelenken getragen und kann so in allen
6 möglichen Freiheitsgraden bewegt werden. Das «Rohr» ist eine kohlefaserver-
stärkte Gitterkonstruktion mit extremer Steifigkeit, so daß der extrem dünne
Spiegel ohne komplizierte Kompensationsmechanismen gehalten werden kann.
Dadurch ist die gesamte Konstruktion extrem leicht. Das Bild stellt einen Entwurf
für ein Teleskop mit einem Spiegeldurchmesser von 12–15 m dar. Zur Zeit ist ein
Prototyp mit einem Spiegeldurchmesser von 1.50 m im Bau.

genannte «Hexapod»-Prinzip ist von Flugsimulatoren bekannt, bei denen ein Flugzeugcockpit jede denkbare Lage und Richtungsänderung eines Flugzeugs simulieren muß. Die Übernahme dieses Prinzips hat für den Teleskopbau und für die Beobachtungstechnik große Vorteile. Aber natürlich bringt ein so neues Verfahren auch neue Probleme mit sich. Daher ist es sinnvoll, zunächst eine Probe mit einem kleineren Gerät zu machen, das aber bereits erlaubt, echte astronomische Messungen durchzuführen, bevor man sich auf das Wagnis des Baues eines Großteleskops einläßt. Daher wird zur Zeit ein Teleskop mit einem Spiegeldurchmesser von 1.50 m als Testgerät gebaut. Mit seiner Fertigstellung ist im Laufe von 1992 zu rechnen.

Die Teleskopinstrumente

Als *Galilei* das Teleskop als astronomisches Forschungsgerät einführte, genügte ihm dies, um seine aufsehenerregenden Entdeckungen zu machen, er brauchte keine weiteren Hilfsmittel. Er blickte in das Fernrohr und beschrieb, was er sah. Das wurde schon anders, als andere das Fernrohr zum Messen von Sternpositionen verwandten. Ein Fadenkreuz diente dann dazu, die Mitte des Gesichtsfeldes zu markieren. Als dann ein zweites Fadenkreuz eingeführt wurde, das mit einer Mikrometerschraube meßbar relativ zu anderen verschoben werden konnte, da wurde es möglich, auch feine Strukturen mit dem Fernrohr zu vermessen. Noch bis Mitte des neunzehnten Jahrhunderts bestand die Standardausrüstung eines astronomischen Fernrohrs nur aus einem solchen Okular-Fadenmikrometer. Heute machen erst die Zusatzgeräte zur Analyse und zum Nachweis der schwachen Lichtintensitäten die Teleskope zu den Forschungsgeräten, mit denen die neuen und unerwarteten Beobachtungsbefunde registriert werden.

Diente ursprünglich das Auge des Astronomen dazu, die Lichtsignale der Sterne zu registrieren, so entstand gegen Ende des 19. Jahrhunderts in den photographischen Platten ein leistungsfähiges Hilfsmittel, das die Leistung des Auges in vieler Hinsicht übertraf. Im Gegensatz zum Auge, das bei längerem Starren auf einen schwachen Stern ermüdet, kann eine photographische Platte Lichtsignale aufaddieren und so viel schwächere Grenzgrößen erreichen als das Auge. Ein weiterer Vorteil ist, daß die photographische Platte gleichzeitig ein großes Gebiet aufnehmen kann. Dieses ist so groß, daß die Grenzen des scharf abgebildeten Feldes in einem gewöhnlichen Parabolspiegel hierbei eine starke Einschränkung darstellen. Die Erfindung des Schmidt-Spiegels durch *Bernhard Schmidt* (1879–1932) in Hamburg-Bergedorf 1934 ermöglichten dann Aufnahmen großer Bildfelder mit Winkeldurchmessern von einigen Grad.

Schließlich hat die photographische Platte noch den unschätzbaren Vorteil, daß sie als Dokument viele Jahre lang aufbewahrt werden kann. So läßt sich oft noch im nachhinein über viele Jahre zurückverfolgen, wie sich ein plötzlich aufgetauchtes Objekt früher verhalten hat: wie z.B. der Vorgängerstern einer Supernova aussah, als er noch ein Stern unter vielen 100000 anderen war, der sich scheinbar in nichts von anderen unterschied.

Problematischer war schon, daß die photographische Platte als Meßinstrument einige schwerwiegende Nachteile hat. Der Zusammenhang zwischen Intensität des Sternlichts und der Schwärzung ist nicht der einer einfachen Proportionalität, wie man es wünschen würde, sondern deutlich nichtlinear. Es gibt einen Schwellenwert für die schwächste Intensität, die überhaupt noch nachweisbar ist, und für starke Intensitäten gibt es Sättigungseffekte. All diese Komplikationen hängen zudem noch stark davon ab, wie die Platte behandelt wurde.

So sind die Astronomen schon seit langem auf der Suche nach einem anderen Verfahren, um die Intensität des Sternlichts zu messen. Lange Zeit war der sogenannte äußere lichtelektrische Effekt, durch den das Licht an geeigneten Kathodenschichten Elektronen im Vakuum herauslöst, das beste Verfahren, um präzise Intensitätsmessungen des Sternlichts zu gewinnen. Ein voller Ersatz für die Photographie konnten aber solche Geräte nicht sein, da sie nicht die Meßdaten für mehrere Sterne gleichzeitig lieferten.

Seit einigen Jahren stehen nun aber sogenannte CCDs als Meßgerät zur Verfügung. Es sind dies Halbleiter-Photozellen, also Instrumente, wie sie als Belichtungsmesser eines Photoapparates schon lange bekannt sind. In einem CCD ist eine ganze Matrix solcher Photozellen – typischerweise bis zu 1000×1000 Zellen – auf einem einzelnen Chip zusammengefaßt, der Dimensionen von 1.5×1.5 cm^2 bis zu 5.0×5.0 cm^2 besitzt. Wird mit einer Optik ein Bild auf diese Matrix projiziert, dann wird es durch die Photozellen in ein Ladungsbild umgewandelt. Nach der Belichtung kann dieses über eine komplizierte Elektronik ausgelesen werden, und der Chip ist bereit für eine neue Belichtung. Da der Wirkungsgrad solcher CCDs bis zu 50% und mehr betragen kann im Vergleich zu den 1–2%, die eine Photoplatte bestenfalls erreicht, haben die CCDs die Photoplatten für viele Untersuchungen vollständig verdrängt.

Der Nachweis des Sternlichts ist aber nur ein Teil des Instrumentariums an einem Fernrohr. Seit *Kirchhoff* und *Bunsen* die Spektralanalyse erfanden, gehören Spektrographen zur Grundausstattung der meisten Teleskope. Wurden die Spektren früher photographisch aufgezeichnet, so treten auch hier die CCDs meistens an die Stelle der Platten. Während die meisten Spektrographen nicht das Licht mehrerer Objekte gleichzeitig analysieren können, gibt es heute leistungsfähige Geräte, die die Spektren von 50 oder mehr Objekten aufzeichnen können. Das Licht wird dabei über flexible Lichtleiter in den Spektrographen geführt. Lichtleiter sind Bündel von Glasfibern, die Licht wie in einer elektrischen Leitung transportieren können.

Praktische astronomische Forschung betreiben bedeutet daher heute, daß man lernen muß, mit solchen doch relativ komplizierten Geräten umzugehen. Natürlich gibt es in größeren Observatorien Techniker und Ingenieure, die die Tücken und Eigenheiten dieser Geräte kennen und die Hilfestellungen geben. Wenn es allerdings darum geht, die Grenzen der Meßgenauigkeit auszuloten, dann ist der praktische Astronom meist auf sein eigenes technisches Verständnis angewiesen.

Der vielleicht am stärksten auffallende Unterschied der Forschungsarbeit zu landläufigen Erwartungen heutzutage ist, daß die eigentliche Forschungsarbeit zwar vollständig von den Messungen am Fernrohr abhängig ist, daß aber der Vorgang der Forschung selbst später daheim im Heimatinstitut abläuft. Es ist selten, daß Neuheiten schon am Fernrohr erkannt werden, meistens braucht man lange, komplizierte Analysen, bis sich so etwas herausschält.

Die Beobachtungen müssen daher sehr sorgfältig geplant und verarbeitet werden, damit alle Fehlerquellen erfaßt und dokumentiert werden und man sie so später berücksichtigen kann. In gewisser Weise tastet man im dunkeln, wenn man am Teleskop mißt und hofft, daß alle äußeren Einwirkungen korrekt berücksichtigt sind. Natürlich hilft hier die Erfahrung weiter, trotzdem werden große Anstrengungen unternommen, mit Hilfe von Computern, die direkt am Teleskop angeschlossen sind, eine sofortige «Reduktion» der Messungen vorzunehmen, so daß man einen sofortigen Eindruck des Erfolgs der Messungen bekommt.

Was ein solcher Fortschritt bedeutet, kann nur beurteilen, wer wie ich in den Anfangszeiten der Radioastronomie praktisch blind messen mußte. Ob die Linienprofile korrekt gemessen waren, wußte man bestenfalls nach einigen Tagen, wenn die ersten «Reduktionen» vom Computer vorlagen. Ein sinnvoller Meßbetrieb ist heute ohne fest eingebaute Computer überhaupt nicht mehr denkbar.

Astronomische Forschung in Deutschland

Teleskope, Spektrographen und Computer sind nur die materielle Seite der astronomischen Forschung, wirksam und produktiv werden diese Geräte erst durch Menschen, die sie mit Phantasie, Nachdruck und Sachverstand einsetzen und erkennen, welche Probleme aktuell und wichtig sind. Forschung, besonders naturwissenschaftliche Forschung, kann heute nur in Ausnahmefällen von einem einzelnen und mit seinen privaten Hilfsmitteln betrieben werden; wenn Ergebnisse von mehr als marginaler Bedeutung erzielt werden sollen, ist schon lange eine gewisse Institutionalisierung nötig. Gab es früher neben der astronomischen Forschung an Universitäten die Förderung durch interessierte Mäzene, wie etwa den *Kammerherrn von Bülow*, der gegen 1870 auf seinem Gut Bothkamp bei Kiel in Holstein eine Privatsternwarte unterhielt, an der *Hermann Carl Vogel* (1841–1907) einige Jahre lang arbeitete und bahnbrechende Untersuchungen auf dem Gebiet der Sternspektroskopie ausführte, so überwiegt heute die staatliche Förderung.

In den USA hat die private Unterstützung astronomischer Forschung zur Gründung vieler großer Sternwarten geführt – hier sei nur an die Lick-, Yerkes- und Lowell-Observatorien erinnert. Auch Mt. Wilson und Palomar sind zum größten Teil über private Stiftungen finanziert. Neben den Kosten für die Teleskope wurden immer auch Mittel für die Besoldung der Wissenschaftler bereitgestellt, die mit diesen Instrumenten arbeiten sollten.

Der weitere Werdegang von *Hermann Vogel* ist charakteristisch für die andere Art der Wissenschaftsförderung in Europa und Deutschland. Er wurde 1874 der erste Direktor des Astrophysikalischen Observatoriums in Potsdam, das von der preußischen Regierung mit der ausdrücklichen Zielvorgabe gegründet wurde, die neuen Probleme in der Astronomie zu bearbeiten, die durch die Spektralanalyse von *Kirchhoff* und *Bunsen* und die Sternphotometrie, wie sie etwa *Friedrich Zöllner* (1834–1882) in Leipzig entwickelt hatte, erkennbar geworden waren. Es war dies ein völlig neuartiges Institut, in dem auch experimentiell gearbeitet werden konnte und das in seiner Art einmalig in der Welt war. Für die nächsten 25 Jahre blieb es das Vorbild für viele Neugründungen.

Diese Weltgeltung der deutschen Astrophysik konnte allerdings nicht lange aufrechterhalten werden. Eine solche Vorrangstellung ist ja auch in einer Wissenschaftsdisziplin, die von jeher auf internationale Kooperation ausgerichtet war (und ist), kein erstrebenswertes Ziel an sich. Wenn allerdings die Leistungsfähigkeit einer Forschungsdisziplin im Vergleich zu anderen Ländern zurückfällt, dann ist dies ein Zeichen dafür, daß Planung und Organisation nicht optimal sind. Bereits gegen Ende des vergangenen Jahrhunderts begann das Zeitalter der großen amerikanischen Teleskope an klimatisch hervorragenden Orten.

Die Weichen dafür wurden noch im 19. Jahrhundert von *George Ellery Hale* gestellt, in Deutschland fehlte hierfür die wegweisende Persönlichkeit. Im nachhinein wird deutlich, daß wegen des Todes von *Karl Schwarzschild* 1916 eine Anpassung der Entwicklung in Deutschland an die wegweisenden Forschungstendenzen in den USA für lange Zeit unterblieb. Es ist bemerkenswert, daß die Astronomie in Deutschland nicht an der wissenschaftlichen Explosion teilhatte, welche die Naturwissenschaften in den Jahren zwischen 1900 und 1950 erfuhr, während die deutschen Physiker dabei führend waren. Natürlich gab es damals auch in Deutschland gute Astronomen und Astrophysiker, und selbstverständlich hatten auch die neuentwickelte Relativitätstheorie und Quantenmechanik wichtige astronomische Anwendungen und Konsequenzen, die Bedeutung der deutschen Astronomen für die weitere Entwicklung des Faches war aber in keiner Weise mit derjenigen der Physiker vergleichbar. Die Vertreibung jüdischer und vieler kritischer Wissenschaftler durch den Ausbruch der nationalsozialistischen Barbarei in Deutschland und der hohe Blutzoll, den der darauf folgende Krieg forderte, trugen wesentlich dazu bei, den Neubeginn nach dem Krieg schwierig zu gestalten. Natürlich waren dabei auch die wirtschaftlichen Engpässe in dieser Zeit von Bedeutung.

Die Frage, wie die astronomische Forschung am sinnvollsten organisiert werden sollte, um die zur Verfügung stehenden Ressourcen am effektivsten einzusetzen, hat in den Jahren des Wiederaufbaus natürlich eine große Rolle gespielt. Die Planung, die sich schließlich durchsetzte, ist nicht der geniale Entwurf einer einzelnen großen Leitfigur, sondern hat sich in einem mühsamen Konsensprozeß als die Mehrheitsmeinung in zwei Denkschriften der Deutschen Forschungsgemeinschaft DFG in den Jahren 1962 und 1987 herausgeschält. Danach ruht die astronomische Forschung in Deutschland auf drei Säulen, die sich gegenseitig ergänzen. Von jeher war die Sternwarte der Ort, an dem astronomische Forschung betrieben wurde. Hier waren die Fernrohre aufgestellt, und hier fanden die Astronomen auch die Hilfsmittel, um Folgerungen aus ihren Beobachtungen zu ziehen. Eine solche Organisationsform gibt es noch heute an manchen Universitätssternwarten. Da aber die Lichterfülle in den Städten ein sinnvolles Arbeiten am Teleskop nur noch in Ausnahmefällen erlaubt, sind die Teleskope meist auf Außenstationen fern der Städte verlagert worden. Im Heimatinstitut findet dann nur noch die Auswertung und Interpretation der Messungen statt.

Da die Universitäten neben der Forschung der Lehre verpflichtet sind, nimmt die Ausbildung von Studenten in Vorlesungen, Seminaren und bei praktischen Anleitungen einen beträchtlichen Teil der Arbeitszeit und -kraft der Professoren und Dozenten in Anspruch. Natürlich hat eine solche Tätigkeit auch Einfluß auf den Arbeitsstil: Wenn schon der Berufsalltag in Form von Kursvorlesungen den Professor dazu zwingt, den Stoff seines Faches überschaubar und aktuell zu ordnen und darzustellen, dann findet so etwas auch oft seinen Niederschlag in der Themenwahl seiner Forschungsarbeiten und der Art ihrer Bearbeitung.

Von der Zielsetzung her als reine Forschungsinstitute sind die Max-Planck-Institute organisiert. Wenn auch der Grundsatz der Max-Planck-Gesellschaft von der Vorstellung geleitet ist, daß ein solches Institut einem (oder mehreren) herausragenden Wissenschaftlern erstklassige Arbeitsmöglichkeiten in seinem Fach bieten soll, so heißt das in der Praxis natürlich, daß es immer eine ganze Forschergruppe ist, die zusammen mit Technikern und anderem Personal notwendig ist, um die Forschungseinrichtungen effektiv zu betreiben. Die Teleskope sind natürlich in astronomisch günstigen Regionen wie Spanien oder Chile aufgestellt.

Die Europäische Südsternwarte ESO

Eine besonders glückliche Entwicklung hat auf dem Gebiet der internationalen Kooperation in der Astronomie im europäischen Rahmen stattgefunden. Schon seit Ende der fünfziger Jahre haben die Astronomen mehrerer europäischer Länder eingesehen, daß für eine fruchtbare astronomische Arbeit leistungsfähige Teleskope an einem klimatisch günstigen Ort aufgestellt werden sollten und daß die dabei anfallenden Kosten für Bau und Betrieb es einem einzelnen Land schwermachen würden, dies zu finanzieren. Durch eine Kooperation, die sogar mit einem offiziellen Staatsvertrag abgesichert wurde, konnte dann die «Europäische Südsternwarte ESO» gegründet werden, die in Chile auf dem Berg La Silla eine große, sehr leistungsfähige Sternwarte betreibt. Die Instrumente werden von einem relativ kleinen Stab von Astronomen der ESO bereitgestellt; um die Beobachtungszeit kann sich jeder Astronom der Mitgliedsländer bewerben. Ein Programmkomitee begutachtet die Beobachtungsanträge, und bei der Zuteilung wird darauf geachtet, daß kein Land zu sehr bevorzugt oder benachteiligt wird. Wenn ein Programmvorschlag genehmigt ist, werden von der ESO automatisch die Reise- und Aufenthaltskosten getragen. Die Europäische Südsternwarte gehört heute zu den erfolgreichsten Forschungsorganisationen in der Astronomie.

Durch die Existenz der ESO ist es somit für einen Astronomen möglich, beobachtende Forschungsarbeiten mit erstklassigen Instrumenten durchzuführen. Wenn er aber selbst neue instrumentelle Entwicklungen plant oder aber eine besonders lange und dichte Beobachtungsreihe bestimmter Objekte für seine Forschungen benötigt, dann ist er auf eigene Teleskope angewiesen. Auch wenn es um die Einweisung von Studenten geht, sind sie nötig.

Astronomische Forschung und die Finanzen

Universitätsinstitute und -sternwarten haben natürlich immer einen festen Etat für Stellen und Mittel zur Finanzierung der Forschung. Während aber der Etat für die Besoldungen stets an die jeweilige Tarifsituation angepaßt wird, sind die Forschungsmittel seit vielen Jahren trotz der laufenden Geldentwertung eingefroren, wenn sie nicht sogar auch dem Geldbetrag nach schrumpfen. Sie sind heutzutage völlig unzureichend, die aktuellen Forschungsarbeiten zu finanzieren, geschweige denn, das Instrumentarium zu modernisieren. Es ist sogar oft nicht einmal mehr möglich, die Forschungsbibliotheken auf dem laufenden zu halten.

Aktuelle Forschung kann an den Universitäten auf Dauer nur dann erfolgreich betrieben werden, wenn sich dort kleine Forschergruppen etablieren können, die eine eigene Kompetenz in ihrem Spezialgebiet entwickeln. Dabei kann es ebenso um eine Kompetenz auf theoretischem wie auf experimentellem Gebiet gehen, wie sie sich etwa in der Entwicklung neuer Instrumente ausdrückt. Nur wenn eine solche Kompetenz aufgebaut und an junge Wissenschaftler weitergereicht werden kann, sind auch Wissenschaftler an Universitäten auf Dauer dazu in der Lage, sich erfolgreich an internationalen Projekten zu beteiligen und damit Nutzen aus den großen finanziellen Aufwendungen zu ziehen, die von der Bundesregierung für solche Projekte gemacht werden.

Die Forschungsetats an den Universitäten sind für ein solches Vorgehen völlig unzureichend, aktuelle Forschung kann dort nur dann erfolgreich betrieben werden, wenn sogenannte «Drittmittel» eingeworben werden. Mag es in technischen Disziplinen oder der Chemie möglich sein, Industriefirmen zu finden, die so unmittelbar an den Resultaten der Universitätsteams interessiert sind, daß sie bereit sind, diese Untersuchungen zu finanzieren, so ist dies in der Astronomie/Astrophysik sicher anders. Potentielle Geldgeber sind allein staatliche Stellen und in Einzelfällen gemeinnützige Stiftungen.

Wenn man auf diese Weise Geld einwirbt, so sind dies wie bei der Industrie projektgebundene Mittel, die für ganz bestimmte, wohldefinierte Forschungsvorhaben gewährt werden, und um solche Mittel zu erhalten, muß man Anträge schreiben. Ein solcher Antrag beschreibt das Forschungsvorhaben, die Vorarbeiten und die geplante Vorgehensweise und stellt dar, welche Arbeitskräfte und Hilfsmittel eingesetzt werden sollen, um schließlich einen genauen Kostenplan vorzulegen. Gutachter für solche Anträge sind die eigenen Fachkollegen, die ja am besten Chancen und Schwachstellen der Forschungsprojekte beurteilen können. Daß sich dadurch Kollegen gegenseitig auf einfache Weise Forschungsgelder zuschanzen, ist kaum zu befürchten, da alle um den gleichen, beschränkten Finanztopf konkurrieren und außerdem stets zwei unabhängige und anonym bleibende Gutachter befragt werden. Die Gutachter stellen jedoch nur ihren Sachverstand für die Beurteilung des Antrags zur Verfügung. Endgültig entscheidet ein anderes Gremium – bei der Deutschen Forschungsgemeinschaft der Hauptausschuß –, in dem speziell dafür gewählte Wissenschaftler und Verwaltungsbeamte sitzen und die besonders auf eine Einhaltung einer ausgewogenen und gerechten Förderung aller Disziplinen achten.

An den Max-Planck-Instituten ist die Situation etwas anders, da hier die Etatmittel ausreichend sind, die Forschungen, die in das planmäßige Forschungskonzept des jeweiligen Instituts gehören, aus Eigenmitteln zu finanzieren. Nur in Ausnahmefällen, wenn Ergänzungen hierzu nötig werden, die nicht mehr aus den Institutsmitteln gedeckt werden können, wird dann eine Förderung durch die Deutsche Forschungsgemeinschaft angestrebt. Ohnehin stammen ja sowohl die Finanzmittel der DFG wie auch die der MPG aus denselben Quellen; sie werden von der Bundesregierung und den Länderregierungen nach einem Bund-Länder-Abkommen bereitgestellt, und hier ist bereits die Aufteilung in DFG und MPG vorgenommen. Dabei kommt die MPG sicher nicht schlecht weg, denn sie kann zur Zeit für rund 5000 Wissenschaftler etwa 350 Millionen DM an Forschungsmitteln bereitstellen, während die DFG jährlich 1.1 Milliarden DM Förderungsmittel für 60 000 Wissenschaftler verteilen kann. Damit ist in der MPG der Förderungsbetrag pro Wissenschaftler fast viermal so groß wie in der DFG.

Von diesen riesigen Geldmengen fließt ein ansehnlicher Anteil in die astronomische Forschung. Dabei übernimmt hier die MPG einen, gemessen am Durchschnitt aller naturwissenschaftlichen Disziplinen, überproportionalen Anteil, denn von den etwa 500 Stellen für Wissenschaftler, die insgesamt im Bereich von Astronomie/Astrophysik zur Verfügung stehen, entfallen etwa die Hälfte auf Stellen in einem der MPIs. Dies gibt sicher einen Eindruck davon, für wie wichtig die astronomische Forschung im Rahmen der Naturwissenschaften gehalten wird. Es stellt sich aber auch die Frage, warum der Staat überhaupt Steuergelder für die Förderung einer Disziplin aufwendet, die doch nur wenig mit den aktuellen Tagesproblemen zu tun hat. Diese Frage ist einfach zu stellen, ihre Beantwortung ist jedoch kompliziert, denn es geht ja nicht um das Selbstverständnis der Astronomie, sondern darum, welche Relevanz sie für andere menschliche Aktivitäten besitzt.

Eine wichtige Rolle spielt die Astronomie sicherlich bei all den Problemen, bei denen es um unser Verständnis der Welt geht. Ein Thema dieses Buches ist ja, die Rolle der Astronomie bei der Ausbildung des Weltbildes von der Antike bis hin zur Gegenwart und ihren entscheidenden Einfluß bei den Veränderungen dieses Weltverständnisses in der Renaissance und der Aufklärung aufzuzeigen. Und wenn es um Fragen der Kosmologie und der Kosmogonie geht, sind die direkten Bezüge zwischen Erkenntnistheorie, Naturphilosophie und Naturwissenschaft – sprich Astronomie – noch heute unmittelbar greifbar. Ohne die Naturwissenschaften wie Astronomie und Astrophysik wäre die Naturphilosophie leer und hätte nur einen sehr begrenzten substantiellen Gehalt, wie es sich z.B. bei *Schelling* und vielleicht auch bei *Hegel* zeigte.

Der Beitrag der Astronomie dürfte ebenfalls offensichtlich sein, wenn es darum geht, die universalhistorische Entwicklung nachzuzeichnen, die schließlich zum Menschen und unserer heutigen Kultur und Zivilisation führte. Unsere Geschichte ist sicher durch den Zustand und die Veränderung unserer Umwelt stark beeinflußt. Die Umwelt umfaßt schließlich die Erde als Planet, das Sonnensystem, seine Entstehung und seine Entwicklung. Die Frage, ob wir allein in der Welt sind oder ob es außer uns noch weiteres «intelligentes» Leben gibt, bewegt heute viele, und oft werden Antworten von der Astronomie erwartet. Ich glaube allerdings – und in dieser Frage überwiegen noch immer, trotz aller Fortschritte, die Fragenkomplexe, bei denen jede Antwort immer nur Ausdruck der persönlichen Überzeugung, also des Glaubens des Antwortenden ist –, daß die eigentlichen Unsicherheiten hier gar nicht im astronomischen Bereich zu suchen sind, sondern in den Bereich der Biologie fallen. Sicherlich kommt ein Teil der Faszination, welche die Astronomie auf viele ausübt, aus diesem Themenkreis, und ich könnte mir denken, daß mancher Mäzen durch ähnliche Überlegungen zu seinen Stiftungen für die Astronomie angeregt worden ist. Wenn man allerdings fragt, warum der Staat denn Steuermittel für die Förderung der Astronomie aufwenden soll, dann greifen die bisher angeführten Gründe doch etwas zu kurz. Sie würden allenfalls rechtfertigen, die Naturwissenschaften und damit auch die Astronomie etwa so wie die Malerei oder die moderne Musik zu fördern. All diese Aktivitäten sind Ausdruck des geistigen und gesellschaftlichen Zustandes hier in Deutschland und Europa in dieser Zeit. Das geistige und soziale Klima wird von solchen Tätigkeiten beeinflußt, und daher ist es Aufgabe der öffentlichen Verwaltungen, angefangen von den Kommunalbehörden bis hin zur Bundesregierung, dafür zu sorgen, daß die materiellen Voraussetzungen zur Pflege solcher

Aktivitäten vorhanden sind. Die Astronomie stellt sicher einen Teilaspekt dieser Art gesellschaftlicher Betätigung dar und sollte hier ebenso wie andere Kulturaktivitäten gefördert werden.

Solche Überlegungen treffen allerdings vorwiegend auf Institutionen wie Volkssternwarten und Planetarien zu, die eigentlichen Forschungsinstitute würden wohl nur in geringem Maße dazugehören. Ich behaupte, daß der Staat die Förderung der astronomischen Forschung aus ganz materialistischen Motiven betreibt. Das Ergebnis solcher Förderungsmaßnahmen läßt sich allerdings nicht so direkt in wirtschaftlicher Leistungskraft beziffern, wie dies etwa bei den Forschungsabteilungen großer Industriefirmen der Fall ist. Dort können die Forschungen meist relativ schnell praktisch umgesetzt werden, die Anwendungszwecke sind üblicherweise unmittelbar gegeben, und der Zeitraum, innerhalb dessen sich die Forschungsaufwendungen amortisieren, beträgt oft nur wenige Jahre. Wenn der «Staat» dagegen die Grundlagenforschung fördert, dann sind diese Zeiträume viel größer und besser in Generationen als in Jahren anzugeben. Und auch die Kosten-Nutzen-Rechnung kann nur sehr schwer direkt ausgeglichen werden.

Grundlage für all dies ist, glaube ich, die Erkenntnis, daß unsere Zivilisation auf einem naturwissenschaftlichen Fundament ruht. Die Existenz der riesigen Bevölkerung auf der Erde kann nur mit Hilfe der Leistungen der Naturwissenschaft gesichert werden. Das gilt auch angesichts der schreienden Ungerechtigkeiten, die zur Zeit die Verteilung der Güter und Chancen bestimmt. Die Energieversorgung, die Lebensmittelproduktion und -verteilung, der Verkehr der Dinge, der Menschen und der Nachrichten ist ohne die moderne wissenschaftliche Technik nicht aufrechtzuerhalten, und dies gilt auch für die medizinische Versorgung.

Hier ist es, glaube ich, notwenig, auch einige Bemerkungen zu der Verantwortung der Naturwissenschaftler für die Auswirkungen ihrer Forschungen auf Gesellschaft und Umwelt zu machen. Diese Verantwortung kann natürlich nicht in voller Breite und mit allen Konsequenzen gelten, da Naturwissenschaftler doch selten die politischen und ökonomischen Entscheidungen treffen, aber als Fachleute, die Nebenwirkungen und Risiken am besten abschätzen können (wenn das überhaupt möglich ist!), sind sie gefordert, ihre Stimme hören zu lassen. Im Vergleich zur Kernphysik, Chemie oder sogar der Geotechnik und Verkehrstechnik ist die Astrophysik noch weitgehend im Zustand der Unschuld, ihre Ergebnisse finden bisher höchstens indirekte Anwendung. Aber die Astronomen könnten als Warner vor möglichen Fehlentwicklungen tätig werden.

In der Astronomie wird uns unmittelbar die Einzigartigkeit der Erde vor Augen geführt. Wir sehen, wie besonders die Erde im Vergleich zu den anderen Planeten ist, und es wird immer deutlicher, daß menschliches Leben unter Bedingungen wie auf Venus oder Mars nicht möglich ist.

Die Versuche, die Entwicklung des Ökosystems auf der Erde nachzuvollziehen, haben andererseits gezeigt, wie verwundbar dieses ist. Modellrechnungen dieser Entwicklung sind immer wieder entgleist und führten zu Hitze- oder Kältekatastrophen, bei denen die gesamte Modell-Erde schließlich von einem Eispanzer umgeben ist oder als trockene hitzestarrende Wüste endet.

Natürlich liegen die Gründe für dieses Versagen der Modellrechnungen wahrscheinlich größtenteils an den Unvollkommenheiten und Fehlern der Eingangsdaten und der eingebauten Wechselwirkungen. Es ist aber auch sicher, daß das Ökosystem der Erde verwundbar ist. Wir sehen dies jetzt ja in den Diskussionen um den Treibhauseffekt, das Ozonloch und die Auswirkungen der Zunahme des Kohlendioxidgehalts der Atmosphäre. Niemand hat hier ein Patentrezept, und man muß sich vor Überreaktionen und Aktionismus genauso hüten wie vor Trägheit und Untätigkeit. Beides sind sicher keine Lösungen der Probleme.

Sicher scheint mir auch zu sein, daß die Entscheidung nicht von den Naturwissenschaftlern gefällt wird, sondern daß diese nur die Konsequenzen der Alternativen aufzeigen können. Dabei zeigt sich als besonderes Problem, daß für viele Alternativen und Gefahren jeweils immer nur Wahrscheinlichkeiten angegeben werden können, und das bringt dann die Frage nach der Bewertung solcher Angaben mit sich. Wie sollte entschieden werden, wenn eine Gefahr zwar mit sehr geringer Wahrscheinlichkeit Wirklichkeit werden kann, dann aber mit verheerenden Folgen, während eine andere Alternative mit größerer Wahrscheinlichkeit eintreten könnte, aber weniger Menschenopfer forderte? Eine gefühlsmäßige Reaktion ist sicher nicht angemessen, denn es ist sehr schwer, solche geringen Wahrscheinlichkeiten angemessen zu beurteilen. Gerade im Zusammenhang mit der Diskussion um die Kernenergie gibt es hier viele Aufgeregtheiten, und es ist keineswegs klar, wie eine verantwortliche Entscheidung aussehen müßte.

Denn Gefahren für unsere Zivilisation können nicht nur von materiellen Gefahren ausgehen. Es ist ja ein kompliziertes Sozialgebilde, das funktionieren muß, wenn unser Leben auf einigermaßen gesicherten und komfortablen Bahnen laufen soll. Schon ein nicht funktionierendes ökonomisches System hat weitreichende Auswirkungen, wie wir an der augenblicklichen Lage in den Ländern der ehemaligen Sowjetunion und Osteuropas sehen. Wichtig ist sicher auch, daß das System der naturwissenschaftlichen Forschung auch weiterhin funktioniert. Was unsere westliche Zivilisation heute von früheren Kulturen unterscheidet, ist ja die Bedeutung der Naturwissenschaften für die Lösung neu auftretender Probleme. Dies ist keine Selbstverständlichkeit, sondern eine neue Errungenschaft, die sich zuerst zur Zeit der industriellen Revolution der Nach-Napoleonzeit herausbildete.

Astrophysik als Beispiel für Problemlösung im Geiste der Naturwissenschaften

Keine Gesellschafts- oder Wirtschaftsform ist vollkommen, es wird immer wieder neu auftretende Probleme geben. Es ist dann charakeristisch für das jeweils herrschende Paradigma, was in der betreffenden Situation als Anwort auf diese Herausforderung gegeben wird. Ist das Problem so beschaffen, daß es an die Wurzeln der Existenz reicht, dann hängt von der Antwort die weitere Existenz der Kultur ab. Aber natürlich sind nur wenige Probleme von solch einschneidender Art.

Als während der Zeit der Kreuzzüge in den Städten der Niederlande und Niederdeutschlands zahlreiche Witwen und unverheiratete Frauen zurückblieben, da schlossen sich manche davon zu klosterähnlichen Gemeinschaften, den Beghinen, zusammen. In den Beghinenhöfen konnten sie ohne die Einschränkungen des mittelalterlichen Zunftsystems meistens sehr erfolgreich wirtschaften und fanden so sowohl geistige wie auch materielle Sicherheit in ihrer Gemeinschaft. Das gesellschaftliche und wirtschaftliche Problem der unversorgten und ungesicherten Frauen fand so eine Lösung im religiösen Gewand, weil die Gesellschaft im Mittelalter in religiösen Begriffen dachte und ihr ganzes Weltbild religiös dominiert war.

Heute werden die Probleme anders angegangen, wir suchen Lösungen vorwiegend im technisch-wissenschaftlichen Bereich. In den letzten zehn Jahren ist ins allgemeine Bewußtsein gedrungen, daß die Industrialisierung unserer Welt neben den unbestreitbaren Wohltaten einen schrecklichen Preis in Form der Zerstörung unserer Umwelt fordert. Es stellt sich uns die Frage, wie wir mit diesem Problem fertigwerden.

Eine Lösung im Geist des Mittelalters würde den Weg der Askese und des Verzichts gehen, also Sparsamkeit und Einschränkungen mit Hilfe religiöser Tabus fordern. Ich bin überzeugt, daß für uns nur der Weg der Naturwissenschaft gangbar ist, d.h. Sparsamkeit mit der Energie und anderen Ressourcen durch bessere Technik, Verzicht auf den Einsatz des eigenen Autos oder von Flugreisen durch Verbesserung des Verkehrssystems und der Nachrichtenverbindungen. Neue Produktionstechniken werden die Umweltschäden vermeiden oder wenigstens verringern, und Altlasten werden aufgearbeitet. All dies bedeutet aber mehr Technik und mehr Naturwissenschaft!

Wenn diese Art der Problemlösung funktionieren soll, müssen zwei Grundbedingungen erfüllt sein:

1. Die naturwissenschaftliche Forschung muß aktiv und lebendig sein. Neue Forschungsthemen müssen entdeckt werden, und die Gemeinschaft der Naturwissenschaftler muß diese Fragen aufgreifen und weiterverfolgen.

2. Die neuen Erkenntnisse und Verfahren müssen an die Technik weitergereicht werden, damit Nutzanwendungen realisiert werden können. Es ist zunächst oft gar nicht absehbar, was alles mit einer neuen Erfindung bewirkt werden kann, und dies gilt sowohl im positiven wie auch im negativen Sinne.

Eine solche Entwicklung fand zum ersten Male im vorigen Jahrhundert statt, als in der Physik die Lehre von der Elektrizität entwickelt wurde und die Technik des Dynamos, Elektromotors und der Glühlampe das Leben in den Städten revolutionierte. Ein zweites Beispiel liefert die Erforschung der Radiowellen in der Physik und die Entwicklung von Radio und Fernsehen in der Technik mit all den heute noch nicht absehbaren Konsequenzen im Zusammenleben der Menschen. Der bisher letzte Fall dieser Art dürfte die Halbleiterphysik mit der Erfindung des Transistors und die technische Revolution durch den Siegeszug des Computers und der Steuerungsautomatik sein.

Leider – oder vielleicht besser «Gott sei Dank» – ist es nicht möglich vorherzusagen, welche naturwissenschaftlichen Gesetzmäßigkeiten schließlich benötigt werden, um ein bestimmtes gesellschaftspolitisches Ziel zu erreichen. Hätte z.B. gegen Ende des vorigen Jahrhunderts der deutsche Generalstab die Entwicklung einer Methode in Auftrag gegeben, die zum Ziel gehabt hätte, tief in der Wunde steckende Kugeln oder Granatsplitter nachzuweisen, dann wäre wahrscheinlich irgendein mechanisches Sondiergerät herausgekommen, aber sicherlich kein Röntgenapparat. Dies wurde erst möglich, als *Wilhelm Conrad Röntgen* ganz ohne praktische Anwendungsmöglichkeiten im Sinn die Wirkungen untersuchte, die immer dann auftreten, wenn Kathodenstrahlen auf eine Metallplatte prallen. Er entdeckte dabei die nach ihm benannten Strahlen mit der Möglichkeit, den menschlichen Körper zu durchleuchten.

Damit dieser Prozeß auch in Zukunft funktioniert, fördert der Staat die Naturwissenschaft in voller Breite, ohne die unmittelbare wirtschaftliche Anwendbarkeit zu sehr in den Vordergrund zu stellen. Ziel ist die Förderung der Naturwissenschaften, aber auch bei einer so breiten Zielvorgabe stellt sich natürlich die Frage nach der Aufteilung der Mittel.

Ideal wäre der weise, allmächtige Minister, der die richtigen Entscheidungen auch gegen engstirnige Berufsinteressen fällt, so wie z.B. der preußische Staatsminister *Wilhelm von Humboldt* 1809 den Astronomen *Friedrich Wilhelm Bessel* als Professor an die Universität Königsberg berufen konnte, obwohl Bessel noch nie eine Universität von innen gesehen hatte. Um die aufgebrachten Königsberger Kollegen etwas zu besänftigen, wurde *Bessel* auf dem Wege dorthin noch schnell von *Gauß* in Göttingen der Doktortitel verliehen, denn er hatte ja nie promoviert!

Leider ist es aber nicht die Regel, daß der allmächtige Staatsminister, der die richtungweisenden Entscheidungen trifft, ein *Wilhelm von Humboldt* ist, viel eher ist er ein ängstlicher, vorsichtiger Bürokrat, der aus Furcht, etwas Falsches zu tun, lieber nichts Neues wagt. Die glänzende Fassade ist dann wichtiger als die Substanz.

Das heute übliche Verfahren hat dagegen eine große Zahl von Beratungsgremien, in denen auch die Wissenschaftler ihre Ansichten und Vorschläge zu Gehör bringen können. Und wenn auch gelegentlich die kurzsichtige Planung der Politik, die ja fast immer nur die Zeit bis zur nächsten Wahl überblickt und die die Erfolge möglichst schon in diesem Zeitintervall ernten möchte, ein langfristig angelegtes Konzept schwer durchsetzbar erscheinen läßt, so werden Fehlentwicklungen doch relativ schnell erkannt und korrigiert. Und da heute kein einzelner Mensch allein die Entscheidungen für längere Zeit bestimmt, sei er Politiker oder Wissenschaftler, ist die Chance einer völligen Fehlentscheidung jetzt vielleicht etwas geringer als zur Zeit des preußischen Obrigkeitsstaates. Allerdings wird man heutzutage notwendige und richtige, aber unpopuläre Entscheidungen oft nur schwer durchsetzen können.

Auch die Astronomie wird auf diese Weise gefördert, und daher konnten in den letzten 20 Jahren große Teleskope gebaut werden, angefangen von der Radioastronomie bis hin zum Röntgenteleskop ROSAT, das 1990/1991 so erfolgreich eingesetzt werden konnte.

Wenn somit der Staat die Astronomie auch nicht aus altruistischen Motiven oder aus Gründen der intellektuellen Neugier fördert, muß es die Astronomie doch als Bringschuld akzeptieren, daß die Öffentlichkeit über die Motive und die Ergebnisse der astronomischen Forschung so informiert werden will, daß auch Nichtfachleuten die Bedeutung und Tragweite der Resultate klarwird. Gerade in der Astronomie gibt es schon sehr lange eine aktive Öffentlichkeitsarbeit, die neue Beobachtungsbefunde und theoretische Einsichten einer breiten Öffentlichkeit verständlich zu machen sucht, und es ist sehr ermutigend, daß auch das Interesse an solchen Bestrebungen weit verbreitet ist.

Astronomie als Beruf

Als eine der sieben freien Künste (artes liberales) gehörte die Astronomie schon immer zum Lehrstoff der Universität und bildete neben Arithmetik, Geometrie und Musik den Inhalt des Quadriviums. Wenn diese Ordnung in Mitteleuropa auch schon in der Zeit des Humanismus (*Erasmus von Rotterdam*) und Barock (*Amos Comenius*) aufgeweicht wurde und seit der Humboldtschen Universitätsreform kaum etwas davon übriggeblieben ist, so gehört noch immer die Astronomie zum Katalog derjenigen Fächer, die an den meisten «alten» Universitäten des deutschsprachigen Raumes gelehrt werden, denn von den 20 Universitäten des Deutschen Reiches um das Jahr 1900 hatten immerhin 14 die Astronomie in ihrem Fächerkanon. Erst die zahlreichen Universitätsneugründungen nach dem Krieg haben diese universelle Vertretung der Astronomie aufgegeben. So ist nur in zwei der neu gegründeten Universitäten, der Ruhr-Universität Bochum und der Universität Erlangen-Nürnberg, die Astronomie als eigenständiges Lehrfach vertreten.

Da ein Universitätsstudium heute vorwiegend der Ausbildung zu einem Beruf dient, stellte sich bei den vielen Reformen des Studiums der letzten 45 Jahre die Frage, ob es ein Diplomexamen in Astronomie geben sollte. Solche Ordnungen hat es zeitweise in Österreich und der DDR gegeben, da aber der Arbeitsmarkt für Diplom-Astronomen doch sehr eng ist, wenn er auf astronomische Berufe in engeren Sinne beschränkt wird, hat sich dieses Verfahren nicht bewährt und ist wieder aufgegeben worden. Astronomie wird heute so, wie es schon immer war, in enger Verbindung mit einer Disziplin studiert, die für eine erfolgreiche astronomische Tätigkeit die Grundvoraussetzungen liefert. Dies war früher die Mathematik, heute ist es die Physik. Und daher bedeutet heute ein Astronomiestudium bis zum ersten Universitätsabschluß ein Studium der Physik.

Natürlich ist dabei möglich, das Schwergewicht auf die Astronomie/Astrophysik zu legen, aber all die übrigen Kursvorlesungen, Praktika und Übungen, die im Rahmen eines normalen Physikstudiums gefordert werden, sind auch hier notwendig. Der einzige Unterschied ist, daß anstatt der physikalischen Spezialdisziplin, auf die sonst das Schwergewicht gelegt wird, wie etwa Hochenergiephysik, Plasmaphysik oder Festkörperphysik, hier die Astrophysik tritt. Auch die Diplomarbeit wird dann über ein astrophysikalisches Thema angefertigt. Die Details sind in den jeweiligen Prüfungsordnungen festgelegt und können von Universität zu Universität unterschiedlich sein. Das Ergebnis ist aber an allen Universitäten das gleiche: Das Abschlußexamen ist ein ganz normales Diplomexamen in Physik, das auch von den Behörden und Firmen so akzeptiert wird. Dem Absolventen steht damit die volle Breite der Berufe offen, die ein Physikdiplom voraussetzen.

Wie die Erfahrung der letzten 20 Jahre gezeigt hat, akzeptiert die Wirtschaft Astrophysiker recht gern auch in solchen Tätigkeitsbereichen, die keinen unmittelbaren Bezug zur Astrophysik haben. Offensichtlich sind die Firmen meistens mehr an Kandidaten mit einer breiten und gründlichen allgemeinen Physikausbildung interessiert, die sich auch schnell in ungewöhnlichen Situationen zurechtfinden, als an solchen mit Spezialkenntnissen. Auch die gute Vertrautheit mit der Praxis der Datenverarbeitung, welche die meisten Diplom-Physiker der Fachrichtung Astrophysik im Laufe ihres Studiums erworben haben, ist wohl ein Vorteil, der mit dazu führt, daß die Stellensuche nach der Diplomprüfung fast immer sehr schnell zum Erfolg führt.

Eine andere Möglichkeit, wie die Astrophysik mit einem normalen Physikstudium verbunden werden kann, besteht darin, die Astronomie als Nebenfach zu wählen. Das bedeutet, daß dann zwar Vorlesungen, Übungen und Seminare in Astronomie absolviert werden und das Fach auch als mündliches Prüfungsfach im Diplomexamen auftaucht, die schriftliche Diplomarbeit aber in einem anderen Spezialgebiet angefertigt wird. Dieser Weg steht auch Studenten offen, die ein Mathematik-Diplom erwerben möchten.

Wenn jemand allerdings das Berufsziel hat, als Wissenschaftler hauptberuflich Astronomie zu betreiben, dann ist eine Promotion in diesem Fach die Voraussetzung. Das bedeutet die Anfertigung einer eigenständigen wissenschaftlichen Arbeit, die unter Anleitung und Aufsicht eines Hochschullehrers erarbeitet wird. Dies kann an der Universität stattfinden, es kann aber auch an einem der Max-Planck-Institute geschehen, da oft die Direktoren und vielfach auch die Gruppenleiter als Hochschullehrer an benachbarten Universitäten habilitiert sind. Eine solche Doktorarbeit dauert meist 2–3 Jahre, und danach steht der Weg als Wissenschaftler offen. Fast immer führt dieser über kürzere oder längere Aufenthalte an ausländischen Forschungsanstalten. Die Habilitation, die formale Qualifikation als Hochschullehrer, ist dann sehr häufig ein weiterer Schritt.

Es ist sehr schwierig, etwas Allgemeingültiges über die Berufsaussichten als Astronom auszuführen. Die im Vergleich zu den Physikern doch geringe Zahl «praktizierender» Berufsastronomen macht eine gezielte Karriereplanung sehr unsicher. Wenn andererseits das Studium breit angelegt wird und die Bereitschaft besteht, die Laufbahnvorstellungen an die aktuellen Möglichkeiten anzupassen, dann ist es durchaus vertretbar, sich auf eine astronomische Karriere einzulassen. Die aktuellen Berufschancen sind fast immer viel besser, als meist befürchtet wird, und sie sind praktisch nicht verschieden von denen der Physik oder Chemie. Eine unabdingbare Voraussetzung jeglicher astronomischer Berufskarriere ist aber in jedem Fall eine große Begeisterung für das Fach.

Die Faszination, die von astronomischen Themen ausgeht, ist weit verbreitet. Viele Jugendliche sind daran interessiert und betreiben Astronomie aktiv als Hobby, sei es durch eigene Beobachtungen oder aber durch Lektüre populärer und halbpopulärer Bücher. Fast alle Astronomen sind schon seit ihrer Kindheit von ihrem Fachgebiet begeistert, und auch von vielen Fachkollegen aus der Physik und anderen Naturwissenschaften hört man immer wieder von solchen Kindheitsträumen.

Ob der Grund dafür nun in kindlicher Abenteuerlust, einer Art Fortsetzung des irdischen Erkundungsdranges in interstellare Weiten oder aber ein Ausdruck für ein Interesse an kosmologischen und kosmogonischen Fragen ist, mag dahingestellt sein. Sicher ist jedoch, daß von diesem kindlichen Interesse alle anderen Naturwissenschaften profitieren, da der Zugang zu ihnen für den kindlichen Geist oft zu abstrakt und formalistisch ist. Auf dem Umweg über die unmittelbar einleuchtenden astronomischen Probleme findet mancher dann den Weg zu anderen Disziplinen. Mancher Student, der schließlich als Physiker, Geophysiker oder Chemiker seinen Studienabschluß machte, hatte ursprünglich die Astronomie als Ziel.

Aber auch ohne ein Hochschulstudium ist eine sinnvolle und befriedigende Beschäftigung mit der Astronomie möglich, wie es die vielen tausend Amateurastronomen beweisen, die es heute gibt. Allein im «Verband der Sternfreunde VdS» in Deutschland sind ca. 2500 Mitglieder organisiert, und ihre Verbandstagungen werden jährlich von Hunderten von Sternfreunden besucht. Es ist beeindruckend, wie hoch der Leistungsstand ihrer Beobachtungen ist, manche erreichen mit ihren Messungen durchaus professionelles Niveau.

Es ist selbstverständlich, daß es enge Verbindungen zwischen Professionellen und Amateuren gibt, viele sind volle Mitglieder der «Astronomischen Gesellschaft», dem Fachverband der deutschsprachigen Astronomen. Andererseits sind Berufsastronomen auch gerngehörte Redner auf Amateurtagungen. Diese fruchtbare Wechselwirkung ist im beiderseitigen Interesse, denn nur so kann das allgemeine Interesse an ihrer Arbeit wachgehalten werden.

Astronomie und Weltbild

Ein Problem, das früher für viele einer intensiven Beschäftigung mit der Astronomie im Wege stand, hat heute in der westlichen Zivilisation keine große Bedeutung mehr: der mögliche Widerspruch zwischen den kosmogonischen Aussagen der Religion und den Vorstellungen der Astronomie. Zu *Galileis* Zeiten war dies ein Problem, das bedrohliche Züge annehmen konnte. Später, in der zweiten Hälfte des neunzehnten Jahrhunderts, führte der Widerspruch dazu, daß viele, wenn nicht die meisten Naturwissenschaftler Agnostiker wurden. Sicher ist dies mit ein Grund dafür, daß der dialektische Materialismus einen doch recht primitiven Atheismus vertritt.

Heute ist die Situation in den Naturwissenschaften grundlegend anders. Mir ist zwar nicht bekannt, wie die religiöse Einstellung der Astronomen ist, sicher ist aber, daß naturwissenschaftliche Erkenntnisse keinen Einfluß auf die religiöse Einstellung haben müssen. Grund dafür ist weniger die Tatsache, daß viele kosmogonische Grundvorstellungen der Astrophysik eine gewisse Affinität zu Vorstellungen der christlichen Religion von der Schöpfung haben, als vielmehr die Einsicht, daß jede religiöse Verkündung, jede Offenbarung durch menschliche Vermittlung weitergegeben wird.

Auch wenn diese Offenbarung als göttlichen Ursprungs akzeptiert wird, verwendet sie ja menschliche Begriffe und Bilder. Dies ist notwendig, da die Adressaten die Menschen ihrer Zeit waren und die Botschaft daher eine Sprache verwenden muß, die diese verstehen. Insofern enthält die Botschaft immer auch ein zeitgebundenes Moment, der Inhalt kommt im irdischen Gewand seiner Zeit einher. Wollen wir heute die religiöse Substanz der Offenbarung verstehen, wollen wir die Bedeutung der kosmologischen oder kosmogonischen Gedanken in ihr verstehen, dann müssen wir begreifen, wie die Menschen damals dachten und was sie von der Welt wußten. Eine Übersetzung des alten Berichts in moderne Begriffe und Kategorien des Weltverständnisses ist alles andere als trivial und wird bei jedem Theologen unterschiedlich ausfallen. Sicherlich ist es aber falsch, wenn man die Bibel als naturwissenschaftliches Kompendium auffaßt.

In einen Gegensatz zu religiösen Offenbarungen kann die moderne Kosmologie und Kosmogonie daher nur für solche fundamentalistische Religionen geraten, die ihre heiligen Schriften in jedem Detail als unmittelbaren, wörtlichen Ausfluß der göttlichen Offenbarung auffassen. Dies sind im Kreis der christlichen Religionen wohl nur die fundamentalistischen evangelischen Sekten, und in der Tat gibt es ja vor allem in den USA Probleme in dieser Art. Es ist aber von Europa aus wohl nur schwer zu beurteilen, ob die «Creationalists» tatsächlich eine echte Gefahr für die naturwissenschaftlich fundierte Zivilisation sind oder ob es sich mehr um eine amerikanische Kuriosität handelt.

Wenn die Informationen über die religiösen Auffassungen in den islamischen Ländern, wie man sie der Tagespresse entnehmen kann, richtig sind, könnte es ähnliche Konflikte mit vielen islamischen Richtungen geben. Dies wird aber wohl erst dann von Wichtigkeit werden, wenn konsequent islamische Staaten eine eigenständige Stellung zur modernen Naturwissenschaft einnehmen müssen. Bisher ist dies für sie nicht aktuell, da Naturwissenschaft ein Importprodukt der abendländischen Zivilisation ist.

Wenn somit die Religion und die Naturwissenschaft jetzt in Frieden miteinander leben, bedeutet dies nicht, daß das naturwissenschaftliche Paradigma in unserer Zivilisation ohne Widerspruch und Gegner ist und daß sein Ersatz durch andere Denksysteme unvorstellbar wäre. Das Gedeihen der Naturwissenschaft beruht ja nicht nur darauf, genügend finanzielle Mittel für die Forschungen und ihre Anwendungen bereitstellen, viel wichtiger ist, daß ein ständiger Zustrom junger Menschen vorhanden ist, deren Träume und Phantasien auf die Naturwissenschaften gerichtet sind. Sie treiben als junge, unverbrauchte Forscher die Wissenschaft voran, wagen es, neue Wege zu gehen. Wenn sie fehlen, dann stagniert die Wissenschaft.

Das ist bisher nicht der Fall, die Möglichkeit ist aber nicht undenkbar, wenn man an die Auseinandersetzungen denkt, die es um die Kernenergie gegeben hat und noch immer gibt. Natürlich sind die Dimensionen der damit verbundenen Energien, der Zeitskalen, des Gefährdungspotentials und der Komplexität der Risikoanalyse nur schwer vergleichbar mit allen vorhergegangenen industriellen Vorgängen. Die Ablehnung der Kernenergie durch weite Bevölkerungskreise hat sicher Konsequenzen für die industrielle Zukunft, besonders im Hinblick auf die Notwendigkeit, die Belastung der Atmosphäre mit Abgasen wegen des Treibhauseffektes einzudämmen. Hier kommen große Probleme auf uns zu, und *eine* Möglichkeit ist immerhin, daß die Tätigkeit des Wissenschaftlers nicht mehr als positiver Dienst an der Zukunft der Menschheit aufgefaßt wird, sondern als Tun eines verantwortungslosen Verderbers erscheint.

Erste Ansätze von Auswirkungen solcher Art scheinen sich im Zusammenhang mit der Gentechnik anzudeuten. Um Gefahren für die Umwelt in unserem dichtbesiedelten Land durch genetisch manipulierte Pflanzen oder Tiere möglichst von vornherein auszuschließen, haben wir in Deutschland eine sehr restriktive Gesetzgebung, was die Zulassung solcher Experimente betrifft. Das hat schon heute dazu geführt, daß die großen Chemiefirmen solche Entwicklungen nicht hier vorantreiben, sondern Forschungslaboratorien, die auf diesen Gebieten arbeiten, in anderen Ländern betreiben, mit entsprechenden Auswirkungen auf die Forschungslandschaft. An vielen Universitäten sind Projekte, Genforschung und -manipulation in größerem Rahmen zu fördern, zurückgefahren worden.

Eine solche Situation hat sicher auch Einfluß auf die Lebensplanung junger Menschen. Es geht hier viel weniger um die Möglichkeit, mit der betreffenden Forschungstätigkeit seinen Lebensunterhalt zu verdienen als um die Frage, ob in der öffentlichen Meinung diese Tätigkeit positiv eingeschätzt wird.

Setzt sich eine negative Tendenz durch, dann suchen sich die Träume und Phantasien der Jugendlichen ein anderes Ziel, und sie werden nicht mehr den Weg der formalen Naturwissenschaft gehen. Ein Niedergang der Naturwissesnschaft könnte die mögliche Folge sein.

Die Probleme in unserer Welt sind aber sicherlich so groß, daß noch lange das Überleben unserer Zivilisation nicht selbstverständlich ist. Zwar gehen viele Gefahren von den technischen Anwendungen des naturwissenschaftlichen Paradigmas aus. Wie aber eine Weltzivilisation mit 6 Milliarden Menschen aussehen sollte, die ohne die Grundlage einer freien Naturwissenschaft auszukommen versucht, ist jenseits meines Vorstellungsvermögens.

Anhang

Glossar

Aberration des Lichts ist eine scheinbare Richtungsänderung des Lichts, die entsteht, wenn sich der Lichtempfänger quer zu der Richtung bewegt, aus der das Licht kommt. Maßgebend ist hierbei das Verhältnis der Geschwindigkeit des Empfängers zur Lichtgeschwindigkeit.

Absolute Größe eines Sterns ist seine Helligkeit, gesehen aus einer Einheitsentfernung. Üblicherweise wird hierfür willkürlich die Entfernung 10 pc = 32.4 Lichtjahre angenommen.

Absorption (von Licht). Im Vakuum breitet sich Licht ungestört aus, die *Helligkeit* einer Lichtquelle nimmt deshalb quadratisch mit der Entfernung ab, weil sich die Lichtenergie auf einen immer größeren Bereich des Raumes verteilt. Ist Materie im Raum vorhanden, dann kann diese einen Teil der Lichtenergie absorbieren, wenn die geometrischen Dimensionen der Materiepartikel vergleichbar mit der Wellenlänge des Lichts sind (Absorption). Berücksichtigt man zusätzlich noch die Tatsache, daß ein Teil des Lichts durch die Staubkörnchen aus der ursprünglichen Ausbreitungsrichtung herausgebeugt wird, dann spricht man von *Extinktion*, die immer größer als die Absorption ist.

Absorptionslinien. Heißes Gas sendet Linienstrahlung als Emissionslinien aus; wird dieses Gas aber vor einem helleren Hintergrund gemessen, dann erscheinen die gleichen Linien dunkel vor einem hellen Hintergrund. Auch die allermeisten Spektrallinien in einem Sternspektrum sind dunkle Absorptionslinien. Hier ist der Grund die Zunahme der Gastemperatur mit der Tiefe in der Sternatmosphäre. Für Strahlung genau in der Linienmitte ist das Gas wesentlich undurchsichtiger als für solche am Rand der Linie. Strahlung in der Linienmitte stammt daher aus höheren, kälteren Atmosphärenschichten als Strahlung neben der Linie. Diese erscheint daher als Absorptionslinie.

Astronomische Einheit (Abkürzung: AE). Entfernungseinheit für Entfernungsangaben innerhalb des Sonnensystems. 1 AE ist gleich der mittleren Entfernung der Erde von der Sonne. 1 AE = 149.6 Millionen km.

Bethe-Weizsäcker-Zyklus. Die Fusion von vier Wasserstoffkernen zu einem Heliumkern kann nicht in einem Schritt ablaufen. Im Jahr 1938 hat zuerst *C. F. von Weizsäcker*, etwas später *Hans Bethe* gezeigt, wie eine solche Fusion über einem mehrstufen Zyklus unter der katalytischen Vermittlung von ^{12}C, ^{13}C, ^{14}N und ^{15}O ablaufen kann. Später zeigte sich, daß dieser Prozeß vorwiegend in Sternen mit einer Masse größer als etwa 2–3 Sonnenmassen eine Rolle spielt. In masseärmeren Sternen wird die Energie vorwiegend vom sogenannten Proton-Proton-Prozeß erzeugt.

Bogensekunde (″). Auf die Babylonier zurückgehende Unterteilung des Winkels. Vollkreis 360°, 1° = 60′, 1′ = 60″. 1″ ist etwa der 1800. Teil des Winkeldurchmesser des Mondes.

Brechungsindex. Ein Lichtstrahl, der schräg auf ein transparentes Medium fällt, erfährt in diesem eine Richtungsänderung. Das Brechungsgesetz wurde von dem Holländer *Willibrord Snell* (1591–1626) 1621 entdeckt, der Brechungsindex ist eine Materialkonstante.

Doppelsterne. Ein beträchtlicher Teil der Sterne steht nicht allein im Weltraum, sondern ist ein Doppel- oder Mehrfachstern. Bei genügendem Auflösungsvermögen des Teleskops kann dies direkt im Fernrohr nachgewiesen werden. Wenn dann diese Sterne wegen ihrer gegenseitigen Anziehungskraft in elliptischen Bahnen umeinander kreisen, kann dies messend verfolgt werden; die resultierenden Bahnen sind die sichersten Quellen für Sternmassen. Besonders enge Doppelsterne können nicht visuell getrennt werden, sondern machen sich nur durch die periodische Linienverschiebung in ihren Spektren wegen der Dopplerverschiebung der Spektrallinien, hervorgerufen durch die Bahnbewegung, bemerkbar.

Dopplereffekt. Verschiebung von Frequenz und Wellenlänge von Wellen, die durch einen Beobachter gemessen werden, wenn Quelle und Empfänger eine Relativgeschwindigkeit in Richtung der Verbindungslinie besitzen. Dies gilt für Wellenvorgänge aller Art, Schallwellen wie für elektromagnetische Wellen. Die Änderung der Frequenz in Einheiten der ausgesandten Frequenz bzw. der Wellenlängenänderung in Einheiten der ausgesandten Wellenlänge ist gleich der Relativgeschwindigkeit von Quelle und Empfänger in Einheiten der Ausbreitungsgeschwindigkeit. Eine befriedigende physikalische Theorie des Dopplereffektes beim Licht erfordert den Einsatz der speziellen Relativitätstheorie.

Der Effekt ist nach seinem Entdecker, *Christian Johann Doppler* (1803–1853) aus Salzburg, benannt, der ihn 1842 zuerst beschrieb. Da die typischen Radialgeschwindigkeiten von Sternen in unserer Galaxis meist nur wenige km s^{-1} betragen, verschiebt sich die Wellenlänge der Linien in den Sternspektren nur sehr wenig und erfordert daher sehr genaue spektroskopische Messungen; bei den Fluchtgeschwindigkeiten extragalaktischer Systeme mit vielen 1000 km s^{-1} werden dagegen schon Linienverschiebungen von vielen Prozent erreicht.

Drehimpuls ist ein Maß für die «Heftigkeit» einer Drehbewegung. Sie hängt ab von der Massenverteilung und der Drehgeschwindigkeit. Auch für den Drehimpuls gilt ein Erhaltungssatz (s. *Impuls*).

Dunkle Materie. Die Existenz von Materie kann in der Astrophysik auf zweierlei Weise nachgewiesen werden. Die Gravitationswechselwirkung weist die schwere Materie nach, Wechselwirkungen der Materie mit dem Licht ergeben die sichtbare Materie. Meistens führen beide Methoden auf ähnliche Materiemengen, seit einigen Jahren wird aber immer deutlicher, daß die auf gravitativen Wechselwirkungen beruhenden Massen von Galaxien und Galaxienhaufen systematisch größer sind als die aufgrund der Wechselwirkungen mit Licht erschlossenen Massen. Eine Lösungsalternative für diesen Widerspruch ist die Existenz von *dunkler Materie*, also Materie, die zwar Gravitationswirkungen ausübt, aber keine nennenswerten Wechselwirkungen mit Licht hat. Über ihre Natur ist darüber hinaus praktisch nichts bekannt. Anzeichen für das Vorkommen solcher dunklen Materie gibt es vor allem in den Außenbereichen großer Galaxien, auch unserer eigenen, und in Galaxienhaufen, wo die dunkle Materie den 10- bis 100fachen Betrag der sichtbaren auszumachen scheint.

δ-*Cephei-Sterne.* Pulsationsveränderlicher Stern, der seine Helligkeit dadurch variiert, daß sein Radius periodisch zu- und abnimmt. Aufgrund der *Perioden-Leuchtkraft-Beziehung* kann man δ-Cephei-Sterne als Entfernungsindikatoren verwenden.

Elliptische Galaxien. Galaxien mit glatter Struktur und spindelförmigem bis kreisförmigem Aussehen. Wahrscheinlich kann die räumliche Struktur solcher Gebilde sehr unterschiedlich sein, es scheint sowohl diskusförmige wie echte spindelförmige Gebilde zu geben. Die meisten E.G. enthalten nur wenig Gas und Staub, und es gibt wahrscheinlich kaum rezente Sternentstehung in ihnen. Es gibt E.G. mit sehr geringen ($< 10^9$ M$_o$) und sehr hohen ($>10^{12}$ M$_o$) Massen.

Entartete Materie. Bei sehr hohen Materiedichten führen quantenmechanische Effekte zu einem zusätzlichen Druckterm. Dieser ist abhängig von der Masse der Gaspartikel und tritt für Elektronen schon viel früher auf, als wie für Protonen oder Neutronen. In *Weißen Zwergen* ist nur das Elektronengas im Sterninneren entartet und bestimmt den Aufbau vollständig, in den dichteren *Neutronensternen* sind auch die Neutronen entartet. Es ist charakteristisch für Sterne mit Gasentartung, daß ihr Durchmesser um so geringer ist, je größer ihre Masse ist, und es gibt eine *Grenzmasse* (die *Chandrasekhar-Masse*, so benannt nach ihrem Entdecker), jenseits derer keine stabile Sternkonfiguration mehr möglich ist (1.44 M$_o$ für Weiße Zwerge, ca. 3 M$_o$ für Neutronensterne).

Epizykeltheorie. Theorie zur Erklärung der komplizierten Bewegungen der Planeten an der Fixsternsphäre im Rahmen eines geozentrischen Weltbildes, aufgestellt nach pythagoräischen Vorarbeiten durch *Apolonius aus Perge* in Alexandrien gegen 215 v. Chr. Danach bewegt sich ein Planet nicht direkt auf einer Kreisbahn um die Erde, sondern auf einem zweiten, kleinen Kreis, dem Epizykel, dessen Mittelpunkt auf einer zweiten, größeren Kreisbahn um die Erde herumgeführt wird. Die Bewegung aller Planeten auf ihren Epizykeln ist eng mit der Bewegung der Sonne verknüpft. Durch Anpassung der Kreisradien und der Umlaufzeiten war eine brauchbare Darstellung der Beobachtungen möglich.

Erhaltungssätze der Physik. Eine der fundamentalen Entdeckungen der Physik ist die Tatsache, daß es möglich ist, in einem Raumgebiet bestimmte Größen zu definieren, deren Meßwert zeitlich unveränderlich bleibt, auch wenn beliebige physikalische Vorgänge ablaufen, solange nur das betreffende Gebiet isoliert bleibt. Nach dem Noetherschen Theorem (*Emmy Noether* 1882–1935, Göttingen 1918) sind die Erhaltungssätze eng mit Symmetrieeigenschaften des Systems verknüpft. So folgt die *Erhaltung der Gesamtenergie aus der Homogenität der Zeit*, d.h. aus dem Umstand, daß es keine ausgezeichneten Zeiten gibt. Jeder Prozeß würde gleichartig auch zu einem beliebigen anderen Zeitmoment ablaufen. Durch *Einstein* wurde die Energieerhaltung mit der Erhaltung der Materie verknüpft, als er zeigte, daß Masse und Energie ineinander umgewandelt werden können.

Die *Homogenität des Raumes*, d.h. die Tatsache, daß es keine ausgezeichneten Orte im Raum gibt, führt zur *Impulserhaltung*, die *Isotropie*, d.h. die Gleichwertigkeit aller Richtungen, führt zur Erhaltung des *Drehimpulses*.

Farben-Helligkeits-Diagramm. Modifikation des Hertzsprung-Russell-Diagramms, bei dem anstatt des geschätzten Spektraltyps der Sterne ihre gemessene Eigenfarbe aufgetragen wird. Da in diesem Fall echte Meßgrößen verwendet werden, ist für ein FHD eine größere Genauigkeit möglich als für ein Hertzsprung-Russell-Diagramm.

Friedmann-Gleichung ist eine Differentialgleichung für die Zustandsgrößen des Universums, die aus den Feldgleichungen der Allgemeinen Relativitätstheorie *Einsteins* folgen wenn man für die Welt das *kosmologische Prinzip* zugrunde legt, d.h., wenn man Homogenität und Isotropie für diese annimmt. Sie wurde 1922 zuerst von *Alexander Friedmann* in St. Petersburg, Rußland, aufgestellt. Die Friedmann-Gleichung ist das Analogon zum Energiesatz der klassischen Mechanik.

Galaxien. Ansammlung von Gas, Staub und Sternen mit einer Gesamtmasse von typischerweise 10^9–10^{12} M_o. Unser Milchstraßensystem ist eine solche Galaxie, die durch die gegenseitige Gravitationswirkung der Materie zusammengehalten wird. Meistens hat eine Galaxie eine linsenförmige Gestalt und rotiert um die Symmetrieachse. Die Anzahl Galaxien im Universum ist sehr groß, auf weitreichenden photographischen Aufnahmen sind mehr Galaxien sichtbar als Sterne. Die Form der Galaxien kann recht unterschiedlich sein, ihre Phänomenologie wird durch das Hubblesche *Stimmgabeldiagramm* beschrieben.

Gravitationsinstabilität. Wird in einer Materiekonfiguration, in der die (anziehende) Gravitation mit den (auseinandertreibenden) Druckkräften und dynamischen Kräften, die durch Materiebewegungen verursacht sind, im Gleichgewicht ist, die Materiedichte geringfügig erhöht, so steigen sowohl die Gravitationskraft wie die Druckkräfte an. Ist die Zunahme der Eigengravitation größer als die Zunahme der Druckkräfte, dann wird die Dichtekonzentration weiter zunehmen, das System ist gravitationsinstabil. Die dabei wesentliche Längenskala ist die *Jeans-Länge*, die entprechende Masse die *Jeans-Masse*.

Gravitationstheorie. Die Newtonsche Gravitationstheorie schreibt jedem Massenpunkt eine anziehende Gravitationskraft zu, die proportional der Masse dieses Punktes ist und die quadratisch mit der Entfernung zu diesem Punkt abnimmt. Die Kraft ist instantan über beliebig große Entfernungen hinweg wirksam.

In der Allgemeinen Relativitätstheorie *Einsteins* wird diese Theorie verallgemeinert, und insbesondere wird eine endliche Ausbreitungsgeschwindigkeit der Gravitationskraft eingeführt. Während der Grenzfall schwacher Felder und langsamer Geschwindigkeiten der Körper (im Vergleich zur Lichtgeschwindigkeit) mit der Newtonschen Theorie übereinstimmt, gibt es bei schnellen Bewegungen und bei der Auswirkung auf die Lichtausbreitung Unterschiede, die in den berühmten drei Tests der ART ihren Ausdruck finden.

Größenklasse. Wegen des großen Wertebereichs, den die Helligkeit der Sterne annimmt, ist eine logarithmische Größenklassenskala üblich. Aus historischen Gründen entspricht eine Größenklasse (1^m) einem Intensitätsverhältnis von 2.512, so daß 5^m gerade einem Intensitätsverhältnis von 1:100 entsprechen.

Hauptreihe. Wenn sich ein Stern aus interstellaren Wolken bildet, verdichtet sich die Materie in seinem Inneren, bis schließlich die Temperatur so hoch wird, daß Kernverschmelzungsprozesse möglich werden. Die dabei entstehende Leuchtkraft ist charakteristisch für die Masse, und auch die Oberflächentemperatur des Sterns hängt von dieser Masse ab. Deshalb finden wir diese Sterne vorwiegend auf der Hauptreihe im Farben-Helligkeits-Diagramm. Nur wenn der innere Aufbau der Sterne durch Effekte der Sternentwicklung stark modifiziert worden ist, bewegen sich Sterne von dieser Hauptreihe fort; mehr als 90% aller beobachteten Sterne liegen auf der Hauptreihe.

Hertzsprung-Russell-Diagramm. Der Däne *Ejnar Hertzsprung* (1873–1967) trug 1905 zuerst die absolute Helligkeit von Sternen bekannter Entfernung gegen ihren Spektraltyp auf und fand, daß die meisten Sterne entlang der Hauptreihe aufgereiht sind. Es gibt jedoch seltene rote Sterne, die eine wesentlich größere Leuchtkraft haben als der Rest, die sogenannten Roten Riesen. Sie sind oberhalb der Hauptreihe angesiedelt. 1913 vergrößerte der Amerikaner *H. N. Russell* das Material, so daß heute diese Darstellungsart nach beiden Autoren benannt wird.

Hubble-Gesetz. Nach *Edwin Hubble* nimmt die Rotverschiebung der Galaxien nahezu proportional zu ihrer Entfernung zu. Diese Proportionalität gilt für Fluchtgeschwindigkeiten, die klein im Vergleich zur Lichtgeschwindigkeit sind. Die Proportionalitätskonstante ist die *Hubble*-Konstante. Über ihren Wert gibt es seit fast 20 Jahren eine Kontroverse unter den Astronomen. Eine Gruppe um *Sandage* und *Tamman* verteidigt eine *Hubble*-Konstante von ca. 50–60 km s^{-1} Mpc, während *de Vaucouleurs* und *van den Bergh* 90–100 km s^{-1} Mpc für den korrekten Wert halten. Diese unterschiedlichen Werte führen zu einem unterschiedlichen Alter des Universums.

HII-Gebiet oder Strömgren-Sphäre. Photonen mit einer Wellenlänge $\lambda < 912$ Å haben genügend Energie, um ein Wasserstoffatom zu ionisieren, d.h. das gebundene Elektron des H-Atoms abzutrennen. Heiße Sterne mit $T_{eff} >$ 30000° K sind daher von einem Bereich voll ionisierten Wasserstoffgases umgeben. *Bengt Strömgren* zeigte 1938 zuerst, daß solche Gebiete einen scharfen Rand zu nicht ionisiertem Gas besitzen. Da aber ionisiertes Wasserstoffgas im Licht von *Rekombinationslinien* leuchtet, sind voll ionisierte Strömgren-Sphären als leuchtende Gasnebel sichtbar.

Impuls oder Bewegungsgröße. Das Produkt aus Masse und Geschwindigkeit ist charakteristisch für die «Heftigkeit» einer Bewegung und am ehesten vergleichbar mit dem impetus der Antike und des Mittelalters. Der Impuls ist eine gerichtete Größe (ein Vektor), und für ihn gilt ein Erhaltungssatz.

Inertialsystem. Koordinatensystem, in dem das Trägheitsgesetz gilt, d.h. ein Körper mit einer gegebenen Geschwindigkeit behält diese bei, solange keine externen Kräfte auf ihn einwirken. Wenn ein Koordinatensystem ein Inertialsystem ist, dann ist jedes Koordinatensystem, das sich zu diesem mit konstanter Geschwindigkeit bewegt, ebenfalls ein Inertialsystem. Dies ist die Aussage des Galileischen Relativitätsprinzips und seiner Verallgemeinerung, dem Einsteinschen Relativitätsprinzip.

Isotropie – Anisotropie. Eine Welt, in der alle Richtungen gleichberechtigt sind und einen grundsätzlich gleichartigen Anblick liefern, nennt man isotrop. Solche mit ausgezeichneten Richtungen, wie es etwa eine Rotationsachse oder eine Vorzugsrichtung eines Strömungsfeldes darstellt, ist dann *anisotrop*.

Kegelschnitt. Nach der Newtonschen Gravitationstheorie umkreisen zwei Massenpunkte einander auf Kegelschnitten. Eine *elliptische Bahn* wird beschrieben, wenn die relative Bahngeschwindigkeit niedriger als ein Grenzwert ist, der von der Massensumme, der gegenseitigen Entfernung und der relativen Bahngeschwindigkeit abhängt. Wird dieser Grenzwert angenommen, beschreiben die Massenpunkte die *parabelförmige* Grenzbahn, für Werte oberhalb dieses Grenzwertes wird eine *hyperbolische* Bahn eingenommen. Sowohl die parabolische wie auch die hyperbolische Bahn erstreckt sich bis ins Unendliche, die Massenpunkte trennen sich daher.

Alle drei Bahnformen können durch den Schnitt eines Kreiskegels mit einer Ebene erzeugt werden, daher der Name der Kurvenformen.

Kelvin. Temperaturskala für die absolute Gastemperatur. Der Temperaturschritt 1° K ist der gleiche wie in der Celsius-Skala, nur der Nullpunkt ist verschieden: 0°K = −273.13°C.

Konvektion. Die durch die Fusion des Wasserstoffs zu Helium erzeugte Energie diffundiert relativ langsam aus dem tiefen Sterninneren an dessen Oberfläche. Dies geschieht meist in Form von Strahlung, die laufend von den Atomen der Materie im Sterninneren emittiert und wieder absorbiert wird. Dabei legt ein Energieelement einen komplizierten und langen Weg zurück. Im Falle der Sonne dauert es viele Millionen Jahre, bis die Energie an die Sonnenoberfläche gelangt ist. Übersteigt die angefallene Energiemenge die Transportkapazität der Sternmaterie, dann setzt Konvektion ein, d.h. die Materie brodelt wie ein kochender Wasserkessel. Es gibt bestimmte Kriterien, die entscheiden, wann solche Konvektion einsetzt.

Kosmische Magnetfelder. Die Existenz von großräumigen Magnetfeldern in der Milchstraße kann auf Grund ihrer Wechselwirkungen mit anderen Bestandteilen des interstellaren Mediums nachgewiesen werden.

a) längliche Staubpartikel mit bestimmten elektromagnetischen Eigenschaften werden im Magnetfeld ausgerichtet und können so das Licht von Sternen polarisieren. Dies ist gemessen worden.

b) Elektronen, die sich mit nahezu Lichtgeschwindigkeit bewegen, werden durch das Magnetfeld abgelenkt und senden dabei sogenannte Synchrotronstrahlung aus.

c) Magnetfelder im Zusammenspiel mit interstellaren Elektronen drehen die Polarisationsebene von elektromagnetischen Wellen (sog. Faraday-Rotation).

Durch diese Effekte ist die Existenz und Stärke kosmischer Magnetfelder zweifelsfrei nachgewiesen.

Kosmogonie. Die Lehre von der Entstehung des Universums. Hierbei wurde natürlich immer der bekannte Teil des Universums hervorgehoben. Daher bedeutete Kosmogonie bis Anfang dieses Jahrhunderts fast immer die Kosmogonie der Sonne und des Planetensystems. Am bekanntesten sind hier die Vorstellungen von *Kant* bzw. von *Laplace*. In den zwanziger und dreissiger Jahren war dann die *Jeanssche* Hypothese populär, wonach das Planetensystem aus einem engen Vorübergang eines anderen Sterns an der Sonne entstanden sein sollte. Auch dieser Vorschlag hat viele Vorläufer, er geht wohl auf die Vorstellungen von *George Buffon* (1707–1788) zurück. Heute versteht man unter Kosmogonie die Entstehung des Universums und seines Inhaltes als Ganzem. Sie ist damit natürlich sehr eng mit der *Kosmologie* verwandt.

Kosmologie. Lehre vom Aufbau des Universums. Seit *Giordano Bruno* wurde die Welt als unendlich beschrieben. Probleme mit einer unendlichen Verteilung der Materie ergaben sich dann aber mit der Newtonschen Gravitationstheorie, und auch das Olberssche Paradoxon wies auf Schwierigkeiten einer solchen Vorstellung hin. Die Einsteinsche Allgemeine Relativitätstheorie führte dann zur Vorstellung gekrümmter Räume, die die Möglichkeit der Existenz endlicher, aber unbegrenzter Weltmodelle eröffnete. *Friedmann* zeigte die Möglichkeit auf, im Rahmen der ART Weltmodelle mit einer zeitlichen Entwicklung zu definieren, die durch die Entdeckung der Hubbleschen Rotverschiebung der Galaxien aktuell wurden. Dadurch wurde die Frage einer zeitlichen Entwicklung der Welt der empirischen Forschung zugänglich und damit auch das Problem eines Anfangs der Welt. Hier berühren sich Kosmologie und Kosmogonie so eng, daß sie heute kaum noch auseinandergehalten werden. Insbesondere sind viele empirische Angaben über den Zustand der Welt – also die Fragen der Kosmologie – nur aus der Entstehung der Welt – also Fragen der Kosmogonie – zu beantworten.

Kosmologische Konstante – Lambda-Glied. Die Feldgleichungen der allgemeinen Relativitätstheorie enthalten in ihrer allgemeinsten Form ein Glied mit einer Konstanten, die meist mit λ bezeichnet wird. Je nach Vorzeichen entspricht dies einer zusätzlichen Anziehung ($\lambda > 0$) oder Abstoßung ($\lambda < 0$). Aus allgemeinen Prinzipien kann über den Wert von nichts hergeleitet werden, es ist eine weitere Naturkonstante, deren numerischer Wert sehr klein ist und wahrscheinlich einen geringfügig negativen Wert hat.

Kosmologisches Prinzip. Übertragung des Kopernikanischen Prinzips auf das Universum als Ganzes. Rückte Kopernikus die Erde aus ihrer zentralen Stellung im Planetensystem, erhebt das kosmologische Prinzip dies zu einem Grundsatz für die Welt als Ganzes. Danach soll der Raum *homogen* sein, d.h. er soll von jedem Punkt aus genauso aussehen, wie er von der Erde aus gesehen wird. Nimmt man noch zusätzlich an, daß alle Richtungen prinzipiell gleichwertig sind, dann muß der Raum zusätzlich *isotrop* sein, und das Schursche Lemma beweist dann, daß wir in einem mathematisch besonders einfach strukturierten Raum, einem Raum konstanter Krümmung, leben (s. auch *perfektes kosmologisches Prinzip*).

Leuchtkraftentfernung. Wenn die Leuchtkraft eines Objekts in absoluten Einheiten bekannt ist, dann kann aus der gemessenen scheinbaren Helligkeit die Entfernung bestimmt werden. Dabei ist natürlich erforderlich, daß auf irgendeine Weise die etwa vorhandene Lichtextinktion auf dem Wege zwischen Quelle und Meßgerät abgeschätzt werden kann. Für viele Objekte sind solche Leuchtkraftentfernungen die einzigen möglichen Entfernungsangaben. Bei ganz großen Entfernungen in der Kosmologie spielen Effekte der relativistischen Lichtausbreitung eine Rolle, die Leuchtkraftentfernungen sind dann modellabhängig.

Leuchtkraftfunktion. Gibt die Verteilungsfunktion von Objekten bezüglich ihrer Leuchtkraft, also z.B. die Anzahl der Sterne pro Größenklassenintervall 1^m in einem gewissen Raumvolumen. Diese Funktion ist oft schwierig zu bestimmen, da die hellen Objekte aus einem wesentlich größeren Raumvolumen sichtbar sind als solche mit geringer Leuchtkraft. Die Leuchtkraftfunktion ist aber für jede Art von Objekten eine der grundlegenden Größen, wenn man ihre Physik verstehen will.

Lokale Gruppe ist eine kleine Gruppe von Galaxien, die enge Nachbarn unserer eigenen Galaxis sind. Außer dieser, ihren Begleitern, der Großen und der Kleinen Magellanschen Wolke sowie der Andromeda-Galaxis gehören noch etwa 20 weitere kleine Systeme dazu.

Machsches Prinzip ist die Hypothese, daß die Trägheit eines Körpers im lokalen Inertialsystem durch seine Wechselwirkungen mit der gesamten Materie im Universum hervorgerufen wird. Wenn das Machsche Prinzip gilt, kann es keine Weltmodelle geben, in denen es eine Gesamt-Rotation gibt, wie es z.B. im Gödelschen oder Ozsvath-Schückingschen Weltmodell der Fall ist.

Maser, Laser. Akronym, gebildet aus den Anfangsbuchstaben von «Microwave amplification by stimulated emission of radiation» bzw. «light amplification» etc. *Einstein* hatte 1916 gezeigt, wie ein Atom, das einzelne «diskrete» innere Energiezustände besitzt, mit einem äußeren Strahlungsfeld in Wechselwirkung tritt. Diese Überlegungen konnten 1954 von *C. H. Townes* und Mitarbeitern ausgenutzt werden, um einen Mikrowellenverstärker zu entwickeln; gegen 1960 wurden dann die ersten Laser-Lichtquellen entwickelt.

Masse-Leuchtkraft-Verhältnis. Verhältnis der Masse eines Systems – ausgedrückt in Sonnenmassen – zur Leuchtkraft desselben Systems – ausgedrückt in

Sonnenleuchtkräften. Für die Sonne ist dies Verhältnis 1, und für ein System, das aus lauter sonnenähnlichen Sternen aufgebaut ist, kommt ebenfalls 1 heraus. Bei B-Sternen – Masse $\approx$ 20 Sonnenmassen, Leuchtkraft 10000 – ergibt sich $M/L = 0.002$ hieraus, während M-Sterne $M/L = 5$ haben. Das Masse-Leuchtkraft-Verhältnis sagt also etwas über die Zusammensetzung des Systems aus. Ein extremes M/L-Verhältnis, etwa $M/L \approx 200$ für den Coma-Galaxienhaufen, ist ein Hinweis auf die Existenz von dunkler Materie.

Neutronenstern. Kann ein Stern keine Energie durch Kernfusion mehr erzeugen, kontrahiert er, um seine Ausstrahlung zu decken. Wenn seine Masse > 1.5 M_0 ist, wird die Dichte nahe seinem Zentrum so groß, daß alle Atomkerne in Neutronen aufgelöst werden und ein Neutronenstern entsteht. Der Innendruck des Sterns wird praktisch vollständig durch den Entartungsdruck der Neutronen hervorgerufen. Für Sternmassen > 8–30 M_0 ist kein stabiler Zustand möglich, der Stern wird zu einem «Schwarzen Loch». Neutronensterne wurden zuerst 1968 als *Pulsare* nachgewiesen, sie haben einen typischen Sternradius von nur 10 km.

Olberssches Paradoxon. Aus der Tatsache, daß die Flächenhelligkeit einer ausgedehnten Lichtquelle unabhängig von der Entfernung ist, schloß *Olbers* 1826, daß in einem unendlich ausgedehnten, sternerfüllten Universum der Nachthimmel überall so hell wie die Fläche der Sonne sein müßte. Er leitete daraus ab, daß der Raum nicht völlig durchsichtig sein könne. Heute wissen wir, daß die Auflösung des Widerspruchs im endlichen Weltalter zu suchen ist. Dadurch kann uns auch in einer unendlich ausgedehnten Welt Licht nur aus einem endlichen Volumen erreichen.

Organische Moleküle (im Weltraum). Komplizierte Kohlenstoff-Verbindungen sind seit 1963 in immer größerer Anzahl aufgrund ihrer Linienstrahlung im Mikrowellenbereich im interstellaren Medium nachgewiesen worden. Die Entstehung dieser Verbindungen kann aber sehr wohl trotz ihrer Bezeichnung auf nichtorganische Weise erklärt werden. Dafür spricht auch, daß neben gewöhnlichen Molekülen auch Radikale nachgewiesen wurden. Das sind Komplexe, die unter Laborbedingungen nur Bruchteile von Sekunden existieren, unter Weltraumbedingungen aber lange Zeit überdauern können.

Paradigma (wörtlich: Beispiel): Von *Thomas S. Kuhn* in seinem einflußreichen Buch *The Structure of Scientific Revolution* gebraucht für den Komplex von Theorien und Hypothesen, der als grundlegend angesehenen Beobachtungen und allgemein akzeptierten Arbeitsmethoden, die von einer Gruppe von Wissenschaftlern und Philosophen als gültige Interpretation des Bildes von der Welt angesehen werden. In diesem Sinne spricht man vom Paradigma der klassischen Physik oder dem der Quantenmechanik in der Kopenhagener Interpretation. Ein Beispiel für einen Paradigmawechsel ist die Kopernikanische Revolution.

Parallaxe ist die Winkeländerung, die eine Strahlungsquelle erfährt, wenn der Strahlungsempfänger quer zum Sehstrahl verschoben wird. Für Sterne ist dies der Winkel, um den sich ihre scheinbare Position verändert, wenn die Erde durch die Bahnbewegung um die Sonne geführt wird.

Parsek. Ein Parsek (=Parallaxen Sekunde) ist die Entfernung, für die die Parallaxe gerade 1 Bogensekunde beträgt. 1 pc = 3.24 Lichtjahre (1 Mpc = Megaparsec = 1 Million Parsec).

Pauli-Prinzip (Ausschließungsprinzip). Es besagt, daß in einem durch Quantenzahlen vollständig beschriebenen System jeder Zustand nur durch ein Teilchen besetzt sein kann. Das *Pauli*-Prinzip ist Ursache für die Entartung des Elektronengases bei hohem Druck, da die Elementarzellen im Phasenraum trotz des hohen Drucks nur von jeweils einem Elektron besetzt werden können.

Perfektes kosmologisches Prinzip. Erweiterung des *kosmologischen Prinzips*: «Die Welt sieht von jedem Punkt aus gesehen gleichartig aus» um den Zusatz «und sah zu allen Zeiten so aus». Damit wird eine zeitliche Entwicklung «des» Universums ausgeschlossen. Da die Expansion des Materiesubstrats in der Welt (Hubble-Expansion) aber empirisch verbürgt ist, führt dieser Grundsatz notwendigerweise auf die ständige Neuentstehung von Materie. Das p.K.P. ist durch den Nachweis einer Phase extrem hoher Materiedichte vor etwa 10–20 Milliarden Jahren widerlegt worden.

Perihel. Der sonnennächste Punkt einer Planetenbahn. In der Newtonschen Gravitationstheorie ist die Bahn von zwei Massenpunkten ein Kegelschnitt, und die Richtung vom Zentralkörper zum Perihel bleibt zeitlich unverändert.

Perioden-Leuchtkraft-Beziehung. Zusammenhang zwischen der Dauer der Pulsationsperiode und der mittleren Helligkeit für Pulsationsvariablen wie δ-Cephei-Sterne und RR-Lyrae-Variablen. Da die Pulsationsperiode leicht gemessen werden kann, ist so die absolute Größe dieser Sterne meßbar, und somit kann ihre Entfernung rein photometrisch bestimmt werden.

Photosphäre. Sterne sind Gaskugeln ohne echte Oberfläche. Für jede Wellenlänge kann man aber eine bestimmte Tiefe in der Sternatmosphäre definieren, aus der der überwiegende Anteil der Strahlung stammt. Dies ist dann die Photosphäre für diese Wellenlänge, und die Sterntemperatur ist die Gastemperatur dieser Schicht.

Plancksches Strahlungsgesetz. Ein Hohlraum, dessen Wände elektromagnetische Wellen jeder Wellenlänge gleich gut absorbieren bzw. emittieren, ist von einem Strahlungsfeld erfüllt, das nur von der Temperatur des Hohlraums bestimmt ist. Form und Intensität dieser Strahlung wurden in Berlin gegen Ende des 19. Jahrhunderts genau gemessen. *Planck* wurde bei seiner theoretischen Deutung zur Einführung des später nach ihm benannten Wirkungsquantums h geführt und damit zum Begründer der Quantentheorie.

Planetesimalen. Hypothetische Kondensationskerne der Materie der Gas- und Staubscheibe um einen Stern herum, aus denen schließlich die Planeten durch gegenseitige Kollisionen aufgebaut werden. Planetesimalen bestehen vermutlich aus Mineralstoffen, die durch Eis und Schnee, aber auch durch Kohlenwasserstoffe zusammengebunden sind. Daß Kometenkerne oder manche Planetoiden solche Planetesimalen sind, ist möglich, aber nicht gesichert.

Rekombinationslinien. Wenn Atome durch irgendwelche Vorgänge ionisiert werden, d.h. Elektronen aus der Atomhülle abgelöst werden, dann stellt sich schnell ein Gleichgewicht mit rekombinierenden Elektronen und Atomrümpfen ein. Da aber die Elektronen meistens in einem angeregten Atomzustand rekombinieren, wird zusätzlich eine charakteristische Linienstrahlung emittiert, die sogenannte Rekombinationslinienstrahlung.

Rektaszension, Deklination. Winkelkoordinaten an der Himmelssphäre analog zum System von geographischer Länge und Breite auf der Erde. Die Rektaszension entspricht der Länge, die Deklination der Breite, Nullpunkt der Rektaszension ist der Frühlingspunkt, die Deklination zählt vom Äquator aus je 90° nach Nord und Süd.

Rote Riesen. Da die Fusion des Wasserstoffs um so schneller abläuft, je größer die Dichte und die Temperatur der Sternmaterie sind, sammelt sich um den Mittelpunkt der Sterne nach einiger Zeit ein Kern ausgebrannter Materie an, die Energie wird dann in einer dünnen Randschicht erzeugt. Die Hülle des Sterns dehnt sich dann stark aus, so daß der Stern einen extrem großen Durchmesser annimmt. Da dabei gleichzeitig die Oberflächentemperatur abnimmt, wird der Stern zum Roten Riesen.

RR-Lyrae-Sterne. Pulsationsveränderliche mit kurzen Perioden, die ein ähnliches Verhalten wie δ-Cephei-Sterne zeigen.

Saha-Gleichung. Gleichung für das Ionisationsgleichgewicht in einem Gas. Als bestimmende Größen gehen neben der Temperatur des Gases der Elektronendruck und die Konzentration der einzelnen Gas- und Ionenkomponenten ein. Diese Gleichung wurde von *Eggert* 1919 und *Saha* 1920 mit Hilfe der damals neuen Quantenmechanik aufgestellt.

Scheinbare Helligkeit. Helligkeit eines Sterns, so wie sie mit Hilfe eines Photometers gemessen wird. Wegen des sehr großen Bereichs der Helligkeiten wird die scheinbare Helligkeit in einer logarithmischen Größenklassenskala ausgedrückt.

Schwarzer Körper Ein Körper, der Strahlung jeder beliebigen Frequenz gleich gut absorbiert und emittiert, wird als **schwarz** bezeichnet. Ein schwarzer Körper strahlt im Gleichgewicht mit der Hohlraumstrahlung, die seiner Temperatur entspricht. Diese wird daher auch als Schwarzkörperstrahlung bezeichnet.

Schwarzes Loch. Die Gravitationsfeldstärke eines Massenpunktes wächst mit $1/r^2$ bei abnehmendem r immer weiter an. Für extrem kleine r hat diese Feldstärke so große Werte, daß Licht oder anderen Wirkungen nicht mehr nach außen über den Schwarzschild-Radius hinaus dringen können. Genauere Angaben können nur mit Hilfe der Allgemeinen Relativitätstheorie gemacht werden. Für normale Massenansammlungen ist dieser Schwarzschild-Radius tief im Inneren der Materie versteckt, für Sterne mit Massen oberhalb der Grenzmasse für *Neutronensterne* ist aber keine stabile Konfiguration nach Erschöpfung der Kernfusion mehr möglich. Diese sollten dann zu einem *Schwarzen Loch* kollabieren. Bisher ist aber noch kein sicher nachgewiesener Fall für ein solches Gebilde bekanntgeworden.

Spektralanalyse. Chemische und physikalische Fernanalyse eines Körpers durch die spektrale Zerlegung seiner Lichtstrahlung mit Hilfe eines Spektrographen. Die Spektralanalyse beruht darauf, daß jedes chemische Element und jede Verbindung ein charakteristisches Linienspektrum aussendet, wenn es heiß genug ist. Ist dieses bekannt, dann kann aus einem Vorliegen auf das Vorhandensein dieses Elements bzw. dieser Verbindung geschlossen werden. Um aus der Stärke der Linien auf die Konzentration des betreffenden Stoffs schließen zu können und um überhaupt den physikalischen Zustand im leuchtenden Körper zu bestimmen, ist eine komplizierte Analyse der Linienentstehung nötig, die nicht ohne die Konstruktion von theoretischen Modellatmosphären möglich ist.

Spektralklasse. Klassifizierung der Sterne nach dem Aussehen ihrer Spektren. Obwohl zunächst eine rein phänomenologische Einteilung, wurde durch Berücksichtigung der Sternfarbe die Oberflächentemperatur der Sterne die wichtigste physikalische Klassifikationsgröße. Eine Spektralklasse ist daher durch die Temperatur charakterisiert.

Spektrograph. Gerät zur spektralen Zerlegung des Lichts zum Zweck der Spektralanalyse. Es gibt zahlreiche verschiedene Konstruktionen, die sich nicht nur darin unterscheiden, ob ein Prisma oder ob ein Gitter zur spektralen Zerlegung des Lichts verwendet wird, sondern auch darin, ob gleichzeitig viele Sterne so analysiert werden können oder ob jeweils immer nur ein einzelner Stern dafür mit größerer Genauigkeit untersucht werden kann.

Spiralgalaxien. Unterklasse der Galaxien mit starker Rotation. Die Materie ist stark in einer Ebene konzentriert, in der sie zu einer spiraligen Struktur geordnet ist. Sterne scheinen vorwiegend in den Spiralarmen neu zu entstehen; die genaue Ursache der Spiralstruktur ist aber immer noch nicht bekannt. Spiralgalaxien sind meistens sehr massereiche Systeme.

Sternhaufen. Die Sterne unserer Galaxis zeigen eine ungleichförmige räumliche Verteilung mit starken Verdichtungen, die als Sternhaufen erscheinen. Alle Sterne eines Sternhaufens haben wahrscheinlich das gleiche Alter und sind aus der gleichen Gas- und Staubwolke entstanden. Sie liefern daher ausgezeichnete Beispiele, um die Wirkung der Sternentwicklung auf Sterne unterschiedlicher Masse empirisch zu untersuchen.

Sternwind. Die obersten Schichten der Atmosphäre vieler Sterne, darunter auch die der Sonne, sind nicht stabil gebunden, sondern dampfen ab und werden dann vom Strahlungsfeld des Sterns mit großen Geschwindigkeiten in den Raum hinausgetrieben, wobei das Gas Geschwindigkeiten von vielen 100 km s^{-1} annehmen kann. Während der Sonnenwind direkt durch Raumsonden nachgewiesen werden kann und auch das Verblasen der Schweife von Kometen hierfür direkte Evidenz liefert, können Sternwinde meistens nur durch die dadurch erzeugten besonderen Linienprofilformen besonders im UV nachgewiesen werden. Der Massenverlust von Sternen durch den Sternwind kann so bedeutend sein, daß innerhalb von weniger als 1 Million Jahren mehr als eine Sonnenmasse auf diese Weise vom Stern abgeblasen wird und dieses daher bei den Sternentwicklungsrechnungen berücksichtigt werden muß. Für die Sonne ist dagegen der Massenverlust durch den Sonnenwind während ihrer gesamten Entwicklung völlig vernachlässigbar.

Superluminale Expansion. Expansion einer (Radio-)Quelle quer zur Sichtlinie mit scheinbarer Überlichtgeschwindigkeit. Eine solche Beobachtung steht nicht im Widerspruch zur Speziellen Relativitätstheorie, da sich mehrere plausible Modellkonfigurationen angeben lassen, die zu einem solchen Erscheinungsbild führen und die mit der Relativitätsphysik verträglich sind.

Supernova. Nach Erschöpfung des Brennstoffvorrats für Kernfusion deckt ein Stern seine Ausstrahlung durch Kontraktion. Hierbei kann der Eisenkern schließlich zu einem Neutronenstern kollabieren. Die dabei entstehende Implosionswelle wird im Sternzentrum reflektiert und treibt als Explosionswelle die Hülle des Sterns als Supernova-Ausbruch mit Explosionsgeschwindigkeiten bis zu 20000 km s^{-1} in den Raum hinaus. Der Stern vergrößert dabei kurzzeitig seine strahlende Oberfläche extrem stark und erscheint so als ein Stern, der für kurze Zeit – bis zu der Dauer von einigen Monaten – seine Helligkeit um das Vieltausendfache vergrößert. Novae und Supernovae sind entgegen ihrer Bezeichnung alte Sterne am Ende ihrer Entwicklung und keine neuen Sterne.

Supernova-Überrest. Die Explosionswolke eines Supernova-Ausbruches ist noch einige 1000 Jahre lang sichtbr, nachdem der SN-Ausbruch selbst längst abgeklungen ist. Das leuchtende Gas des SN-Überrests stammt größtenteils aus dem interstellaren Medium der Umgebung der SN und ist nur von der Explosionswolke aufgefegt worden und durch Wechselwirkungen mit der Explosionswolke zum Leuchten angeregt.

Synchrotronstrahlung. Elektromagnetische Strahlung, die von Elektronen ausgesandt wird, die mit nahezu Lichtgeschwindigkeit durch ein Magnetfeld laufen. Dabei werden die Bahnen der Elektronen helixförmig um die Magnetfeldlinien herum aufgewickelt. Je höher die Bewegungsenergie der Elektronen und je stärker das Magnetfeld, desto kürzer wird die Grenzwellenlänge der Strahlung. In kerntechnischen Anlagen ist die S.S. eine starke Quelle für UV-Strahlung, im Kosmos wird S.S. vorwiegend im langwelligen Radiobereich emittiert.

Szenarium. Bezeichnung für eine qualitative Modellvorstellung, in der zwar angegeben werden kann, welche physikalischen Vorgänge eine Rolle spielen werden, in der aber noch keine detaillierten Modellrechnungen vorliegen. Der Ausdruck ist völlig wertneutral, Vorstellungen von einer theatralischen Inszenierung sind nicht damit verbunden. Vieles, was früher eine Hypothese genannt wurde, würde heute als Szenarium bezeichnet werden.

Teilchen – Antiteilchen. Zu jeder Art von Elementarteilchen in der Hochenergiephysik gibt es ein Antiteilchen, das sich nur im Vorzeichen der elektrischen Ladung unterscheidet. Proton und Antiproton, Elektron und Positron gehören so zusammen. Auch das ladungsfreie Neutrino besitzt ein Antiteilchen, während das Photon sein eigenes Antiteilchen ist. Die Teilchen-Antiteilchen-Symmetrie ist ein grundlegendes Prinzip in der Elementarteilchenphysik.

Trägheitsgesetz. Im Gegensatz zur Bewegungslehre des *Aristoteles*, in der eine Bewegung nur so lange andauert, wie ein bewegendes Agens anhält, stellte *Galilei* heraus, daß eine kräftefreie Bewegung mit konstanter Geschwindigkeit andauert, solange keine andere Kraft dies ändert. Eine Bewegungsänderung erfordert also eine Kraft. Dies Prinzip wurde in der *Newtonschen* Mechanik durchgeführt, und auch die Relativitätstheorie setzt dies fort. Ein Inertialsystem wird geradezu definiert als ein Koordinatensystem, in dem das Trägheitsgesetz gilt.

Weißer Zwerg. Eines der möglichen Endstadien der Sternentwicklung, wenn ein Stern seine «Kernbrennstoffe» für die Kernfusion aufgebraucht hat. In einem Weißen Zwerg hat die Materie eine extrem hohe Dichte, und der Druck wird vorwiegend durch den Entartungsdruck der Elektronen aufgebracht. Nur Sterne mit einer Masse < 1.44 M_0 können zu einem Weißen Zwerg werden, da wegen der merkwürdigen Eigenschaften des Entartungsdrucks der Durchmesser des Sterns um so geringer ausfällt, je größer die Masse des Sterns ist. Typische Weiße Zwerge wie Sirius B haben Durchmesser ähnlich dem Durchmesser der Erde, ihre Masse ist dagegen vergleichbar der Sonnenmasse.

Wellen. Eine Welle wird durch periodische Schwingungen des Substrats, in dem sich die Welle ausbreitet, erzeugt. Stehen diese Schwingungen senkrecht zur Ausbreitungsrichtung, dann nennt man diese Wellen *transversal*, zeigen diese dagegen in die Ausbreitungsrichtung, dann sind die Wellen *longitudinal*. Schall in Luft besteht aus rein longitudinalen Wellen, in einem Festkörper können sich sowohl *longitudinale* wie auch *transversale* Wellen ausbreiten, während Lichtwellen rein *transversal* sind. Allerdings schwingt im Falle des Lichts das elektromagnetische Feld und kein materielles Substrat.

Literaturverzeichnis

Da ein Nachweis der astronomischen Originalliteratur als Quelle für bestimmte Ergebnisse und Ansichten vorwiegend für Fachastronomen oder Wissenschaftshistoriker von Interesse wäre, wird hier darauf verzichtet, wie dies in Einführungen ohnehin üblich ist. Die folgenden Bücher geben aber eine weiterführende Übersicht der Methoden und Resultate der modernen Astronomie. Es sind dies deutschsprachige Lehrbücher aus den letzten Jahren für Studenten der Naturwissenschaften in den ersten Semestern. Der fachliche Anspruch ist naturgemäß höher als in diesem Text. Vieles in diesen Büchern kann aber ohne größere Kenntnisse in Physik und Mathematik verstanden werden.

- Bau und Physik der Galaxis, Mannheim 1982.
- Karttunen, H., Kröger, P., Oja, H., Pouttanen, M., Donner, K.J.: Astronomie. Eine Einführung, Berlin 1990.
- Scheffler, H. und Elsässer, H.: Physik der Sterne und der Sonne, Mannheim 1990.
- Silk, J.: Der Urknall, Basel-Heidelberg 1990.
- Unsöld, A. und Baschek, B.: Der neue Kosmos, Berlin 1991.
- Voigt, H. H.: Abriß der Astronomie, Mannheim 1991.
- Weigert, A. und Wendker, H. J.: Astronomie und Astrophysik, ein Grundkurs, Weinheim 1989.
- Weinberg, Steven: Die ersten drei Minuten, München 1978.

Astronomische Lexika, die eine Erklärung der astronomischen Fachausdrücke liefern, die weit über das hinausgeht, was im hier gegebenen Begriffswörterbuch möglich ist, sind

- Weigert, A. und Zimmermann, H.: ABC der Astronomie, Brockhaus, Leipzig 1989.
- Lexikon der Astronomie, 2 Bde., Herder Verlag, Freiburg i.B. 1989/90.

Die folgenden Bücher haben bei der Entstehung und Formulierung der hier vertretenen historischen, philosophischen und weltanschaulichen Ansichten eine Rolle gespielt. Sie sind teilweise in Form direkter Zitate in den Text eingegangen, zum Teil ist ihr Einfluß mehr indirekter Art. Vor allem, was die zweite Art angeht, kann die Liste natürlich nur sehr unvollständig sein.

– Arnold, V.I.: Huygens & Barrow, Newton & Hooke, Birkhäuser, Basel 1990.
– Ashbrook, Joseph: The Astronomical Scrapbook, Cambridge 1984.
– Becker, Friedrich: Geschichte der Astronomie, Mannheim 1968.
– Berry, Arthur: A short History of Astronomy, New York 1961.
– Bode, Johannes Elert: Kurzgefaßte Erläuterungen der Sternkunde etc., Chr. Himburg, Berlin 1778.
– Bode, Johannes Elert: Anleitung zur Kenntnis des Gestirnten Himmels, Berlin 1823.
– Bruno, Giordano: Zwiegespräche vom unendlichen All und den Welten, Wiss. Buchges., Darmstadt 1980.
– Bürgel, Bruno, H.: Aus fernen Welten, Bertelsmann, Gütersloh 1975.
– Comte, Auguste: Cours de Philosophie Positive, 6 Bde., Paris 1840–42.
– Dijksterhuijs, E. J.: Die Mechanisierung des Weltbildes, Springer, Berlin 1983.
– Eddington, A. S.: The Internal Constitution of the Stars, Cambridge 1928/30.
– Einstein, Albert: Grundzüge der Relativitätstheorie, Vieweg, Braunschweig 1965.
– Galilei, Galileo: Sidereus Nuncius. Nachricht von neuen Sternen, Sammlung Insel, Frankfurt a.M. 1965.
– Hubble, Edwin: The Realm of Nebulae, New Haven 1936.
– Jeans, J.: Astronomy and Cosmogony, Cambridge 1929.
– Kanitschneider, Bernulf: Philosophie und moderne Physik, Darmstadt 1979.
– Kant, Immanuel: Allgemeine Naturgeschichte und Theorie des Himmels, Kindler, München 1971.
– King, Henry C.: The History of the Telescope, New York 1979.
– Kuhn, Thomas S.: The Structure of Scientific Revolution, Chicago 1970.
– Kuhn, Thomas S.: Die kopernikanische Revolution, Braunschweig 1981.
– Mach, Ernst: Die Mechanik, historisch-kritisch dargestellt, Leipzig 1933.
– Newcomb-Engelmann: Populäre Astronomie, Leipzig 1948.
– Piazzi, Josef: Lehrbuch der Astronomie, I u. II, Reimer, Berlin 1822.
– Poincaré, Henri: Welt der Wissenschaft, Teubner, Leipzig 1906.
– Poincaré, Henri: Wissenschaft und Hypothese, Wiss. Buchgem., Darmstadt 1974.
– Poincaré, Henri: Wissenschaft und Methode, Wiss. Buchgem., Darmstadt 1973.
– Popper, Karl R.: Logik der Forschung, J. C. B. Mohr, Tübingen 1973.
– Prigogine, Ilya: Vom Sein zum Werden, München 1979.
– Redoni, Pietro: Galilei – der Ketzer, München 1989.
– Schwarzschild, Martin: Structure and Evolution of the Stars, Princeton 1958.
– Snow, C.: The Two Cultures and their Scientific Revolution. The Rede Lectures, Cambridge University Press 1959.
– Stegmüller, Wolfgang: Hauptströmungen der Gegenwartsphilosophie, Bd. I–IV, Kröner, Stuttgart 1987–1989.
– Swift, Jonathan: Gullivers Reisen (1726), in: Ausgewählte Werke, Insel Verlag, Frankfurt a.M.
– van der Waerden B. L.: Die Astronomie der Griechen, Wiss. Buchges., Darmstadt 1988.
– Weyl, Hermann: Philosophie der Mathematik und Naturwissenschaft, Oldenbourg, München 1976.
– Withrow, G. J.: The Natural Philosophy of Time, Clarendon Press, Oxford 1980.

Bildnachweis

Abb. 1
Galileo Galilei, Sidereus Nuncius, Sammlung Insel 1965.
Abb. 2
H. Scheffler u. H. Elsässer, Physik der Sterne und der Sonne, BI Wiss. Verl. 1990.
Reproduziert mit freundlicher Genehmigung des Verlages.
Abb. 3
F. W. Bessel, Abhandl. 3. Bd. Leipzig 1876.
Abb. 7, 10, 11, 13, 16, 18, 22, 23, 24, 30
The Southern Sky, Astrovisuals, Australia 1990.
Abb. 15
MPI f. Radioastronomie, Bonn.
Abb. 26, 31
Nat. Radio Astr. Observatory, USA.
Abb. 27
Hale Observatories, USA.
Abb. 29
Hubble, E.P., The Realm of Nebulae, Yale Univ. Press, New Haven 1936.
Abb. 32
Silk, J., Der Urknall, Birkhäuser 1990.
Abb. 38, 41, 42, 43, 44, 45, 46, 47, 48, 50, 51
The Solar System, Astrovisuals, Australia 1990.
Abb. 49
G. Piazzi, Lehrbuch der Astronomie, 1822.
Abb. 52
Telescopes, Editors G. Kuiper and B. Middlehurst, The Univ. Chicago 1960.

Namensindex

Sachindex

ASTRONOMIE BEI BIRKHÄUSER

Flammendes Finale – Ergebnisse der neuesten Supernovaforschung

Supernovae sind in gewaltigen Explosionen aufgehende Sterne, die bei einem solchen Ausbruch riesige Energiemengen freisetzen und danach häufig zu geheimnisvollen Neutronensternen werden, die auf kleinstem Raum ungeheure Materiemassen zusammenballen können. Seit Februar 1987 hat die Wissenschaft erstmals die Gelegenheit, einen solchen Ausbruch und seine Folgen mit modernsten Geräten zu verfolgen und auszuwerten.

Paul Murdin trägt alles Wissenswerte zum Thema Supernova zusammen. Er schildert die Entdeckung der Supernova von 1987 und gibt Einblick in die Arbeit der Astronomen, die den Ausbruch verfolgten und anhand ihrer Beobachtungen zu neuen und spektakulären Ergebnissen gekommen sind. Die deutsche Ausgabe wurde vom Autor selbst auf den neuesten Erkenntnisstand gebracht.

Paul Murdin
Flammendes Finale
Spektakuläre Ergebnisse der Supernovaforschung

Aus dem Englischen von Hilmar W. Duerbeck
273 Seiten mit 79 sw-Abbildungen. Gebunden
ISBN 3-7643-2612-3

ASTRONOMIE BEI BIRKHÄUSER

Universum nach Maß –
Bedingungen der menschlichen Existenz

Stellen Sie sich vor, unsere Erde wäre so klein, daß die größten Berge nur knapp 30 cm hoch wären und die Menschen nur den Bruchteil eines Gramms wögen. Reine Phantasie? Natürlich, und doch wäre auch eine solche Welt theoretisch denkbar. Nach dem Urknall, das wissen die Astrophysiker heute, wären, ohne daß die Abläufe wesentlich anders hätten sein müssen, viele Entwicklungen im Weltall möglich gewesen. Ist unser Universum, die Entstehung der Erde und des Lebens, also das Resultat einer Kette von Zufällen? John Gribbin und Martin Rees spüren diesen Zufällen nach. Fesselnd geschrieben und für jedermann verständlich, macht dieses Buch dem Leser deutlich, was in der Astrophysik zur Erkenntnis ge-

worden ist: «Unser» Universum ist ein Universum nach Maß für die Menschheit, und es ist das einzig denkbare, in dem wir existieren können.

John Gribbin / Martin Rees
Ein Universum nach Maß
Bedingungen unserer Existenz

Aus dem Englischen von Anita Ehlers
260 Seiten mit 36 sw-Abbildungen. Gebunden
ISBN 3-7643-2558-5

ASTRONOMIE BEI BIRKHÄUSER

Der Urknall –
die Geburt des Universums

Wie und wann ist unser Universum entstanden? Diese Frage beschäftigt die Menschheit seit ihren Anfängen; Kosmologen aller Zeiten gaben die verschiedensten Antworten auf diese Grundfrage des menschlichen Forschungsdrangs. Seit einigen Jahrzehnten schon gibt es eine Theorie, deren Richtigkeit nach neuesten Forschungen immer wahrscheinlicher wird: Unser Universum wurde vor Milliarden von Jahren durch eine gewaltige Explosion geboren. Joseph Silk, Professor für Astronomie und einer der führenden US-Experten auf diesem Gebiet, hat in diesem faszinierenden Buch alle Aspekte der modernen Kosmologie systematisch und in allgemeinverständlicher Form zusammengestellt.

Joseph Silk
Der Urknall
Die Geburt des Universums
Aus dem Englischen von Hilmar W. Duerbeck
454 Seiten mit 145 sw-Abbildungen. Gebunden
ISBN 3-7643-2471-6

ASTRONOMIE BEI BIRKHÄUSER

Der Mars –
unser geheimnisvoller Nachbar

John Noble Wilford, der mit seinen Beiträgen zu Raumfahrt und Astrophysik zweimal den begehrten Pulitzerpreis gewonnen hat, beschreibt spannend, ausführlich und leichtverständlich alles, was die Wissenschaft an Informationen über den Mars zusammengetragen hat; besonders intensiv werden die mit Hilfe von unbemannten Raumsonden gewonnenen Resultate der letzten Jahrzehnte und die Möglichkeiten einer bemannten Mission diskutiert.

Pressestimme:
«Viele Bücher sind über den Mars geschrieben worden, aber es gibt kein anderes, das, basierend auf dem aktuellsten Stand der Wissenschaft, so klar berichtet - von den geschichtlichen Anfängen unserer Faszination über vergangene und gegenwärtige Versuche der Erforschung bis hin zu den Erwartungen an die Zukunft.»
NEW YORK TIMES

John Noble Wilford
Mars – Unser geheimnisvoller Nachbar
Vom antiken Mythos zur bemannten Mission

Aus dem Englischen von Doris Gerstner und Shaukat Khan
Ca. 272 Seiten mit 27 sw- und 13 Farbabbildungen.
Gebunden mit Schutzumschlag
ISBN 3-7643-2643-3